U0161414

灰色系统丛书

刘思峰 主编

分数阶灰色模型理论及应用

—— 毛树华　高明运　肖新平　著 ——

国家自然科学基金
教育部人文社会科学研究项目
中国博士后科学基金　　　　　　资助项目
中央高校基本科研业务费专项基金

科学出版社

北　京

内 容 简 介

本书重点介绍分数阶灰色模型的基本理论和应用，集中反映作者及其团队多年来在分数阶累加灰色模型和分数阶导数灰色模型方面的理论及应用方面的研究积累，同时吸收国内外同行相关的最新研究成果，系统展示分数阶灰色模型的前沿发展动态.

全书共 5 章，包括分数阶灰色模型研究进展、分数阶灰色模型理论基础、分数阶单变量灰色模型、分数阶多变量灰色模型、分数阶非线性灰色模型等，附录包含本书中的几个主要分数阶灰色模型用到的 Python 代码. 书中绝大部分内容为作者及其团队的研究成果.

本书可作为高等学校理、工、农、医，以及经济、管理类各专业本科生和研究生教学用书，也可供管理干部、科研人员、工程技术人员、高校教师等参考.

图书在版编目(CIP)数据

分数阶灰色模型理论及应用/毛树华，高明运，肖新平著.—北京：科学出版社，2022.10

ISBN 978-7-03-073108-1

Ⅰ. ①分⋯ Ⅱ. ①毛⋯ ②高⋯ ③肖⋯ Ⅲ. ①灰色预测模型–研究
Ⅳ. ①N949

中国版本图书馆 CIP 数据核字(2022)第 167653 号

责任编辑：李静科 贾晓瑞／责任校对：彭珍珍
责任印制：赵 博／封面设计：无极书装

科学出版社 出版
北京东黄城根北街 16 号
邮政编码：100717
http://www.sciencep.com

北京中石油彩色印刷有限责任公司印刷
科学出版社发行 各地新华书店经销
*
2022 年 10 月第 一 版 开本：720×1000 1/16
2025 年 1 月第三次印刷 印张：18 插页：2
字数：348 000
定价：128.00 元
(如有印装质量问题，我社负责调换)

丛 书 总 序

灰色系统理论是 1982 年中国学者邓聚龙教授创立的一门以"小数据,贫信息"不确定性系统为研究对象的新学说. 新生事物往往对年轻人有较大吸引力, 在灰色系统研究者中, 青年学者所占比例较大. 虽然随着这一新理论日益被社会广泛接受, 一大批灰色系统研究者获得了国家和省部级科研基金的资助, 但在各个时期仍有不少对灰色系统研究有兴趣的新人暂时缺乏经费支持. 因此, 中国高等科学技术中心 (China Center of Advanced Science and Technology, CCAST) 对其学术活动的长期持续支持对于一门成长中的新学科无疑是雪中送炭. 学术因争辩而产生共鸣. 热烈的交流、研讨碰撞出思想的火花, 促进灰色系统研究工作不断取得新的进展和突破.

由科学出版社推出的这套"灰色系统丛书", 包括了灰色系统的理论、方法研究及其在医学、水文、人口、资源、环境、经济预测、作物栽培、复杂装备研制、电子信息装备试验、空管系统安全监测与预警、冰凌灾害预测分析、宏观经济投入产出分析、农村经济系统分析、粮食生产与粮食安全、食品安全风险评估及预警、创新管理、能源政策、联网审计等众多领域的成功应用, 是近 10 年来灰色系统理论研究和应用创新成果的集中展示.

CCAST 是著名科学家李政道先生在世界实验室、中国科学院和国家自然科学基金委员会等部门支持下创办的学术机构, 旨在为中国学者创造一个具有世界水平的宽松环境, 促进国内外研究机构和科学家之间的交流与合作; 支持国内科学家不受干扰地进行前沿性的基础研究和探索, 让他们能够在国内做出具有世界水平的研究成果. 近 30 年来, CCAST 每年都支持数十次学术活动, 参加活动的科学家数以万计, 用很少的钱办成了促进中国创新发展的大事. CCAST(特别是学术主任叶铭汉院士) 对灰色系统学术会议的持续支持, 极大地促进了灰色系统理论这门中国原创新兴学科的快速成长. 经过 30 多年的发展, 灰色系统理论已被全球学术界所认识、所接受. 多种不同语种的灰色系统理论学术著作相继出版, 全世界有数千种学术期刊接受、刊登灰色系统论文, 其中包括各个科学领域的国际顶级期刊.

2005 年, 经中国科协和国家民政部批准, 中国优选法统筹法与经济数学研究会成立了灰色系统专业委员会, 挂靠南京航空航天大学. 国家自然科学基金委员会、CCAST、南京航空航天大学和上海浦东教育学会对灰色系统学术活动给予大力支持. 2007 年, 全球最大的学术组织 IEEE 总部批准成立 IEEE SMC 灰色系统委员会, 在南京航空航天大学举办了首届 IEEE 灰色系统与智能服务国际会议. 2009 年和 2011 年, 南京航空航天大学承办了第二届、第三届 IEEE 灰色系统与智能服务国际会议 (IEEE GSIS). 2013 年, 在澳门大学召开的第四届 IEEE GSIS 得到澳门特区政府资助. 2015 年, 在英国 De Montfort 大学召开的第五届 IEEE GSIS 得到欧盟资助. 2017 年 7 月, 第六届 IEEE GSIS 将在瑞典斯德哥尔摩大学举办.

在南京航空航天大学, 灰色系统理论已成为本科生、硕士生、博士生的一门重要课程, 并为全校各专业学生开设了选修课. 2008 年, 灰色系统理论入选国家精品课程; 2013 年, 又被遴选为国家精品资源共享课程, 成为向所有灰色系统爱好者免费开放的学习资源.

2013 年, 笔者与英国 De Montfort 大学杨英杰教授合作, 向欧盟委员会提交的题为 "Grey Systems and Its Application to Data Mining and Decision Support" 的研究计划, 以优等评价入选欧盟第 7 研究框架玛丽·居里国际人才引进计划 (Marie Curie International Incoming Fellowships, PIIF-GA-2013-629051). 2014 年, 由英国、中国、美国、加拿大等国学者联合申报的英国 Leverhulme Trust 项目以及 26 个欧盟成员国与中国学者联合申报的欧盟 Horizon 2020 研究框架计划项目相继获得资助. 2015 年, 由中国、英国、美国、加拿大、西班牙、罗马尼亚等国学者共同发起成立了国际灰色系统与不确定性分析学会 (International Association of Grey Systems and Uncertainty Analysis).

灰色系统理论作为一门新兴学科以其强大的生命力自立于科学之林.

这套 "灰色系统丛书" 将成为灰色系统理论发展史上的一座里程碑. 她的出版必将有力地推动灰色系统理论这门新学科的发展和传播, 促进其在重大工程领域的实际应用, 促进我国相关科学领域的发展.

刘思峰

南京航空航天大学和英国 De Montfort 大学特聘教授

欧盟玛丽·居里国际人才引进计划 Fellow (Senior)

国际灰色系统与不确定性分析学会主席

2015 年 12 月

前　　言

灰色系统理论自邓聚龙教授于 1982 年创建以来, 经过近 40 年的发展, 其理论及应用均取得大量新的研究成果, 但仍属于一门年轻的学科, 还存在诸多问题需要进一步探索. 本书重点介绍作者及团队近年来在分数阶灰色模型理论及其应用方面的研究成果.

生成是使灰变白的一种方法, 能为建模提供中间信息, 并弱化原始数据的随机性. 累加生成是灰色系统模型重要的原创思想, 通过累加生成可以看出灰量积累过程的发展态势, 使离散的原始数据中蕴含的积分特性充分显露. 但是整数阶累加生成不能很好地体现新信息优先原则, 而分数阶累加生成可以更好地体现新信息优先原则. 近年来分数阶累加生成得到国内外许多学者的深入研究, 并得到较为广泛的应用, 进而产生了一系列分数阶累加生成灰色模型. 我们团队也在该领域做了一些尝试并取得一些成果, 本书将系统展示我们的部分研究成果.

由于分数阶导数模型所具有的遗传性和记忆性等特点, 近年来分数阶模型也得到迅猛发展, 在数学、生物学、力学及一些跨学科领域, 比如化学加工系统、硬盘驱动器设计、图像去噪等实际问题中得到成功应用. 分数阶微分方程是分数阶模型的核心, 经典的灰微分方程是整数阶导数, 更一般地, 是一阶微分方程. 我们将整数阶灰微分方程拓展到分数阶导数灰色模型, 得到了模型的一些理论成果, 并成功应用到工程、经济和管理领域等.

为了帮助初学者快速掌握并应用分数阶累加灰色模型和分数阶导数灰色模型, 我们在附录中详细展示了本书中的几个分数阶灰色模型完整的 Python 代码.

本书由毛树华总体策划、主要执笔和统一定稿, 其中毛树华执笔了第 1, 2 章和第 5 章部分内容; 高明运执笔了第 3 章内容, 肖新平执笔了第 4 章部分内容, 张永红完成了全部附录和第 5 章其余工作. 此外, 亢玉晓博士生也做了部分工作.

本书在写作和出版过程中, 得到了科学出版社李静科编辑等的热情支持和指导, 在此致以衷心的感谢!

本书的出版得到了国家自然科学基金 (51479151, 70971103, 70471019)、教育部人文社会科学研究项目 (11YJC630155)、中国博士后科学基金 (2012M521487)、中央高校基本科研业务费专项资金 (2010-Ia-016, 2012-Ia-034) 等项目的资助!
由于作者水平有限, 书中难免存在不足之处, 恳请读者批评指正!

毛树华　高明运　肖新平
2021 年 7 月 9 日

目　　录

彩图

第 1 章 分数阶灰色模型研究进展

灰色系统理论是华中科技大学邓聚龙教授于 1982 年创立的新兴学科. 2019 年 9 月 7 日, 德国总理默克尔女士访问华中科技大学, 她在演讲中专门提到中国原创的灰色系统理论, 称赞创始人邓聚龙教授和主要传播者刘思峰教授的工作 "深刻地影响着世界".

灰色模型是灰色系统理论的重要组成部分, 是灰预测的核心成分. 1984 年邓教授在他提出的灰色预测思想基础上建立了第一个灰色模型: GM(1, 1) 模型. 该模型与一般的常用统计预测模型不一样, 常用的统计预测模型, 例如经验模型、半参数型号、混合模型, 以及最新的机器学习模型, 通常需要大量的样本数据来做出可信度较高的预测, 但灰色预测模型的思想是建立在小样本、信息不完全的基础上的. 它通过对非负原始数据序列进行一次累加生成, 使之成为单调增长序列, 进而模仿能量积累过程, 建立一种具有部分差分、部分微分性质的预测模型. 邓教授早期的研究报告显示 GM(1, 1) 模型仅用 4 个数据便可进行可接受的预测. GM(1, 1) 模型中第一个 "1" 表示一阶微分方程, 第二个 "1" 表示模型中的仅有一个变量. 该模型由于建模过程简单, 求解方便, 广泛应用于各种应用领域, 例如农产品、能源营销、能源经济、环境问题、交通流、山体滑坡等预测. 最近的实证研究还表明, 灰色预测模型在时间序列预测中表现出来的稳定性与可靠性等性能甚至比机器学习模型更优.

1.1 分数阶累加灰色模型研究进展

分数阶灰色模型分为分数阶累加灰色模型和分数阶导数灰色模型. 我们先介绍分数阶累加灰色模型的研究进展.

累加运算是灰色模型最重要的运算. 最常用的累加称为一阶累加生成算子 (Accumulative Generator Operator, AGO). 通过对原始序列进行累加, 一阶累加生成序列往往遵循拟指数规律, 减少了原始数据的随机性, 提高了建模精度. 然而, 整数阶累加只是分数阶累加生成算子 (Fractional Accumulative Generator Operator, FAGO) 的一个特例. 吴利丰教授指出了这个问题, 并在 2013 年首次将分数阶累加引入到灰色模型, 建立分数阶累加灰色模型[271]. 他通过数学证明和全面的数值研究表明分数阶累加可以非常有效地减少传统灰色模型的误差, 并证明分数累加生成算子可以体现新信息优先的特点.

吴利丰教授[271] 提出的分数阶累加灰色模型如下: 称 $x^{(p)}$ 为原始序列的 $p(0 < p < 1)$ 阶累加生成序列

$$x_k^{(p)} = \sum_{i=1}^{k} \begin{pmatrix} k-i+p-1 \\ k-i \end{pmatrix} x^{(0)}(i), \quad k = 1, 2, \cdots, n$$

其中

$$\begin{pmatrix} k-i+p-1 \\ k-i \end{pmatrix} = \frac{(k-i+p-1)(k-i+p-2)\cdots(p+1)p}{(k-i)!}$$

在此基础上建立的灰色模型称为分数阶累加灰色模型.

吴利丰教授[213] 提出的阻尼 (Damping) 分数阶累加生成 (ζ-DAGO) 算子如下: 称 $x^{(\zeta)}$ 为原始序列 $x^{(0)}$ 的阻尼分数阶累加生成序列

$$x^{(\zeta)}(k) = \sum_{i=1}^{k} \frac{x^{(0)}(i)}{\zeta^{i-1}}, \quad k = 1, 2, \cdots, n$$

其中, $\zeta \in (0,1]$. 当阻尼累加参数为 1 时, ζ-DAGO 等效于传统的 1-AGO. ζ-DAGO 的计算过程可以转化为矩阵形式: 写出矩阵形式为

$$\begin{pmatrix} x^{(\zeta)}(1) \\ x^{(\zeta)}(2) \\ \vdots \\ x^{(\zeta)}(n) \end{pmatrix} = \begin{pmatrix} 1 & 0 & \cdots & 0 \\ 1 & \dfrac{1}{\zeta} & \cdots & 0 \\ \vdots & \vdots & & \vdots \\ 1 & \dfrac{1}{\zeta} & \cdots & \dfrac{1}{\zeta^{n-1}} \end{pmatrix} \begin{pmatrix} x^{(0)}(1) \\ x^{(0)}(2) \\ \vdots \\ x^{(0)}(n) \end{pmatrix}$$

作者认为 ζ-DAGO 是传统 1-AGO 的优化形式. 对于累加的计算过程, 对所有可用数据赋予相同的权重是不合理的, 因此设置不同的权重来区分旧数据和新数据的影响. 基于新信息优先的原则, 近期数据比历史数据具有更大的权重. 那么, 新生成的序列会更符合指数增长的趋势. 其累减生成序列可写为

$$x^{(\zeta)}(k+1) - x^{(\zeta)}(k) = \frac{x^{(0)}(k+1)}{\zeta^k}$$

吴利丰教授[151] 又提出的分数阶 Hausdorff 灰色模型如下: 称 $x^{(r)}$ 为原始序列 $x^{(0)}$ 的分数阶 Hausdorff 累加生成序列

$$x^{(r)}(k) = \sum_{i=1}^{k} x^{(0)}(i) \left[i^r - (i-1)^r \right], \quad k = 1, 2, \cdots, n$$

其中 $x^{(r)} = \left(x^{(r)}(1), x^{(r)}(2), \cdots, x^{(r)}(n) \right)$, $x^{(r)}(1) = x^{(0)}(1)$, 在此基础上构建分数阶累加生成灰色模型

$$\frac{dx^{(r)}(t)}{dt} + ax^{(r)}(t) = b$$

马新[224] 提出的一致分数阶累加生成灰色模型如下: 称 $x^{(\alpha)}$ 为原始序列的一致分数阶累加生成序列

$$x^{(\alpha)} = \left(x^{(\alpha)}(1), x^{(\alpha)}(2), \cdots, x^{(\alpha)}(N) \right)$$

其中

$$x^{(\alpha)}(k) = \nabla^{\alpha} x^{(0)}(k) = \begin{cases} \displaystyle\sum_{j=1}^{k} \frac{x^{(0)}(j)}{j^{[\alpha]-\alpha}}, & 0 < \alpha \leqslant 1 \\ \displaystyle\sum_{j=1}^{k} x^{(\alpha-1)}(j), & \alpha > 1 \end{cases}$$

在此基础上构建一致分数阶累加生成灰色模型

$$\frac{dx^{(\alpha)}(t)}{dt} + ax^{(\alpha)}(t) = b$$

分数阶累加灰色模型大多是单变量模型, 只能反映序列对时间的响应, 没有考虑外部因素的影响. 2019 年, 马新[225] 提出了带卷积积分的分数阶累加多变量灰色模型 (FGMC). 该模型可以看作是带卷积积分的多变量灰色模型 (GMC) 的一般形式. 具有卷积积分的灰色模型可以直接转换为许多现有的单变量灰色模型, 也是一种构建高效灰色模型的新方法. 与具有卷积积分的灰色模型共享相似的公式, 相应的分数阶灰色模型实际上是一个更通用的模型, 它可以通过类似的方式轻松转换为其他现有的分数阶灰色模型.

新信息优先是预测学中的一个重要原则, 该原则认为新的信息相对旧的信息对于预测建模具有更高参考价值, 然而经典 GM(1, 1) 模型并没有强调新信息优先原则[137,207,240,281]. 学者们研究发现, 通过对模型累加生成方式做适当改进, 可以体现新信息优先, 比如刘思峰教授提出的缓冲算子、党耀国教授及其他学者提出的改进缓冲算子[9,56], 它们的构造形式都直观形象地体现了新信息优先原则, 但由于上述缓冲算子设计中的权重选取都具有一定主观性, 因此它们的使用都伴有一定局限性. 吴利丰教授将 GM(1, 1) 模型中一次累加生成拓展为分数阶累加生成, 提出分数阶累加 GM(1, 1) 模型, 并认为分数阶累加生成体现新信息优先原则[271,273]. 肖新平教授认为分数阶累加生成矩阵可看作一种特殊缓冲算子, 是广义累加生成的一种特例. 我们将分数阶累加生成视为一种特殊数据变换, 并证明

FAGM(1, 1) 模型能够突破 GM(1, 1) 建模级比界区限制, 并提出了分数阶累加灰色模型的优化定阶方法.

上面介绍的灰色模型与分数阶思想的结合只停留在分数阶累加生成上, 模型中微分方程仍是一阶微分方程而不是分数阶导数微分方程. 在实际背景中, 虽然 FAGM(1, 1) 模型相比 GM(1, 1) 模型更具有建模优势, 可以体现信息优先原则, 而这种结合的不彻底, 使得模型的预测效果仍具有一定改善空间.

在此基础上, 学者们建立了

(1) 单变量分数阶累加灰色模型

$$\frac{dx^{(\alpha)}(t)}{dt} + ax^{(\alpha)}(t) = b$$

$$\frac{dx^{(\alpha)}(t)}{dt} + ax^{(\alpha)}(t) = bt + c$$

$$\frac{dx^{(\alpha)}(t)}{dt} + ax^{(\alpha)}(t) = b[x^{(\alpha)}(t)]^{\alpha}$$

$$\frac{dx^{(\alpha)}(t)}{dt} + ax^{(\alpha)}(t) = (bt + c)[x^{(\alpha)}(t)]^{N}$$

$$\frac{dx^{(\alpha)}(t)}{dt} + ax^{(\alpha)}(t) = b[x^{(\alpha)}(t)]^{N} + c$$

(2) 多变量分数阶累加灰色模型

$$\frac{dx_1^{(r)}(t)}{dt} + b_1 x_1^{(r)}(t) = \sum_{i=2}^{n} b_i x_i^{(r)}(t)$$

$$\frac{dx_1^{(r)}(t)}{dt} + b_1 x_1^{(r)}(t) = \sum_{i=2}^{n} b_i x_i^{(r)}(t - \tau)$$

$$\frac{dx_1^{(r)}(t)}{dt} + b_1 x_1^{(r)}(t) = \sum_{i=2}^{n} b_i x_i^{(r)}(t) + c$$

$$\frac{dx_1^{(r)}(t)}{dt} + b_1 x_1^{(r)}(t) = \sum_{i=2}^{n} b_i [x_i^{(r)}(t)]^{\alpha} + c$$

(3) 分数阶累加 Lotka-Volterra 模型

$$\begin{cases} \dfrac{dx^{(r)}}{dt} = x^{(r)}(t)\left(a_1 + b_1 x^{(r)}(t) + c_1 y^{(r)}(t)\right) \\ \dfrac{dy^{(r)}}{dt} = y^{(r)}(t)\left(a_2 + b_2 y^{(r)}(t) + c_2 x^{(r)}(t)\right) \end{cases}$$

我们结合环境库兹涅茨曲线假设和微分信息原理, 提出了一种新的分数阶灰色 Riccati 模型 (FGRM(1, 1))[170]. 利用最小二乘参数估计和数学分析方法得到模型参数和离散响应函数, 引入并设计了裸骨焰火算法得到最优分数阶. 其方程为

$$\frac{dx^{(r)}}{dt} + ax^{(r)} = b\left(x^{(r)}\right)^2 + c$$

曾亮[317] 为了反映能耗系统的时滞特性, 准确把握能耗系统的发展趋势, 在分数阶灰色幂模型的基础上, 考虑数据时滞特性, 提出了一种新的分数阶累加非线性时滞灰色模型, 其表达式为

$$\frac{dx^{(\alpha)}(t)}{dt} + ax^{(\alpha)}(t-\tau) = bt^m + c$$

刘重[204]提出了一种新的带时间幂项的分数阶灰色多项式预测模型 FPGM(1,1,t^a). 该模型结合时间幂项和分数阶累加对灰色多项式模型进行优化, 然后应用量子遗传算法确定模型参数. 特别是通过调整系统系数, 可以将所提出的模型转换为现有的模型. 其模型表达式为

$$\frac{dx^{(\alpha)}(t)}{dt} + ax^{(\alpha)}(t) = \sum_{i=\alpha-[\alpha]}^{\alpha} b_{[i]}t^i + c$$

胡云[182] 提出了一种考虑时滞效应的分数阶离散灰色天然气消费预测模型, 该模型比相似模型具有更一般的形式化、无偏性和更高的灵活性. 其方程形式为

$$x_1^{(r)}(k+1) = ax_1^{(r)}(k) + bk^{(r_2)} + c$$

马新[225] 首先证明了已有的分数阶多元灰色卷积模型是一个有偏模型, 然后提出了一种基于离散建模技术的分数阶离散多元灰色模型, 通过数学分析和随机检验证明了该模型的无偏性. 其方程表达式为

$$X_1^{(r)}(k) = \beta_1 X_1^{(r)}(k-1) + \sum_{i=2}^{n} \beta_i X_i^{(r)}(k) + c$$

以上模型均为分数阶累加灰色模型, 充分考虑了预测模型的新信息优先原则, 但是仍然是 1 阶导数, 不能体现系统的记忆特征, 不能使模型具有更好的自适应特征, 故关于分数阶导数灰色模型的研究取得了一定进展.

1.2　分数阶导数灰色模型研究进展

将整数阶导数推广到分数阶导数的思想最早可追溯 17 世纪莱布尼茨与洛必达的一次通信. 自 1974 年第一部关于分数阶微积分 (Fractional Calculus) 的专著出版以来, 分数阶模型得到迅猛发展. 分数阶微分方程是分数阶模型的核心, 由于它具有良好的自记忆性, 目前已被广泛地应用于化学加工系统、硬盘驱动器设计、图像去噪等实际问题中. 对于分数阶微分方程的解析求解, 虽然目前缺乏合理有效方法. 但由于微分方程可以理解为差分方程组的极限形式, 分数阶微分方程也如是, 将分数阶微分方程转换为差分方程, 可求得方程数值解. 随着计算机技术的发展, 分数阶微分方程的数值解法的提出, 学者们在实际问题中使用分数阶模型成为可能.

我们首先建立了单变量分数阶累加与分数阶导数相结合的分数阶导数灰色模型 FGM$(q,1)$, 其模型形式为[227]

$$\frac{d^q x^{(\alpha)}(t)}{dt^q} + ax^{(\alpha)}(t) = b$$

其中 α 是分数阶累加阶数, q 是分数阶导数阶数. 我们通过最小二乘法完成方程参数估计, 利用有限差分法完成方程求解, 基于粒子群算法完成微分方程阶数和累加生成次数优化; 结合参数估计矩阵分解, 讨论了 GM(1, 1), FAGM(1, 1), FAGM(1, 1, D) 与 FGM$(q,1)$ 模型的衍生关系. 此类分数阶导数灰色模型没有指明分数阶导数的类型, 实际上, 分数阶导数有许多不同的定义形式, 不同的分数阶导数类型与灰色系统相结合会有不同的时间响应式, 对建模效果有较大影响, 因此, 学者们进一步研究了在某种特定分数阶导数条件下的分数阶灰色模型.

Caputo 型分数阶导数在实际问题中有广泛的应用, Caputo 型分数阶导数的核函数可以是不同的函数类型. 亢玉晓[191] 分别选择弱奇异的幂函数核和非奇异指数函数核的 Caputo 型分数阶导数, 建立灰色预测模型 CFEGM$(q,1)$ 和 EFGM$(q,1)$.

(1) 具有弱奇异性的以幂函数为核的 Caputo 型分数阶导数的定义为

$$_0^C D_t^q x(t) = \frac{1}{\Gamma(m-q)} \int_0^t x^{(m)}(\tau)(t-\tau)^{m-q-1} d\tau$$

在此基础上建立的分数阶灰色模型记为 CFEGM$(q,1)$, 其表达式为

$$_0^C D_t^q x^{(r)} + ax^{(r)} = b$$

其中 ${}_0^C D_t^q x^{(r)}$ 是 $x^{(r)}$ 的幂函数核 Caputo 型分数阶导数. 通过 Laplace 变换求得的解包含四个级数, 文章通过对级数敛散性的讨论证明了解的存在性和唯一性.

(2) 具有非奇异性的以指数函数为核的 Caputo 型分数阶导数的定义为

$$
{}_0^{\exp} D_t^q x(t) = \frac{1}{1-q} \int_0^t x'(\tau) \exp\left[-\frac{q(t-\tau)}{1-q}\right] d\tau
$$

在此基础上建立分数阶灰色模型 EFGM$(q, 1)$, 其表达式为

$$
{}_0^{\exp} D_t^q x^{(r)} + a x^{(r)} = b
$$

其中 ${}_0^{\exp} D_t^q x^{(r)}$ 是 $x^{(r)}$ 的指数函数核 Caputo 型分数阶导数. EFGM$(q, 1)$ 的解是指数函数, 符合灰色系统对数据满足灰色指数规律的要求, 说明在灰色预测模型中使用指数非奇异核的分数阶导数是合理的.

在单变量 Caputo 型分数阶灰色模型的基础上, 亢玉晓[191] 进一步建立了多变量 Caputo 型分数阶灰色模型 CFGMC(q, N). 其表达式为

$$
{}_0^C D_t^q x_1^{(r)} + a x_1^{(r)} = \sum_{i=2}^N b_i x_i^{(r)} + u
$$

其中 ${}_0^C D_t^q x_1^{(r)}$ 为 Caputo 型分数阶导数, 用 Caputo 型分数阶差分对 CFGMC(q, N) 模型进行离散化, 利用 Laplace 变换求解.

我们进一步将 Caputo 型分数阶导数和延迟因子引入灰色 Lotka-Volterra (GLV) 模型[231], 建立了具有时滞的 Caputo 型分数阶导数灰色 Lotka-Volterra 模型 (FDGLV). 其方程为

$$
\begin{cases}
{}^C D_*^{p_1} x_1^{(r)}(t) = x_1^{(r)}(t)\left(a_1 + b_1 x_1^{(r)}(t) + c_1 x_2^{(r)}(t - \tau_{11}) + d_1 x_3^{(r)}(t - \tau_{13})\right) \\
{}^C D_*^{p_2} x_2^{(r)}(t) = x_2^{(r)}(t)\left(a_2 + b_2 x_2^{(r)}(t) + c_2 x_1^{(r)}(t - \tau_{21}) + d_2 x_3^{(r)}(t - -\tau_{23})\right) \\
{}^C D_*^{p_3} x_3^{(r)}(t) = x_3^{(r)}(t)\left(a_3 + b_3 x_3^{(r)}(t) + c_3 x_1^{(r)}(t - \tau_{31}) + d_3 x_2^{(r)}(t - \tau_{32})\right)
\end{cases}
$$

该模型采用分数阶 Adams-Bashforth-Moulton 预估校正算法进行求解. 采用灰色关联分析确定模型的时滞值, 并采用鲸鱼算法对参数进行优化.

我们采用重标范围分析法分析了清洁能源生产和消费的记忆特性, 采用集成经验模态分解算法将原始序列分解为多个具有不同特征的分量和残差, 并用 Caputo 型分数阶导数灰色 Bernoulli 模型对残差进行预测[323]. 其模型表达式为

$$_{0}^{C}D_{t}^{q}x^{(r)} + ax^{(r)} = b[x^{(r)}]^{m}$$

除 Caputo 型分数阶导数灰色模型外, Grunwald-Letnikov(GL) 型分数阶导数也被用于灰色模型, 王勇[260] 基于 GL 型分数阶导数建立具有延迟特征的 Hausdorff 分数阶多变量灰色模型, 其表达式为

$$\frac{d^{p}x_{1}^{(\alpha)}(rp+t)}{dt^{p}} + ax_{1}^{(\alpha)}(rp+t) = \omega^{\mathrm{T}}\varphi(\chi(t)) + c$$

其中 Hausdorff 指分数阶累加生成的类型. rp 是时间延迟参数, $\chi(t)$ 是相关因素的顺序, ω 是参数向量, φ 是非线性映射.

以上成果的分数阶阶数均为常数, 使用常数阶微分方程来描述复杂系统的演化通常无法准确描述系统的某些变化特征. 可变阶分数导数为我们提供了解决此类问题的新工具. 我们将经典灰色模型的累加和导数阶数从常数扩展为函数, 建立可变阶分数阶灰色模型来描述复杂系统的演化过程[191]. 首先, 定义了可变阶分数累加生成序列. 在此序列的基础上, 建立了可变阶分数阶导数灰色模型, 并使用最小二乘法估算了模型的参数, 采用量子粒子群优化算法求解分数阶导数和累加的阶数, 采用 Sadik 变换和 Laplace 变换获得新模型的解析解.

对于原始序列 $x^{(0)} = (x^{(0)}(1), x^{(0)}(2), \cdots, x^{(0)}(n))^{\mathrm{T}}$, 设 m 为序列所分的阶段数, $k_{1}, k_{2}, \cdots, k_{m-1}$ 为阶段的分界点, 在分段点前后, 序列呈现阶段型变化. 记 $u \in N$, $u \in (1, n)$, $r(u)$ 为变阶累加函数, r_{i} $(i = 1, 2, \cdots, m)$ 为第 i 个阶段所对应的累加生成阶数, 则 $r(u)$ 的表达式为

$$r(u) = \begin{cases} r_{1}, & 1 < u < k_{1} \\ r_{2}, & k_{1} \leqslant u < k_{2} \\ \cdots\cdots \\ r_{m}, & k_{m-1} \leqslant u < n \end{cases}$$

$A^{r(u)}$ 为变阶累加生成矩阵, $x^{r(u)}$ 为 $x^{(0)}$ 的变阶累加生成序列, $x^{r(u)} = A^{r(u)} \cdot x^{(0)}$. 对两阶段序列, $m = 2$, k_{1} 为阶段分界点, 当 $k < k_{1}$ 时, 累加生成的阶数为 r_{1}; 当 $k \geqslant k_{1}$ 时, 累加生成的阶数为 r_{2}, $A^{r_{1}, r_{2}}$ 为变阶累加生成矩阵, $x^{(r_{1}, r_{2})}$ 为变阶分数阶累加生成序列, $x^{(r_{1}, r_{2})} = A^{r_{1}, r_{2}} x^{(0)}$. 根据分数阶累加生成的定义可得 $A^{r_{1}, r_{2}}$ 的表达式为

$A^{r_1,r_2} =$

$$\begin{pmatrix} \binom{r_1}{0} & 0 & \cdots & 0 & 0 & 0 & \cdots & 0 \\ \binom{r_1}{1} & \binom{r_1}{0} & \cdots & 0 & 0 & 0 & & 0 \\ \vdots & \vdots & & \vdots & \vdots & \vdots & & \vdots \\ \binom{r_1}{k_1-1} & \binom{r_1}{k_1-2} & \cdots & \binom{r_1}{0} & 0 & 0 & \cdots & 0 \\ \binom{r_1}{k_1} & \binom{r_1}{k_1-1} & \cdots & \binom{r_1}{1} & \binom{r_2}{0} & 0 & \cdots & 0 \\ \binom{r_1}{k_1+1} & \binom{r_1}{k_1} & \cdots & \binom{r_1}{2} & \binom{r_2}{1} & \binom{r_2}{0} & \cdots & 0 \\ \vdots & \vdots & & \vdots & \vdots & \vdots & & \vdots \\ \binom{r_1}{n-1} & \binom{r_1}{n-2} & \cdots & \binom{r_1}{n-k_1} & \binom{r_2}{n-k_1-1} & \binom{r_2}{n-k_1-2} & \cdots & \binom{r_2}{0} \end{pmatrix}$$

此矩阵为两阶段情况下的变阶累加生成矩阵, 对多阶段型序列, 可以采用类似的方法给出其变阶累加生成矩阵, 进而计算多阶段变阶累加生成序列. 在变阶分数阶累加生成矩阵的基础上, 建立变阶 AK 型分数阶灰色预测模型.

类似于变阶分数阶累加生成, 令 $q_i(i=1,2\cdots,m)$ 为第 i 个阶段所对应的分数阶导数的阶数, 则变阶分数阶导数阶数的表达式为

$$q(u) = \begin{cases} q_1, & 0 < u < k_1 \\ q_2, & k_1 \leqslant u < k_2 \\ \cdots\cdots \\ q_m, & k_{m-1} \leqslant u < n \end{cases}$$

则变阶 AK 型分数阶灰色模型的表达式为

$$ {}^{\text{AK}}_0 D_t^{q(u)} x^{r(u)} + a x^{r(u)} = b $$

其中 ${}^{\text{AK}}_0 D_t^{q(u)} x^{r(u)}$ 是 $x^{r(u)}$ 的 AK 型分数阶导数.

分形导数是局部导数, 它不同于分数阶微积分的全域定义, 因此计算量和内存需求都大大降低. 分形几何方法被广泛用于描述复杂系统的几何特征、异常扩

散、统计行为和数据结果的幂律特征等方面. 近年来, 将分形导数与分数阶导数相结合的微分方程有了一定的发展, 其成果主要集中在新的 Volterra 积分微分方程、分形分数算子下的奇异混沌算子、分形分数阶导数、分形分数阶微分积分、混沌动力系统吸引子的建模、分数阶 Lotka-Volterra 模型的分形分析与控制等方面, 但分形微分方程的应用目前还很不成熟, 特别是在预测领域. 将分形微分方程应用于灰色系统就变得很有意义.

灰色 Riccati 模型是一种非线性微分方程, 具有以下三个优点: ① 模型应用范围广. 它不仅适用于上升趋势的数据预测, 也适用于下降趋势或 S 曲线拟合. ② 建模性能好: 参数可调, 性能优于一般灰色模型. ③ 保留了经典灰色模型的所有优点. 它的特殊形式可以是 GM(1, 1) 模型或灰色 Bernoulli 模型. 但这些模型都是一阶灰色模型. 分形导数与灰色模型相结合的成果较少.

我们在灰色 Riccati 模型中引入分形导数和分数阶累加生成算子, 建立分形导数和分数阶累加相结合的灰色 Riccati 模型 (FDFGRM), FDFGRM 模型的白化微分方程为[322]

$$\frac{dx^{(r)}}{dt^{\beta}} + ax^{(r)} = b\left(x^{(r)}\right)^2 + c$$

基于 Hausdorff 分形导数的定义 $\frac{dx^{(r)}}{dt^{\beta}} = \frac{1}{\beta t^{\beta-1}}\frac{dx^{(r)}}{dt}$, 可以得到

$$\frac{dx^{(r)}}{dt} = b\beta t^{\beta-1}\left(x^{(r)}\right)^2 - a\beta t^{\beta-1}x^{(r)} + c\beta t^{\beta-1}$$

以平均绝对百分比误差和标准偏差为目标函数, 采用 QPSO 算法对 FDFGRM 的分形导数和分数阶累加阶数进行优化.

1.3　文献评述

分数阶灰色模型的研究吸引了越来越多的研究者的注意, 研究成果越来越多, 发表在国内外各类期刊上, 有模型理论分析也有实际应用, 并且得到多个国家自然科学基金的资助, 但依然有许多不足之处:

(1) 许多分数阶灰色模型诞生了, 并且发表在优质期刊上, 但众多的分数阶灰色模型建模机理不明确. 数据驱动或问题驱动建模是合理建模的源动力, 我们还需要不断挖掘问题或数据所蕴含的信息和深刻内涵, 建立具有说服力的可靠的分析模型.

(2) 分数阶灰色模型的阶数如何确定? 参数在模型上应该具有实际意义, 而目前绝大多数研究成果中的阶数没有和实际数据或工程背景结合, 而是采用搜索算

法寻优获得. 搜索得到的结果是优异的, 但不一定是有益的. 这正是我们需要努力的方向.

(3) 追求建模精度成了建模首选, 缺乏对模型稳定性、可靠性分析. 较高的拟合精度与预测精度是模型性能优异的主要表现, 但常常只适用于少数数据, 而同一个数据变换数据长度或者同一类型同一背景但不同区域数据就导致建模精度差异很大, 这说明模型可靠性是不够的.

第 2 章 分数阶灰色模型理论基础

2.1 灰 生 成

灰生成是邓聚龙教授提出的灰色系统理论中最重要的具有原创性的技术之一. 灰生成是将灰预测原始数据通过某种运算变换为新数据, 是使灰过程变白的一种方法, 能改变数据的层次性、可比性及极性, 能为灰建模提供中间信息, 并弱化原始数据的随机性. 灰生成贯穿于灰建模的始终, 不仅是发掘和升华数据的有效工具, 还是发展和完善灰建模技术的有力手段. 灰生成种类有很多[5,13,18,29,46,56], 本书仅介绍累加生成算子, 其他灰生成内容请参阅《灰预测与决策方法》(肖新平, 毛树华著) 一书.

2.1.1 灰生成定义

定义 2.1 设 $x^{(0)}$ 为原始序列, $x^{(0)} = (x^{(0)}(1), x^{(0)}(2), \cdots, x^{(0)}(n))$, 如果 $x^{(k)} = \sum_{i=1}^{k} x^{(0)}(i)$, $k = 1, 2, \cdots, n$, $x^{(1)} = (x^{(1)}(1), x^{(1)}(2), \cdots, x^{(1)}(n))$, 则称 $x^{(1)}$ 为 $x^{(0)}$ 的一次累加生成序列. 依次类推, 可知 $x^{(0)}$ 的 r 次累加生成序列 $x^{(r)} = (x^{(r)}(1), x^{(r)}(2), \cdots, x^{(r)}(n))$, 其中 $x^{(k)} = \sum_{i=1}^{k} x^{(r-1)}(i)$, $k = 1, 2, \cdots, n$.

说明: 灰色系统理论认为原始数据或观测数据 $x^{(0)}(k)$ 并非真实数据, 只是真实数据 $x_t^{(0)}(k)$ 的 "镜像" (Image), 是有噪声的, 在统计学里, 被称为 "测不准" 问题, 即

$$x^{(0)}(k) = x_t^{(0)}(k) + \Delta(k)$$

$\Delta(k)$ 被称为噪声, 一般地, 系统噪声部分为正, 部分为负. 累加生成也是过滤噪声的方法之一.

定义 2.2 设 $x^{(r)} = (x^{(r)}(1), x^{(r)}(2), \cdots, x^{(r)}(n))$, $x^{(r-1)} = (x^{(r-1)}(1), x^{(r-1)}(2), \cdots, x^{(r-1)}(n))$, 其中 $x^{(r-1)}(k) = x^{(r)}(k) - x^{(r)}(k-1)$, 则称 $x^{(r-1)}$ 为 $x^{(r)}$ 的一次累减生成序列. 可知, 累减生成是累加生成的逆运算.

定义 2.3 设序列 $x^{(1)} = (x^{(1)}(1), x^{(1)}(2), \cdots, x^{(1)}(n))$, $z^{(1)} = (z^{(1)}(1), z^{(1)}(2), \cdots, z^{(1)}(n))$, 其中 $z^{(1)}(k) = 0.5x^{(1)}(k-1) + 0.5x^{(1)}(k)$, 则 $z^{(1)}$ 称为 $x^{(1)}$ 的均值

生成序列.

一般地, $z^{(1)}(k) = \alpha x^{(1)}(k-1) + (1-\alpha)x^{(1)}(k), \alpha \in [0,1]$.

2.1.2 灰生成的矩阵形式

为了计算 (编程) 方便, 我们将灰生成表示成矩阵形式.

定义 2.4 设 A 为 $m \times n$ 矩阵, 其中每个元素为实数, $x = (x(1), x(2), \cdots, x(n))$ 为 n 元向量, 称 m 元向量 $y = xA$ 为经 A 的线性生成, A 称为生成矩阵.

由定义 2.1 可知, 若矩阵 A

$$A = \begin{pmatrix} 1 & 0 & \cdots & 0 \\ 1 & 1 & \cdots & 0 \\ \vdots & \vdots & & \vdots \\ 1 & 1 & \cdots & 1 \end{pmatrix}$$

则一次累加生成可以表示成 $x^{(1)} = Ax^{(1)} = A(x^{(0)}(1), x^{(0)}(2), \cdots, x^{(0)}(n))^{\mathrm{T}}$, 同样, 由定义 2.3 可知, 若生成矩阵 B

$$B = \begin{pmatrix} 0.5 & 0.5 & 0 & \cdots & 0 & 0 \\ 0 & 0.5 & 0.5 & \cdots & 0 & 0 \\ \vdots & \vdots & \vdots & & \vdots & \vdots \\ 0 & 0 & 0 & \cdots & 0.5 & 0 \\ 0 & 0 & 0 & \cdots & 0.5 & 0.5 \end{pmatrix}$$

则均值生成同样可表示为 $z^{(1)} = Bx^{(1)}$.

一般的均值生成矩阵可表示为

$$B = \begin{pmatrix} \alpha & 1-\alpha & 0 & \cdots & 0 & 0 \\ 0 & \alpha & 1-\alpha & \cdots & 0 & 0 \\ \vdots & \vdots & \vdots & & \vdots & \vdots \\ 0 & 0 & 0 & \cdots & 1-\alpha & 0 \\ 0 & 0 & 0 & \cdots & \alpha & 1-\alpha \end{pmatrix}$$

其中参数 $0 < \alpha < 1$, 也被称为背景值. 可以看出, 生成矩阵的引入, 可以使灰色生成更直观, 更容易理解.

生成与逆生成是互逆运算, 由矩阵的运算可知, A 的逆矩阵为

$$A^{-1} = \begin{pmatrix} 1 & 0 & 0 & \cdots & 0 \\ -1 & 1 & 0 & \cdots & 0 \\ 0 & -1 & 1 & \cdots & 0 \\ \vdots & \vdots & \vdots & & \vdots \\ 0 & 0 & 0 & \cdots & 1 \end{pmatrix}$$

$$x^{(0)} = A^{-1}x^{(1)}$$

即有

$$x^{(0)}(k) = x^{(1)}(k) - x^{(1)}(k-1), \quad k = 2, 3, \cdots, n$$

逆生成的作用在于将数据列还原, 因此, 求累减生成序列的运算可转化为求矩阵的逆.

由上述定义容易证明

$$x^{(1)} = A_x^{(0)}, \quad x^{(2)} = A^2 x^{(0)}$$

依次类推, $x^{(r)} = A^r x^{(0)}$, 其中 A^r 为 r 次累加生成矩阵, 此处 r 一般取正整数.

定理 2.1　$(A^{-1})^r = (A^r)^{-1}$.

证明　略.

该定理说明 $(A^{-1})^r$ 为 r 次累减生成矩阵, 它是 A^r 的逆生成. 下面给出 r 次累加生成矩阵和 r 次累减生成矩阵的具体形式.

定理 2.2　如果 $x^{(r)} = A^r x^{(0)}$, 则有 $x^{(r)}(k) = \sum_{i=1}^{k} \mathrm{C}_{k-i+r-1}^{r-1} x^{(0)}(i)$, 且 $A^r =$

$(a_{ij}^r)_{n \times n}$, 其中 $(a_{ij}^r)_{n \times n} = \begin{cases} \mathrm{C}_{i-j+r-1}^{r-1} = \dfrac{(i-j+r-1)!}{(r-1)!(i-j)!}, & i \geqslant j, \\ 0, & i < j, \end{cases}$ n, r 分别为观

测值个数和累加生成次数. 累加生成的矩阵形式可写为

$$A^r =$$

$$\begin{pmatrix} 1 & 0 & 0 & \cdots & 0 \\ r & 1 & 0 & \cdots & 0 \\ \dfrac{r(r+1)}{2!} & r & 1 & \cdots & 0 \\ \vdots & \vdots & \vdots & & \vdots \\ \dfrac{r(r+1)\cdots(r+n-2)}{(n-1)!} & \dfrac{r(r+1)\cdots(r+n-3)}{(n-2)!} & \dfrac{r(r+1)\cdots(r+n-4)}{(n-3)!} & \cdots & 1 \end{pmatrix}$$

证明 由数学归纳法可得.

定理 2.3 A^r 的逆矩阵可表示为

$$
(A^r)^{-1} = \begin{pmatrix} 1 & -r & \dfrac{r(r-1)}{2} & \cdots & (-1)^{n-1}\dfrac{r(r-1)\cdots(r-(n-2))}{(n-1)!} \\[2ex] 0 & 1 & -r & \cdots & (-1)^{n-2}\dfrac{r(r-1)\cdots(r-(n-3))}{(n-2)!} \\[2ex] 0 & 0 & 1 & \cdots & (-1)^{n-2}\dfrac{r(r-1)\cdots(r-(n-4))}{(n-3)!} \\[2ex] \vdots & \vdots & \vdots & & \vdots \\[1ex] 0 & 0 & 0 & \cdots & 1 \end{pmatrix}^{\mathrm{T}}
$$

2.2 分数阶灰生成

对序列进行累加生成是灰色系统理论的重要原创思想, 其主要目的是降低原始数据的随机波动性, 提高序列的灰指数律, 而灰指数律是灰微分方程建模的理论基础[264]. 由于实际系统的复杂性, 甚至部分时刻数据不规律, 一次累加生成可能仍难以满足灰指数律, 导致 GM(1, 1) 模型可能难以预测. 但累加生成次数过多反而可能破坏其灰指数律, 所以累加生成次数需适当选取.

新信息优先是预测模型应满足的基本特点, 分数阶累加比整数阶累加更能体现新信息优先, 但以往的分数阶累加均是通过整数阶累加推广形成的, 在推广的过程中, 会产生一定程度的误差. 为了避免从整数阶累加推广到分数阶累加所产生的误差, 我们采用分数阶和分与差分定义分数阶累加生成和累减生成.

2.2.1 分数阶累加生成

相比整数集, 有理数集 (分数集) 更加稠密, 因此从整数阶累加推广到分数阶累加, 将使得累加生成自由度更高, 能更加合理有效提升累加生成后数据的指数律. 下文主要依据广义组合数公式, 完成从整数阶累加到分数阶累加的推广.

定义 2.5 当 $n \in N$ 时, 对于有理数 x, 称函数式

$$
\binom{x}{n} = \begin{cases} 1, & n = 0 \\[2ex] \dfrac{x(x+1)\cdots(x+n-1)}{n!}, & n \in N^{+} \end{cases} \tag{2.1}
$$

为广义上升阶乘函数.

假设 r 为大于零的任意实数, n 为正整数, 称

$$\nabla^{-r}x(n) = \begin{pmatrix} r \\ n \end{pmatrix} * x(n) = \sum_{t=0}^{n} \begin{pmatrix} r \\ n-t \end{pmatrix} x(t)$$

为 $x(n)$ 的 r 阶和分.

假设 $r > 0$, 定义下限为 n_0 的分数阶和分:

$$_{n_0}\nabla_n^{-r}x(n) = \sum_{t=n_0}^{n} \begin{pmatrix} r \\ n-t \end{pmatrix} x(t)$$

设 n 为非负整数, 称

$$\nabla x(n) \triangleq x(n) - x(n-1)$$

为 $x(n)$ 的一阶向后差分. 若 $r \in N^+$, 则称

$$\nabla^r x(n) \triangleq \nabla\nabla^{(r-1)}x(n)$$

为 $x(n)$ 的 r 阶向后差分 (本书默认情况下均取向后差分).

设 r 为大于零的任意实数, 令 m 为超过 r 的最小正整数, 称

$$\nabla^r x(n) = \nabla^m \nabla^{-(m-r)}x(n)$$

为 $x(n)$ 的 r 阶差分.

设 r 为大于零的任意实数, 令 m 为超过 r 的最小正整数, 则

$$_{n_0}\nabla_n^r x(n) = \nabla^m \left[_{n_0}\nabla_n^{-(m-r)} \right] x(n)$$

称为下限为 n_0 的 r 次分数阶差分.

对非负原始序列 $x^{(0)} = (x^{(0)}(1), x^{(0)}(2), \cdots, x^{(0)}(n))$, 若 r 为大于零的任意实数, 称

$$x^{(r)}(k) = \nabla^{-r}x^{(0)}(k), \quad k = 1, 2, \cdots, n$$

为累加生成算子, 称序列 $x^{(r)} = (x^{(r)}(1), x^{(r)}(2), \cdots, x^{(r)}(n))$ 为 $x^{(0)}$ 的 r 次分数阶累加生成序列.

特别地, 当 r 为正整数时, 分数阶累加生成算子和传统的整数阶累加生成是一致的.

结合定义 2.5, 即广义阶乘函数定义, r 次分数阶累加生成算子的矩阵形式可写为

$$
A^r = \begin{pmatrix}
\begin{pmatrix} r \\ 0 \end{pmatrix} & 0 & 0 & \cdots & 0 \\
\begin{pmatrix} r \\ 1 \end{pmatrix} & \begin{pmatrix} r \\ 0 \end{pmatrix} & 0 & \cdots & 0 \\
\begin{pmatrix} r \\ 2 \end{pmatrix} & \begin{pmatrix} r \\ 1 \end{pmatrix} & \begin{pmatrix} r \\ 0 \end{pmatrix} & \cdots & 0 \\
\vdots & \vdots & \vdots & & \vdots \\
\begin{pmatrix} r \\ n-1 \end{pmatrix} & \begin{pmatrix} r \\ n-2 \end{pmatrix} & \begin{pmatrix} r \\ n-3 \end{pmatrix} & \cdots & \begin{pmatrix} r \\ 0 \end{pmatrix}
\end{pmatrix}
\tag{2.2}
$$

基于公式 (2.1), 结合组合数的推广, 将 r 由正整数推广到有理数 (分数) 情形, 可以得到分数阶累加生成矩阵, 对应地, 累加生成的逆运算称为累减生成. 累减生成算式表示为

$$
x^{(r-1)}(k) = \sum_{m=1}^{k} x^{(r-1)}(m) - \sum_{m=1}^{k-1} x^{(r-1)}(m) = x^{(r)}(k) - x^{(r)}(k-1)
$$

结合定义 2.2, r 次分数阶累减生成算子的矩阵形式可写为

$$
A^{-r} = \begin{pmatrix}
\begin{pmatrix} -r \\ 0 \end{pmatrix} & 0 & 0 & \cdots & 0 \\
\begin{pmatrix} -r \\ 1 \end{pmatrix} & \begin{pmatrix} -r \\ 0 \end{pmatrix} & 0 & \cdots & 0 \\
\begin{pmatrix} -r \\ 2 \end{pmatrix} & \begin{pmatrix} -r \\ 1 \end{pmatrix} & \begin{pmatrix} -r \\ 0 \end{pmatrix} & \cdots & 0 \\
\vdots & \vdots & \vdots & & \vdots \\
\begin{pmatrix} -r \\ n-1 \end{pmatrix} & \begin{pmatrix} -r \\ n-2 \end{pmatrix} & \begin{pmatrix} -r \\ n-3 \end{pmatrix} & \cdots & \begin{pmatrix} -r \\ 0 \end{pmatrix}
\end{pmatrix}
$$

根据定理 2.1 得

$$x^{(0)} = A^{-r}A^r x^{(0)} = A^{-r} x^{(r)} \tag{2.3}$$

根据上述公式, 可以计算得到任意有理数阶累加生成矩阵. 此处 r 与 2.1 节相比较范畴有所扩展.

例如, 当原始数据 $n = 4$ 时, $\dfrac{2}{7}$ 阶累加生成矩阵及其逆矩阵分别如下

$$a_{21} = \begin{pmatrix} \dfrac{2}{7} \\ 1 \end{pmatrix} = \dfrac{\frac{2}{7}}{1!} = \dfrac{2}{7}, \quad a_{31} = \begin{pmatrix} \dfrac{2}{7} \\ 2 \end{pmatrix} = \dfrac{\frac{2}{7} \times \frac{9}{7}}{2!} = \dfrac{9}{49}$$

$$a_{41} = \begin{pmatrix} \dfrac{2}{7} \\ 3 \end{pmatrix} = \dfrac{\frac{2}{7} \times \frac{9}{7} \times \frac{16}{7}}{3!} = \dfrac{48}{343}$$

则有

$$A^{\frac{2}{7}} = \begin{pmatrix} 1 & 0 & 0 & 0 \\ \dfrac{2}{7} & 1 & 0 & 0 \\ \dfrac{9}{49} & \dfrac{2}{7} & 1 & 0 \\ \dfrac{48}{343} & \dfrac{9}{49} & \dfrac{2}{7} & 1 \end{pmatrix}$$

其逆矩阵为

$$A^{-\frac{2}{7}} = \begin{pmatrix} 1 & 0 & 0 & 0 \\ -\dfrac{2}{7} & 1 & 0 & 0 \\ -\dfrac{5}{49} & -\dfrac{2}{7} & 1 & 0 \\ -\dfrac{20}{343} & -\dfrac{5}{49} & -\dfrac{2}{7} & 1 \end{pmatrix}$$

2.2.2   Caputo 型分数阶导数与差分

分数阶导数模型与整数阶导数模型的本质区别在于: 对时间而言, 整数阶导数所表征的是一个物理或力学过程某时刻的变化或某种性质, 而分数阶导数所表征的性质则与该现象的整个发展历史有关. 整数阶空间导数描述的是一个物理过程在空间中某一确定位置的局部性质, 而分数阶导数所描述的性质则与该物理过程涉及的整个空间有关. 显然分数阶导数具有良好的全局性, 而多变量系统是考虑整体之间互相影响的综合系统, 因此多变量模型更适合分数阶导数. 又因 Caputo

型分数阶导数弱奇异性这一特性大大增强了其实用性, 在许多实际的物理、力学等实际问题的数学建模及求解过程中, 更多地选择用 Caputo 型导数定义.

定义 2.6 (Caputo 型分数阶微积分)   当 $f(t)$ 在定义域 $[a,b]$ 上具有 $[p]+1$ 阶连续导数, 同时先微分后积分可以导出 Caputo 分数阶微积分定义:

$$_a^C D_t^p[f(t)] = \frac{1}{\Gamma(n-p)} \int_a^t (t-u)^{n-p-1} f^n(u) du, \quad p > 0$$

$$_a^C D_t^{-p}[f(t)] = \frac{1}{\Gamma(p)} \int_a^t (t-u)^{p-1} f(u) du, \quad p > 0$$

该定义相比较于其他分数阶微积分定义的优点: 分数阶 Laplace 变换较简洁; 该定义的缺点: 定义域太窄.

定义 2.7   设 $0 \leqslant m-1 \leqslant \alpha < m$, 即 $m = [\alpha]+1$, n 为正整数, 则

$$_a^C \nabla_n^\alpha x(n) \triangleq {}_a\nabla_n^{-m+\alpha} [\nabla^m x(n)]$$

称为 $x(n)$ 的 α 阶 Caputo 型分数阶差分.

分数阶微积分的主要思想是推广经典的整数阶微积分, 从而将微积分的概念延拓到整个实数轴, 甚至是整个复平面. 但由于延拓的方法多种多样, 因而根据不同的需求人们给出了分数阶微积分的不同定义方式. 然而这些定义方式不仅只能针对某些特定条件下的函数给出, 而且只能满足人们的某些特定需求, 迄今为止, 人们仍然没能给出分数阶微积分的一个统一的定义, 这对分数阶微积分的研究与应用造成了一定的困难. 下面介绍几种经典的分数阶微积分定义.

(1) 根据整数阶微分的差分定义

$$f^{(k)}(t) = \lim_{h \to 0} \frac{1}{h^k} \sum_{r=0}^{k} (-1)^r \binom{k}{r} f(t-rh), \quad k \in N$$

那么当函数 $f(t)$ 满足 $f(t)$ 在定义域 $[a,b]$ 上具有 $[p]+1$ 阶连续导数时可以导出 GL 分数阶微积分定义:

$$_a^G D_t^p[f(t)] = \lim_{h \to 0} \frac{1}{h^p} \sum_{r=0}^{n-\left[\frac{t-a}{h}\right]} (-1)^r \binom{p}{r} f(t-rh)$$

该定义的缺点: 定义域较窄, 计算复杂.

(2) 依据整数阶积分的柯西公式:

$$f^{(-n)}(t) = \frac{1}{\Gamma(n)} \int_a^t (t-u)^{n-1} f(u) du$$

给出 R-L 分数阶微积分, 当函数 $f(t)$ 满足 $f(t)$ 在定义域 $[a,b]$ 上逐段连续且在任意有限子区间上可积, 运用先积分后微分的方法, 可以导出 R-L 分数阶微积分定义:

$$_a^R D_t^p[f(t)] = \left(\frac{d}{dt}\right)^n \left[_a^R D_t^{-(n-p)}[f(t)]\right], \quad n-1 \leqslant p < n, n \in N$$

$$\left[_a^R D_t^{-(n-p)}[f(t)]\right] = \frac{1}{\Gamma(n-p)} \int_a^t (t-u)^{n-p-1} f(u) du$$

该定义优点: 定义域较宽; 该定义缺点: 分数阶 Laplace 变换较复杂.

(3) 广义函数分数阶微积分: 当 $f(t)$ 满足 $f(t) = 0, t < a$ 时, 基于广义函数的分数阶微积分定义:

$$_a\widetilde{D}_t^p[f(t)] = f(t) * \Phi_{-p}(t)$$

$$\Phi_p(t) = \begin{cases} \dfrac{t^{p-1}}{\Gamma(p)}, & t > 0 \\ 0, & t \leqslant 0 \end{cases}$$

该定义优点: 有利于工程中对系统描述.

2.3　GM(1, 1) 模型

灰色系统理论是中国学者邓聚龙教授于 1982 年创立的, 该理论旨在解决小样本贫信息不确定系统预测问题, 其中 GM(1, 1) 模型是该理论的核心. 它通过对非负原始数据序列进行一次累加生成, 使之成为单调增长序列, 进而模仿能量积累过程, 建立一种具有部分差分、部分微分性质的预测模型[3,4,10,11,14,19,28,31,32,43-45,60,64,91]. GM(1, 1) 模型中第一个 "1" 表示一阶微分方程, 第二个 "1" 表示模型中仅有一个变量, 其示意图见图 2.1.

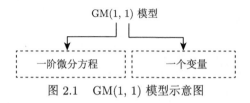

图 2.1　GM(1, 1) 模型示意图

2.3.1　GM(1, 1) 模型的定义

定义 2.8　设 $x^{(0)}$ 为非负序列 $x^{(0)} = \left(x^{(0)}(1), x^{(0)}(2), \cdots, x^{(0)}(n)\right)$, $x^{(1)}$ 为 $x^{(0)}$ 的一次累加生成序列 $x^{(1)} = \left(x^{(1)}(1), x^{(1)}(2), \cdots, x^{(1)}(n)\right)$, $z^{(1)}$ 为 $x^{(1)}$ 的均

值生成序列, $z^{(1)} = \left(z^{(1)}(1), z^{(1)}(2), \cdots, z^{(1)}(n)\right)$, 则称 $x^{(0)}(k) + az^{(1)}(k) = b$ 为 GM(1, 1) 模型.

模型的参数估计可利用定理 2.4.

定理 2.4 设

$$P = \begin{pmatrix} a \\ b \end{pmatrix}, \quad Y = \begin{pmatrix} x^{(0)}(2) \\ x^{(0)}(3) \\ \vdots \\ x^{(0)}(n) \end{pmatrix}, \quad B = \begin{pmatrix} -z^{(1)}(2) & 1 \\ -z^{(1)}(3) & 1 \\ \vdots & \vdots \\ -z^{(1)}(n) & 1 \end{pmatrix}$$

则 GM(1, 1) 模型 $x^{(0)}(k) + az^{(1)}(k) = b$ 的最小二乘估计参数列满足

$$P = \left(B^{\mathrm{T}}B\right)^{-1} B^{\mathrm{T}}Y \tag{2.4}$$

证明 将 GM(1, 1) 模型改写为

$$x^{(0)}(2) + az^{(1)}(2) = b$$
$$x^{(0)}(3) + az^{(1)}(3) = b$$
$$\cdots\cdots$$
$$x^{(0)}(n) + az^{(1)}(n) = b$$

写成矩阵形式

$$\begin{pmatrix} x^{(0)}(2) \\ x^{(0)}(3) \\ \vdots \\ x^{(0)}(n) \end{pmatrix} = \begin{pmatrix} -z^{(1)}(2) & 1 \\ -z^{(1)}(3) & 1 \\ \vdots & \vdots \\ -z^{(1)}(n) & 1 \end{pmatrix} \begin{pmatrix} a \\ b \end{pmatrix}$$

即

$$Y = BP$$

上述方程组中, Y 和 B 为已知量, P 为待定参数序列. 由于变量只有 a, b 两个, 而方程个数有 $n-1$ 个, 而且 $n-1 > 2$, 在不相容时方程组无解, 但可用最小二乘法得到最小二乘解.

对于 a, b 的一对估计值, 以 $-az^{(1)}(k) + b$ 代替 $x^{(0)}(k), k = 2, 3, \cdots, n$, 可以得到误差数列

$$\varepsilon = Y - BP$$

欲使

$$\min \|Y - BP\|^2 = \min(Y - BP)^{\mathrm{T}}(Y - BP)$$

利用矩阵求导公式, 可得

$$P = (B^{\mathrm{T}}B)^{-1}B^{\mathrm{T}}Y = \begin{pmatrix} a \\ b \end{pmatrix}$$

将参数辨识中的矩阵展开还可以得到参数 a, b 的显式表示:

$$a = \frac{\displaystyle\sum_{k=2}^{n} x^{(0)}(k) \sum_{k=2}^{n} z^{(1)}(k) - (n-1)\sum_{k=2}^{n} x^{(0)}(k)z^{(1)}(k)}{\displaystyle(n-1)\sum_{k=2}^{n}(z^{(1)}(k))^2 - \left(\sum_{k=2}^{n} z^{(1)}(k)\right)^2}$$

$$b = \frac{\displaystyle\sum_{k=2}^{n} x^{(0)}(k) \sum_{k=2}^{n}(z^{(1)}(k))^2 - \sum_{k=2}^{n} z^{(1)}(k) \sum_{k=2}^{m} z^{(1)}(k)x^{(0)}(k)}{\displaystyle(n-1)\sum_{k=2}^{n}(z^{(1)}(k))^2 - \left(\sum_{k=2}^{n} z^{(1)}(k)\right)^2}$$

定义 2.9　设 $x^{(0)}$ 为非负序列, $x^{(1)}$ 为 $x^{(0)}$ 的一次累加生成序列, $z^{(1)}$ 为 $x^{(1)}$ 的均值生成序列, 则称

$$\frac{dx^{(1)}}{dt} + ax^{(1)} = b \tag{2.5}$$

为 GM(1, 1) 模型 $x^{(0)}(k) + az^{(1)}(k) = b$ 的白化方程, 也叫影子方程.

　　注　(1) GM(1, 1) 模型 $x^{(0)}(k) + az^{(1)}(k) = b$ 是离散模型, 不是微分方程 $\dfrac{dx^{(1)}}{dt} + ax^{(1)} = b$(连续模型) 的精确表示, 只是近似表达.

　　(2) $x^{(0)}(k) = \dfrac{x^{(1)}(k) - x^{(1)}(k-1)}{k - (k-1)}$ 称为灰导数, 是将连续模型离散化的核心.

　　定理 2.5　设 P, Y, B 如定理 2.4 中所述, 则有

　　(1) 白化方程 $\dfrac{dx^{(1)}}{dt} + ax^{(1)} = b$ 的解为

$$x^{(1)}(t) = \left(x^{(1)}(1) - \frac{b}{a}\right)e^{-at} + \frac{b}{a}$$

(2) GM(1, 1) 模型 $x^{(0)}(k) + az^{(1)}(k) = b$ 的时间响应序列为

$$\hat{x}^{(1)}(k + 1) = \left(x^{(0)}(1) - \frac{b}{a}\right) e^{-ak} + \frac{b}{a}, \quad k = 1, 2, \cdots, n$$

(3) 还原值

$$\hat{x}^{(0)}(k + 1) = \hat{x}^{(1)}(k + 1) - \hat{x}^{(1)}(k) = (1 - e^a)\left(x^{(0)}(1) - \frac{b}{a}\right) e^{-ak}, \quad k = 1, 2, \cdots, n$$

其中参数 $-a$ 为发展系数, 反映了序列的发展态势, 从序列曲线上看, $-a$ 反映了曲线变化的快慢. b 为灰色作用量, 是从背景值挖掘出来的数据, 它反映数据变化的关系, 其确切内涵是灰的. 灰色作用量是内涵外延化的具体体现.

2.3.2 GM(1, 1) 模型的矩阵表示

GM(1, 1) 模型参数辨识中涉及累加生成运算、均值生成运算和矩阵运算, 根据 2.1.2 节知道, 可以将灰生成纳入到矩阵体系中考虑, 通过矩阵运算达到各种灰生成的目的, 即累加生成和均值生成均可以由矩阵来表示, 从而利用矩阵分析可以探讨原始序列、累加生成、均值生成在 GM(1, 1) 建模过程中的作用. 下面对 GM(1, 1) 模型参数辨识中的数据矩阵 B 进行分解:

$$B = \begin{pmatrix} -z^{(1)}(2) & 1 \\ -z^{(1)}(3) & 1 \\ \vdots & \vdots \\ -z^{(1)}(n) & 1 \end{pmatrix} = \begin{pmatrix} -0.5\left(x^{(1)}(1) + x^{(1)}(2)\right) & 1 \\ -0.5\left(x^{(1)}(2) + x^{(1)}(3)\right) & 1 \\ \vdots & \vdots \\ -0.5\left(x^{(1)}(n-1) + x^{(1)}(n)\right) & 1 \end{pmatrix}$$

$$= \begin{pmatrix} -0.5 & -0.5 & 0 & \cdots & 0 & 0 \\ 0 & -0.5 & -0.5 & \cdots & 0 & 0 \\ \vdots & \vdots & \vdots & & \vdots & \vdots \\ 0 & 0 & 0 & \cdots & -0.5 & -0.5 \end{pmatrix} \begin{pmatrix} x^{(1)}(1) & -1 \\ x^{(1)}(2) & -1 \\ \vdots & \vdots \\ x^{(1)}(n) & -1 \end{pmatrix}$$

$$= \begin{pmatrix} -0.5 & -0.5 & 0 & \cdots & 0 & 0 \\ 0 & -0.5 & -0.5 & \cdots & 0 & 0 \\ \vdots & \vdots & \vdots & & \vdots & \vdots \\ 0 & 0 & 0 & \cdots & -0.5 & -0.5 \end{pmatrix}_{(n-1)\times n} \begin{pmatrix} 1 & 0 & \cdots & 0 \\ 1 & 1 & \cdots & 0 \\ \vdots & \vdots & & \vdots \\ 1 & 1 & \cdots & 1 \end{pmatrix}_{n\times n}$$

$$
\times
\begin{pmatrix}
x^{(0)}(1) & -1 \\
x^{(0)}(2) & 0 \\
\vdots & \vdots \\
x^{(0)}(n) & 0
\end{pmatrix}_{n \times 2}
= B_1 \cdot A \cdot M
$$

其中

$$
B_1 =
\begin{pmatrix}
-0.5 & -0.5 & 0 & \cdots & 0 & 0 \\
0 & -0.5 & -0.5 & \cdots & 0 & 0 \\
\vdots & \vdots & \vdots & & \vdots & \vdots \\
0 & 0 & 0 & \cdots & -0.5 & -0.5
\end{pmatrix}_{(n-1) \times n}
$$

$$
A =
\begin{pmatrix}
1 & 0 & \cdots & 0 \\
1 & 1 & \cdots & 0 \\
\vdots & \vdots & & \vdots \\
1 & 1 & \cdots & 1
\end{pmatrix}_{n \times n}
, \quad
M =
\begin{pmatrix}
x^{(0)}(1) & -1 \\
x^{(0)}(2) & 0 \\
\vdots & \vdots \\
x^{(0)}(n) & 0
\end{pmatrix}_{n \times 2}
$$

由此可见, 经典 GM(1, 1) 灰色模型参数求解过程中的数据矩阵 B 可以分离为三个矩阵 B_1, A, M, 其中, B_1 为紧邻均值生成矩阵, A 代表累加生成矩阵, M 为原始数据矩阵. B_1 代表背景值的选取方式, 为常数矩阵. 从几何上看, 传统的背景值实质上是用梯形积分公式近似计算出的 $x^{(1)}(t)$ 在区间 $[k-1, k]$ 上与 t 轴所围成的面积值, 而梯形积分公式的代数精度很低, 这也是传统 GM(1, 1) 模型的误差来源之一, 许多学者在构造新的背景值公式或者选择精度更高的面积计算公式等方面作了大量研究, 而这些工作实质上是在改变紧邻均值生成矩阵 B_1. A 为一次累加生成矩阵, 也为常数矩阵, 累加生成的主要目的是使建模序列满足灰指数律条件, 从而才能用灰微分方程进行拟合, 这是灰色系统方法的重要原创思想. 如果一次累加不够, 还可以进行多次累加, 我们 2.1.2 节已经证明, 所有累加 (减) 和反向累加 (减) 的行为都可以通过矩阵 A 的运算来表示, A^r 就表示对原始序列作 r 次累加运算. 近来的研究还表明, 一些特殊序列的 GM(1, 1) 模型也是体现在矩阵 A 的变化上.

如果定义矩阵 D 和向量 X_N, e_1 分别为

$$
D =
\begin{pmatrix}
-1 & -0.5 & 0 & \cdots & 0 \\
-1 & -1 & -0.5 & \cdots & 0 \\
\vdots & \vdots & \vdots & & \vdots \\
-1 & -1 & -1 & \cdots & 0.5
\end{pmatrix}
, \quad
X_N =
\begin{pmatrix}
x^{(0)}(1) \\
x^{(0)}(2) \\
\vdots \\
x^{(0)}(n)
\end{pmatrix}
, \quad
e_1 = (1, 0, \cdots, 0)^{\mathrm{T}}
$$

则有

$$B = B_1 \cdot A \cdot M$$

$$= \begin{pmatrix} -1 & -0.5 & 0 & \cdots & 0 \\ -1 & -1 & -0.5 & \cdots & 0 \\ \vdots & \vdots & \vdots & & \vdots \\ -1 & -1 & -1 & \cdots & -0.5 \end{pmatrix}_{(n-1)\times n} \begin{pmatrix} x^{(0)}(1) & -1 \\ x^{(0)}(2) & 0 \\ \vdots & \vdots \\ x^{(0)}(n) & 0 \end{pmatrix}_{n\times 2}$$

$$= D\left(X_N, -e_1\right)$$

因此可以得到 GM(1, 1) 模型参数的矩阵估计形式:

$$P = (a,b)^{\mathrm{T}} = (B^{\mathrm{T}}B)^{-1}B^{\mathrm{T}}Y = [(D(X_N, \ -e_1))^{\mathrm{T}}D(X_N \ -e_1)]^{-1}(D(X_N \ -e_1))^{\mathrm{T}}Y$$

通过分析发现, 利用矩阵表示的方法计算模型参数, 既可以避免二级参数和三级参数的计算, 又可以看清原始序列、累加生成、均值生成在 GM(1, 1) 建模过程中的作用.

例 2.1　船舶交通流量的短期预测

表 2.1 为渤海海峡长山水道 10 年的船舶交通流量数据 (数据来源于山东海事局).

表 2.1　2005 年至 2014 年船舶交通流量数据

年份	2005	2006	2007	2008	2009
流量/艘次	29527	30160	36005	36416	34781
年份	2010	2011	2012	2013	2014
流量/艘次	41712	41024	45492	51119	52524

第一步: 级比检验.

原始序列: $x^{(0)} = (29527, 30160, 36005, \cdots, 52524)^{\mathrm{T}}$.

(1) 求级比 $\sigma^{(0)}(k)$.

$$\sigma^{(0)}(k) = \frac{x^{(0)}(k-1)}{x^{(0)}(k)}, \quad k = 2, 3, \cdots, 10$$

$$\sigma^{(0)} = (0.9790, 0.8377, 0.9887, \cdots, 0.9733)^{\mathrm{T}}$$

(2) 级比判断.

由于所有的 $\sigma^{(0)}(k) \in (e^{-\frac{2}{n+1}}, e^{\frac{2}{n+1}}) = (0.8338, 1.1994)$, $k = 2, 3, \cdots, 10$, 故上述序列可作满意的 GM(1, 1) 建模.

第二步: GM(1, 1) 建模.

(1) 对原始数据 $x^{(0)}$ 作一次累加得

$$x^{(1)} = (x^{(1)}(1), x^{(1)}(2), \cdots, x^{(1)}(8))^{\mathrm{T}} = (29527, 59687, 95692, \cdots, 398760)^{\mathrm{T}}$$

(2) 构造数据矩阵 B 及数据向量 Y,

$$B = \begin{pmatrix} -z^{(1)}(2) & 1 \\ -z^{(1)}(3) & 1 \\ \vdots & \vdots \\ -z^{(1)}(10) & 1 \end{pmatrix} = \begin{pmatrix} -44607 & 1 \\ -77689.5 & 1 \\ \vdots & \vdots \\ -372498 & 1 \end{pmatrix}$$

$$Y = \begin{pmatrix} x^{(0)}(2) \\ x^{(0)}(3) \\ \vdots \\ x^{(0)}(10) \end{pmatrix} = \begin{pmatrix} 30160 \\ 36005 \\ \vdots \\ 52524 \end{pmatrix}$$

(3) 计算参数 $P = (a, b)^{\mathrm{T}}$,

$$P = \left(B^{\mathrm{T}}B\right)^{-1} B^{\mathrm{T}}Y = \begin{pmatrix} -0.0656 \\ 28132 \end{pmatrix}$$

于是得到: $a = -0.0656, b = 28132$.

(4) 建立模型.

$$x^{(0)}(k) - 0.0656z^{(1)}(k) = 28132$$

白化方程为

$$\frac{dx^{(1)}}{dt} - 0.0656x^{(1)} = 28132$$

取 $x^{(1)}(1) = x^{(0)}(1) = 29527$, 得到时间响应函数

$$\hat{x}^{(1)}(k) = \left(x^{(1)}(1) - \frac{b}{a}\right) e^{-a(k-1)} + \frac{b}{a} = 458168.6e^{0.0656(k-1)} - 428641.6$$

(5) 求生成序列值 $\hat{x}^{(1)}(k)$ 及模型还原值 $\hat{x}^{(0)}(k)$.

令 $k = 1, 2, \cdots, 8$, 根据上面公式, 可以得到预测的生成序列为

$$\hat{x}^{(1)} - (29527, 60606, 93793, \cdots, 398452)^{\mathrm{T}}$$

对于模型还原值有

$$
\hat{x}^{(0)} = \begin{pmatrix} \hat{x}^{(0)}(1) \\ \hat{x}^{(0)}(2) \\ \vdots \\ \hat{x}^{(0)}(10) \end{pmatrix} = \begin{pmatrix} 1 & 0 & \cdots & 0 \\ 1 & 1 & \cdots & 0 \\ \vdots & \vdots & & \vdots \\ 1 & 1 & \cdots & 1 \end{pmatrix}_{10\times10}^{-1} \begin{pmatrix} \hat{x}^{(1)}(1) \\ \hat{x}^{(1)}(2) \\ \vdots \\ \hat{x}^{(1)}(10) \end{pmatrix} = \begin{pmatrix} 29527 \\ 31079 \\ \vdots \\ 52540 \end{pmatrix}
$$

第三步: 模型检验.

经验证, 该模型的精度较高, 不需作残差修正, 可进行预测和预报 (表 2.2).

表 2.2 GM(1, 1) 模型的精度分析

年份	原始值	模拟值	残差	相对误差	精度
2005	29527	—	—	—	—
2006	30160	31079	−919	3.047%	96.953%
2007	36005	33187	2818	7.827%	92.173%
2008	36416	35438	978	2.686%	97.314%
2009	34781	37842	−3061	8.801%	91.199%
2010	41712	40409	1303	3.124%	96.876%
2011	41024	43150	−2126	5.182%	94.818%
2012	45492	46078	−586	1.288%	98.712%
2013	51119	49202	1917	3.750%	96.250%
2014	52524	52540	−16	0.030%	99.970%
平均精度		$p^0 = 96.029\%$			
后检验差比值		$C = 0.1350$			
小误差概率		$P = 1.000$			
灰色关联度		$R = 0.9743$			

2.4 灰色关联度

灰色关联度是灰决策的基础, 也是灰色系统理论的核心成分.

一般的抽象系统如社会系统、经济系统和生态系统等都包含着许多种因素, 多种因素共同作用的结果决定系统的发展态势. 要进行系统分析, 首要工作是要分清这些因素间的关系, 这样才能抓住影响系统的主要矛盾、主要特征和主要关系. 实际问题有因素分析、故障诊断、方案优选、优势分析、综合评价等, 可参考文献 [1, 12, 24, 33, 35, 38, 39, 42, 47, 49, 59, 76−87, 90, 102, 104, 106, 108, 109, 122, 126, 127, 131]. 作为因素分析的一种新方法, 灰色关联分析正好可解决这方面的问题. 本节介绍经典的灰色点关联模型与方法.

灰色关联分析是以整体关联的系统化思想为指导, 以多角度思维为基本特征, 寻求事物间关联性的一种因素分析方法, 能为复杂系统的建模提供重要的技术分析手段. 其基本原理是通过对统计序列几何关系的比较来分清系统中多因素间的关联程度, 序列曲线的几何形状越接近, 则它们之间的关联度越大, 该原理也是灰色系统理论中两个重要的科学方法论原理之一. 如图 2.2, 由于曲线 (1) 与曲线 (2) 比较相似, 我们认为曲线 (1) 与曲线 (2) 的关联度大, 记关联度为 r_{12}; 曲线 (1) 与曲线 (3) 相差较大, 就认为相应的关联度 r_{13} 较小; 而曲线 (1) 与曲线 (4) 相差最大, 则认为关联度 r_{14} 最小. 如果我们将关联度按大小顺序排列起来, 便组成关联序. 其关联序为

$$r_{12} > r_{13} > r_{14}$$

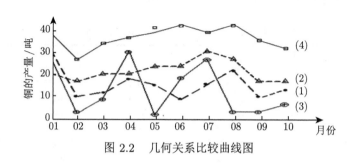

图 2.2   几何关系比较曲线图

可见, 从几何上看, 关联分析实际上是一种曲线间几何形状的分析比较, 即几何形状越接近, 则关联度越大, 反之则小. 问题在于如何从代数上寻找一种能衡量因素间关联度大小的量化方法.

定义 2.10   设 $X = \{x_0, x_1, \cdots, x_n\}$ 为灰关联因子集, x_0 为参考序列, x_i 为比较序列, $x_0(k), x_i(k)$ 分别为 x_0 与 x_i 的第 k 个点的实数, 即

$$x_0 = (x_0(1), x_0(2), \cdots, x_0(n))$$

$$x_1 = (x_1(1), x_1(2), \cdots, x_1(n))$$

$$x_2 = (x_2(1), x_2(2), \cdots, x_2(n))$$

$$\cdots\cdots$$

$$x_m = (x_m(1), x_m(2), \cdots, x_m(n))$$

给定 $r(x_0(k), x_i(k))$ 为实数, w_k 为 k 点权重, 满足

$$0 \leqslant w_k \leqslant 1, \quad \sum_{k=1}^{n} w_k = 1$$

称 $\Delta_{0i}(k)$ 为 X 上第 k 点 x_i 对 x_0 的差异信息, 差异信息的全体记为 Δ, 即 $\Delta = \{\Delta_{0i}(k) \mid i \in I, k \in K\}$. 因为 $x_0(k)$ 与 $x_i(k)$ 均为实数, 故差异信息 $\Delta_{0i}(k)$ 可定义为距离 (也称为绝对差), 即 $\Delta_{0i}(k) = |x_0(k) - x_i(k)|$.

如果

$$r(x_0, x_i) = \sum_{k=1}^{n} w_k r(x_0(k), x_i(k))$$

满足

(1) 规范性

$$0 \leqslant r(x_0, x_i) \leqslant 1$$

$$r(x_0, x_i) = 0 \Leftrightarrow x_0, x_i \in \varnothing (空集)$$

$$r(x_0, x_i) = 1 \Leftrightarrow x_0 = x_i$$

(2) 偶对对称性

$$x, y \in X, \quad \gamma(x, y) = \gamma(y, x) \Leftrightarrow X = \{x, y\}$$

(3) 整体性

$$x_j, x_i \in X = \{x_\sigma \mid \sigma = 0, 1, \cdots, n\}, \quad n \geqslant 2$$
$$r(x_j, x_i) \overset{\text{often}}{\neq} r(x_i, x_j)$$

(4) 接近性

差异信息 $\Delta_{0i}(k)$ 越小, $r(x_0(k), x_i(k))$ 越大

则称 $r(x_0, x_i)$ 为 x_i 对 x_0 的灰关联度, 亦称为灰关联映射. 上述四个条件也称为灰关联四公理. 其中规范性也称为数值区间性公理, 整体性也称为整体性公理, 接近性也称为接近性公理. 灰关联度也称为接近测度.

如果令 $r(x_0, x_i), r(x_0, x_j), r(x_0, x_k)$ 为灰关联度, 并有

$$r(x_0, x_i) \succ r(x_0, x_j) \succ r(x_0, x_k)$$

则称 x_i, x_j 和 x_k 对于 x_0 的影响, x_i 强于 x_j, x_j 强于 x_k, 记为 $x_i \succ x_j$, $x_j \succ x_k$ 且 $x_i \succ x_j \succ x_k$.

当灰关联因子集有多个参考序列 $Y = \{y_1, \cdots, y_i, \cdots, y_m\}$, 比较序列为 $X = \{x_1, \cdots, x_j, \cdots, x_s\}$, $i \in I = \{1, 2, \cdots, m\}$, $j \in J = \{1, 2, \cdots, s\}$. 对每一个参考

序列, 都可以得到 s 个灰色关联度, 将这 ms 个关联度写成矩阵得到灰关联矩阵如下:

$$R = \begin{pmatrix} r(y_1,x_1) & r(y_1,x_2) & \cdots & r(y_1,x_s) \\ r(y_2,x_1) & r(y_2,x_2) & \cdots & r(y_2,x_s) \\ \vdots & \vdots & & \vdots \\ r(y_m,x_1) & r(y_m,x_2) & \cdots & r(y_m,x_s) \end{pmatrix}$$

矩阵 R 中的每一行表示不同比较序列对同一参考序列的关联度, 每一列表示不同参考序列对同一比较序列的关联度. 矩阵 R 中元素的最大值为最强元, 其所对应的参考序列为最优参考序列, 所对应的比较序列为最优比较序列; 矩阵 R 中元素的最小值为关键元, 其所对应的参考序列为关键参考序列, 所对应的比较序列为关键比较序列; 若矩阵 R 中的第 j 列各元素均大于其他各列相对应元素时, 则称第 j 列的比较序列为优势比较序列; 若矩阵 R 中的第 i 行各元素均大于其他各行相对应元素时, 则称第 i 行的比较序列为优势参考序列.

定理 2.6　若

$$r(x_0(k),x_i(k)) = \frac{\Delta_{\min} + \rho\Delta_{\max}}{\Delta_{0i}(k) + \rho\Delta_{\max}}$$

$$r(x_0,x_i) = \sum_{k=1}^{n} w_k r(x_0(k),x_i(k))$$

其中 $\Delta_{\min} = \min\limits_i \min\limits_k \Delta_{0i}(k)$ 为两极下环境参数 (也称为两极最小差), $\Delta_{\max} = \max\limits_i \max\limits_k \Delta_{0i}(k)$ 为两极上环境参数 (也称为两极最大差), $[\Delta_{\min},\Delta_{\max}]$ 为关联分析的比较环境; ρ 为分辨系数, 且 $\rho \in (0,1)$; (Δ,ρ) 为灰关联差异信息空间, 则 $r(x_0,x_i)$ 满足灰关联四公理.

证明　略.

上述定义的 $r(x_0(k),x_i(k))$ 称为 k 点灰色关联系数, $r(x_0,x_i)$ 称为灰色点关联度, 简称为点关联度. 该点关联度由邓聚龙教授提出, 也称为邓氏关联度. 如果取等权, 分辨系数取 0.5, 即 $w_k = 1/n, i = 1,2,\cdots,n; \rho = 0.5$, 则有

$$r(x_0,x_i) = \frac{1}{n}\sum_{k=1}^{n} \frac{\Delta_{\min} + 0.5\Delta_{\max}}{\Delta_{0i}(k) + 0.5\Delta_{\max}}$$

为方便起见, 以后将 $r(x_0(k),x_i(k))$ 记为 $r_{0i}(k)$, 将 $r(x_0,x_i)$ 记为 r_{0i} 或者 r_i.

说明: 灰关联度具有非唯一性, 即没有保序效应. 因为与关联度有关的因数有很多, 如参考序列、比较序列、数据变换方式、序列长度、分辨系数的取值、权重

的大小等, 特别是数据变换方式不同, 分辨系数的取值不同, 关联度一般不同, 有时关联序也不一致. 这种非唯一性也是灰关联分析的多解性, 是灰色系统的重要特征, 它体现的是思维可多向、途径可优化、处理态度灵活机动. 非唯一性的求解过程, 也是定性与定量相结合的求解过程, 面对许多可能的关联度或关联序, 需要通过信息补充、定性分析, 以确定一个或几个满意的结果, 而这正是客观实际的普遍要求. 因为对于那些因素繁多、关系复杂、结构庞大的大系统来说, 寻求精确的、唯一的解几乎是不可能的, 仅有定量的结果也是远远不够的, 而应该立足于实践, 结合定性分析去寻求各种可能的又切实可行的解. 因此关联度数值大小实际意义不大, 重要的是关联序, 根据关联序就可以确定比较序列之间的主次与优劣关系.

灰关联的整体性、非对称性和非唯一性, 使得灰关联决策分析突破了一般系统分析中常用的两两比较的思路, 将各因素统一置于系统之中进行比较与分析, 因此不仅有重要的理论意义, 而且具有更广泛的使用价值. 这也是灰关联分析方法能得到人们普遍关注的内在原因.

分辨系数 ρ 是对比较环境 $[\Delta_{\min}, \Delta_{\max}]$ 的按比例缩放, $\rho = 1$ 表示有最大上环境, $\rho = 0$ 表示最大上环境消失, ρ 的大小调节着关联度的变化, 并提高关联系数的差异性. 可以证明[149], 当 $\Delta_{\min} = 0$ 时, $\frac{\rho}{1+\rho} \leqslant r(x_0(k), x_i(k)) \leqslant 1$. 根据系统信息量的定义, 当差异信息 $\Delta_{0i}(k)$ 在 $[0, \Delta_{\max}]$ 上是均匀分布或正态分布时, 最大分辨系数 ρ 只要满足 $\frac{1}{2(e-1)} \leqslant \rho \leqslant \frac{1}{2}$, 则关联度一定具有最大信息量和最大信息分辨率[176]. 所以在进行关联分析时, 通常可以取 $\rho = 0.5$.

根据点关联度公式, 对 $r(x_0(k), x_i(k))$ 求导得

$$\frac{dr}{d\rho} = \frac{\Delta_{\max}(\Delta_{0i}(k) - \Delta_{\min})}{(\Delta_{0i}(k) + \rho\Delta_{\max})^2} \geqslant 0$$

$$\frac{d^2r}{d\rho^2} = -\frac{2(\Delta_{\max})^2(\Delta_{0i}(k) - \Delta_{\min})}{(\Delta_{0i}(k) + \rho\Delta_{\max})^3} \leqslant 0$$

上述说明 $r(x_0(k), x_i(k))$ 随着 ρ 增大而单调增大, 从而关联度也增大, 增大的速度会越来越慢, 最后使关联系数的值趋向于 1.

2.5 缓冲算子

刘思峰教授提出了冲击扰动系统和缓冲算子的概念, 并构造出一种得到较广泛应用的实用弱化算子. 缓冲算子是针对冲击扰动系数预测问题提出的, 由于系统行为数据因系统本身受到某种冲击波的干扰而失真, 系统行为数据已不能正确反

映系统的真实变化规律, 为此必须采用缓冲算子排除系统行为数据所受到的冲击干扰还原数据本来面目[9,55].

定义 2.11　设系统行为数据序列为 $X = (x(1), x(2), \cdots, x(n))$, 若

(1) $\forall k = 2, 3, \cdots, n, x(k) - x(k-1) > 0$, 称 X 为单调增长序列;

(2) $\forall k = 2, 3, \cdots, n, x(k) - x(k-1) < 0$, 称 X 为单调衰减序列;

(3) 若存在 $k, k' \in \{2, 3, \cdots, n\}$, 有 $x(k) - x(k-1) > 0, x(k') - x(k'-1) < 0$, 称 X 为振荡序列.

令 $M = \max\{x(k) \,|\, k = 1, 2, \cdots, n\}, m = \min\{x(k) \,|\, k = 1, 2, \cdots, n\}$, 称 $M - m$ 为 X 振荡序列的振幅.

若序列算子 D 满足以下三个公理:

公理 2.1 (不动点公理)　设 X 为系统行为数据序列, D 为序列算子, 则 D 满足 $x(n)d = x(n)$, 其中 D 表示算子作用在序列上, d 表示算子作用在序列的元素上.

公理 2.2 (信息充分利用公理)　系统行为数据序列 X 中的每一个 $x(k), k = 1, 2, \cdots, n$ 都应充分地参与算子作用的整个过程.

公理 2.3 (解析化、规范化公理)　任意的 $x(k)d \ (k = 1, 2, \cdots, n)$, 皆可由一个统一的初等解析式表达.

满足上述三公理的序列算子称为缓冲算子, XD 称为缓冲序列.

定义 2.12　设 X 为系统行为数据序列, D 为作用于 X 的算子, X 经算子 D 作用后所得序列记为 $XD = (x(1)d, x(2)d, \cdots, x(n)d)$, 则称 D 为序列算子. 对序列连续作用, 便得二阶算子 $XD_1D_2 = (x(1)d_1d_2, x(2)d_1d_2, \cdots, x(n)d_1d_2)$, 一直可以作用到 r 阶算子, 记为 $XD_1D_2 \cdots D_r$.

引理 2.1　设原始序列和缓冲序列分别为

$$X = (x(1), x(2), \cdots, x(n)), \quad XD = (x(1)d, x(2)d, \cdots, x(n)d)$$

式中

$$x(k)d = \frac{1}{2k-1}[x(1) + x(2) + \cdots + kx(k)], \quad k = 1, 2, \cdots, n-1$$

$$x(n)d = x(n)$$

则当 X 为单调增长序列或单调衰减序列时, D 为强化算子.

刘思峰教授构造了弱化缓冲算子.

设 $X = (x(1), x(2), \cdots, x(n))$ 为系统行为数据序列. 令

$$XD = (x(1)d, x(2)d, \cdots, x(n)d)$$

式中

$$x(k)d = \frac{1}{n-k+1}[x(k) + x(k+1) + \cdots + x(n)], \quad k = 1, 2, \cdots, n$$

则当 X 为单调增长序列、单调衰减序列或振荡序列时, D 皆为弱化缓冲算子.

令

$$XD^2 = (x(1)d^2, x(2)d^2, \cdots, x(n)d^2)$$

式中 $x(k)d^2 = \frac{1}{n-k+1}[x(k)d + x(k+1)d + \cdots + x(n)d]$.

当 X 为单调增长序列、单调衰减序列或振荡序列时, D^2 皆为二阶弱化缓冲算子.

令

$$XD^r = (x(1)d^r, x(2)d^r, \cdots, x(n)d^r)$$

式中 $x(k)d^r = \frac{1}{n-k+1}[x(k)d^{r-1} + x(k+1)d^{r-1} + \cdots + x(n)d^{r-1}]$.

当 X 为单调增长序列、单调衰减序列或振荡序列时, D^r 皆为 r 阶弱化缓冲算子.

X 为单调增长序列, XD 为缓冲序列, 则

$$D \text{ 为弱化算子} \ \Leftrightarrow x(k) \leqslant x(k)d \quad (k = 1, 2, \cdots, n)$$

X 为单调衰减序列, XD 为缓冲序列, 则

$$D \text{ 为弱化算子} \ \Leftrightarrow x(k) \geqslant x(k)d \quad (k = 1, 2, \cdots, n)$$

X 为振荡序列, XD 为缓冲序列, D 为弱化算子, 则

$$\max_{1 \leqslant k \leqslant n} \{x(k)\} \geqslant \max_{1 \leqslant k \leqslant n} \{x(k)d\}$$
$$\min_{1 \leqslant k \leqslant n} \{x(k)\} \leqslant \min_{1 \leqslant k \leqslant n} \{x(k)d\}$$
$$(k = 1, 2, \cdots, n)$$

对于单调增长序列, 在弱化缓冲算子作用下, 数据膨胀, 由于在缓冲算子作用时, 必须要满足不动点公理, 即 $x(n)d = x(n)$, 因此弱化缓冲作用序列的增长速度比原始序列的增长速度减缓; 同理, 对于单调衰减序列, 在弱化缓冲算子作用下, 数据萎缩, 即弱化缓冲作用序列的衰减速度比原始序列的衰减速度减缓. 因此当原始数据序列的前半部分增长 (衰减) 速度较快, 后半部分增长 (衰减) 速度较慢时, 利用所构造的弱化缓冲算子对原始数据序列进行作用, 将使序列变得比较平

缓, 并且考虑了 "新信息优先" 的原则, 即最新的信息在缓冲算子作用下是保持不变的, 因而它使预测模型的模拟精度显著提高. 弱化缓冲算子能有效地消除这种冲击扰动系统数据序列在建模预测过程的干扰.

定理 2.7　一阶弱化算子的矩阵表现形式为

$$
XD = \begin{pmatrix}
\dfrac{1}{n} & \dfrac{1}{n} & \cdots & \dfrac{1}{n} \\
0 & \dfrac{1}{n-1} & \cdots & \dfrac{1}{n-1} \\
\vdots & \vdots & & \vdots \\
0 & 0 & \cdots & 1
\end{pmatrix}
\begin{pmatrix}
x(1) \\
x(2) \\
\vdots \\
x(n)
\end{pmatrix} \tag{2.6}
$$
$$
= Ax^{\mathrm{T}}
$$

证明　由定义得

$$
x(1)d = \frac{1}{n}[x(1) + x(2) + \cdots + x(n)], \quad x(2)d = \frac{1}{n-1}[x(2) + \cdots + x(n)]
$$

$$
\cdots\cdots
$$

$$
x(n-1)d = \frac{1}{2}[x(n-1) + x(n)], \quad x(n)d = x(n)
$$

将上述各式转化为矩阵形式

$$
\begin{pmatrix}
x(1)d \\
x(2)d \\
\vdots \\
x(n)d
\end{pmatrix}
=
\begin{pmatrix}
\dfrac{1}{n} & \dfrac{1}{n} & \cdots & \dfrac{1}{n} \\
0 & \dfrac{1}{n-1} & \cdots & \dfrac{1}{n-1} \\
\vdots & \vdots & & \vdots \\
0 & 0 & \cdots & 1
\end{pmatrix}
\begin{pmatrix}
x(1) \\
x(2) \\
\vdots \\
x(n)
\end{pmatrix}
= Ax^{\mathrm{T}}
$$

推论　二阶弱化算子的矩阵表现形式为

$$
XD^2 = A^2 x^{\mathrm{T}} \tag{2.7}
$$

证明　由二阶弱化缓冲算子的定义有

$$
x(1)d^2 = \frac{1}{n}[x(1)d + x(2)d + \cdots + x(n)d]
$$

$$
= \frac{1}{n}\left[x(1)\frac{1}{n} + x(2)\left(\frac{1}{n} + \frac{1}{n-1}\right) + \cdots + x(n)\left(\frac{1}{n} + \frac{1}{n-1} + \cdots + 1\right)\right]
$$

$$= x(1)\frac{1}{n^2} + x(2)\left(\frac{1}{n^2} + \frac{1}{(n-1)n}\right) + \cdots$$

$$+ x(n)\left(\frac{1}{n^2} + \frac{1}{(n-1)n} + \cdots + \frac{1}{n}\right)$$

$$x(2)d^2 = \frac{1}{n-1}[x(2)d + x(3)d + \cdots + x(n)d]$$

$$= \frac{1}{n-1}\left[x(2)\frac{1}{n-1} + x(3)\left(\frac{1}{n-1} + \frac{1}{n-2}\right) + \cdots \right.$$

$$\left. + x(n)\left(\frac{1}{n-1} + \cdots + 1\right)\right]$$

$$= x(2)\frac{1}{(n-1)^2} + x(3)\left[\frac{1}{(n-1)^2} + \frac{1}{(n-2)(n-1)}\right]$$

$$+ \cdots + x(n)\left[\frac{1}{(n-1)^2} + \cdots + \frac{1}{n-1}\right]$$

$$\cdots\cdots$$

$$x(n)d^2 = x(n)d = x(n)$$

则有

$$XD^2 = \begin{pmatrix} x(1)d^2 \\ x(2)d^2 \\ \vdots \\ x(n)d^2 \end{pmatrix}$$

$$= \begin{pmatrix} \dfrac{1}{n^2} & \dfrac{1}{n^2} + \dfrac{1}{n(n-1)} & \cdots & \dfrac{1}{n^2} + \cdots + \dfrac{1}{n} \\ 0 & \dfrac{1}{(n-1)^2} & \cdots & \dfrac{1}{(n-1)^2} + \cdots + \dfrac{1}{n-1} \\ \vdots & \vdots & & \vdots \\ 0 & 0 & \cdots & 1 \end{pmatrix} \begin{pmatrix} x(1) \\ x(2) \\ \vdots \\ x(n) \end{pmatrix}$$

$$= \begin{pmatrix} \dfrac{1}{n} & \dfrac{1}{n} & \cdots & \dfrac{1}{n} \\ 0 & \dfrac{1}{n-1} & \cdots & \dfrac{1}{n-1} \\ \vdots & \vdots & & \vdots \\ 0 & 0 & \cdots & 1 \end{pmatrix} \begin{pmatrix} \dfrac{1}{n} & \dfrac{1}{n} & \cdots & \dfrac{1}{n} \\ 0 & \dfrac{1}{n-1} & \cdots & \dfrac{1}{n-1} \\ \vdots & \vdots & & \vdots \\ 0 & 0 & \cdots & 1 \end{pmatrix} \begin{pmatrix} x(1) \\ x(2) \\ \vdots \\ x(n) \end{pmatrix}$$

$$= A^2 x^{\mathrm{T}}$$

定理 2.8　r 阶弱化算子的矩阵表现形式为

$$XD^r = A^r x^{\mathrm{T}} \tag{2.8}$$

证明　数学归纳法证明:

(1) 当 $r = 1$ 时, 由定理 2.7, 结论成立.

(2) 假设当 $r = n - 1$ 时结论成立, 即 $XD^{r-1} = A^{r-1} x^{\mathrm{T}}$. 设

$$A^{r-1} = (A_1^{r-1}, A_2^{r-1}, \cdots, A_n^{r-1})^{\mathrm{T}}$$

式中

$$A_k^{r-1} x^{\mathrm{T}} = [x(k)d^{r-1} + x(k+1)d^{r-1} + \cdots + x(n)d^{r-1}]$$

则当 $r = n$ 时, 由弱化缓冲算子有

$$x(k)d^r = \frac{1}{n-k+1}[x(k)d^{r-1} + x(k+1)d^{r-1} + \cdots + x(n)d^{r-1}]$$

即

$$x(1)d^r = \frac{1}{n}[x(1)d^{r-1} + x(2)d^{r-1} + \cdots + x(n)d^{r-1}]$$

$$x(2)d^r = \frac{1}{n-1}[x(2)d^{r-1} + x(3)d^{r-1} + \cdots + x(n)d^{r-1}]$$

$$\cdots\cdots$$

$$x(n)d^r = x(n)d^{r-1} = x(n)$$

所以

$$XD^r = A \cdot A^{r-1} x^{\mathrm{T}} = A^r x^{\mathrm{T}}$$

推论　若 $1 \leqslant m \leqslant r \leqslant n$, 有

$$XD^r = A^{r-m} XD^m \tag{2.9}$$

证明　由定理 2.8 有 $XD^r = A^r x^{\mathrm{T}}$, $XD^m = A^m x^{\mathrm{T}}$, 又 $1 \leqslant m \leqslant r \leqslant n$,

$$XD^r = A^r x^{\mathrm{T}} = A^{r-m} A^m x^{\mathrm{T}} = A^{r-m} XD^m$$

定理 2.9　引理 2.7 所述一阶弱化缓冲算子为可逆变换.

证明 若

$$A = \begin{pmatrix} \dfrac{1}{n} & \dfrac{1}{n} & \cdots & \dfrac{1}{n} \\ 0 & \dfrac{1}{n-1} & \cdots & \dfrac{1}{n-1} \\ 0 & 0 & & \vdots \\ 0 & 0 & \cdots & 1 \end{pmatrix}$$

则对于方阵 A 有

$$|A| = \frac{1}{n!} \neq 0 \Rightarrow |A|^{-1} = n!$$

则方阵 A 可逆, 且其逆矩阵为

$$A^{-1} = \frac{A^*}{|A|} = \begin{pmatrix} n & -(n-1) & 0 & \cdots & 0 \\ 0 & n-1 & -(n-2) & \cdots & 0 \\ \vdots & \vdots & \vdots & & \vdots \\ 0 & 0 & 0 & \cdots & 1 \end{pmatrix}$$

所以

$$x^{\mathrm{T}} = A^{-1}XD \tag{2.10}$$

推论 引理 2.8 所述 r 阶弱化缓冲算子均为可逆变换.

证明 由于 $|A| \neq 0$, 而 r 阶缓冲算子矩阵即为 A^r, 有 $|A^r| = |A|^r \neq 0$, 即 A^r 可逆, 则 $x^{\mathrm{T}} = A^{r-1}XD^r$.

定理 2.10 引理 2.7 所述弱化缓冲算子为线性变换.

证明 若原始序列 $X = \{x(1), x(2), \cdots, x(n)\}$, 一阶弱化算子作用后的序列为 $XD = \{x(1)d, x(2)d, \cdots, x(n)d\}$, 则序列 XD 的矩阵表现形式为

$$XD = \begin{pmatrix} \dfrac{1}{n} & \dfrac{1}{n} & \cdots & \dfrac{1}{n} \\ 0 & \dfrac{1}{n-1} & \cdots & \dfrac{1}{n-1} \\ \vdots & \vdots & & \vdots \\ 0 & 0 & \cdots & 1 \end{pmatrix} \begin{pmatrix} x(1) \\ x(2) \\ \vdots \\ x(n) \end{pmatrix} = Ax^{\mathrm{T}}$$

则

$$(X_1 + X_2)D = A(x_1 + x_2)^{\mathrm{T}} = A(x_1^{\mathrm{T}} + x_2^{\mathrm{T}}) = Ax_1^{\mathrm{T}} + Ax_2^{\mathrm{T}}$$

$$\alpha XD = A(\alpha x)^{\mathrm{T}} = \alpha Ax^{\mathrm{T}} \tag{2.11}$$

定义 2.13 令 $x \in R_+^n$, 定义 x 的范数为

$$\|\cdot\| : R_+^n \to R^1$$

$$\|x\| = \frac{1}{n-1} \sum_{n=2}^{n} f(x_k, x_{k-1})$$

$$f(x_k, x_{k-1}) = \begin{cases} \left| \dfrac{x_k}{x_{k-1}} - 1 \right|, & x_k > x_{k-1} \\[3mm] \left| \dfrac{x_{k-1}}{x_k} - 1 \right|, & x_k < x_{k-1} \end{cases} \qquad (2.12)$$

定义 2.14 令 $x \in R_+^n$, 若有从 R_+^n 到 R_+^n 上的算子

$$P : R_+^n \to R_+^n$$
$$P(x) = Px$$

满足

$$\|P(x)\| \leqslant x, \quad \forall x \in R_+^n \qquad (2.13)$$

则称 P 为 R_+^n 空间上的 x 的灰色压缩变换.

定理 2.11 若序列 X 为单调增长序列, 则弱化算子 D 为灰色压缩变换.

证明

$$\|x(k)d\| = \frac{1}{n-1} \sum_{n=2}^{n} f(x_k d, x_{k-1} d) = \frac{1}{n-1} \sum_{n=2}^{n} \left| \frac{x_k d}{x_{k-1} d} - 1 \right|$$

$$< \frac{1}{n-1} \sum_{n=2}^{n} \left| \frac{x_k}{x_{k-1}} - 1 \right| = \|x\|$$

那么

$$\|x(k)d\| < \|x\|$$

故弱化算子 D 为灰色压缩变换.

定义 2.15 设序列 $X = \{x(1), x(2), \cdots, x(n)\}$, 则称

$$\sigma(k) = \frac{x(k)}{x(k-1)}, \quad k = 2, 3, \cdots, n \qquad (2.14)$$

为序列 X 的级比.

定理 2.12 设一阶弱化算子作用后的序列为 D, 则该序列的级比 $\sigma(k)$ 范围是

(i) 当 X 为单调增长序列时, $1 < \sigma(k) < 2,\, k = 1, 2, \cdots, n$;

(ii) 当 X 为单调衰减序列时, $0 < \sigma(k) < 1,\, k = 1, 2, \cdots, n$;

(iii) 当 X 为振荡序列时, $0 < \sigma(k) < 2,\, k = 1, 2, \cdots, n$.

证明　因为

$$x(1)d = \frac{1}{n}[x(1) + x(2) + \cdots + x(n)]$$

$$x(2)d = \frac{1}{n-1}[x(2) + \cdots + x(n)]$$

$$\cdots\cdots$$

$$x(n-1)d = \frac{1}{2}[x(n-1) + x(n)]$$

$$x(n)d = x(n)$$

(i) 若 X 为单调增长序列, $\forall k = 2, 3, \cdots, n, x(k) - x(k-1) > 0$, 即有

$$\sigma(1) = \frac{x(2)d}{x(1)d} = \frac{n}{n-1} \cdot \frac{x(2) + x(3) + \cdots + x(n)}{x(1) + x(2) + \cdots + x(n)}$$

而

$$\frac{x(2) + x(3) + \cdots + x(n)}{x(1) + x(2) + \cdots + x(n)} < 1$$

则

$$\sigma(1) < \frac{n}{n-1}$$

类似地

$$\sigma(2) < \frac{n-1}{n-2}, \cdots, \sigma(k) < \frac{n-k+1}{n-k}, \cdots, \sigma(n) = \frac{2x(n)}{x(n-1) + x(n)} < 2$$

而

$$\frac{n}{n-1} < \frac{n-1}{n-2} < \cdots < \frac{n-k+1}{n-k} < \cdots < 2$$

有

$$\sigma(k) < 2, \quad k = 1, 2, \cdots, n$$

又因为

$$x(2) + x(3) + \cdots + x(n) - (n-1)x(1) > 0$$

有

$$\frac{n}{n-1} \cdot \frac{x(2) + x(3) + \cdots + x(n)}{x(1) + x(2) + \cdots + x(n)} - 1$$

$$= \frac{1}{n-1} \cdot \frac{x(2)+x(3)+\cdots+x(n)-(n-1)x(1)}{x(1)+x(2)+\cdots+x(n)} > 0$$

则 $1 < \sigma(1)$.

类似地

$$1 < \sigma(2), \cdots, 1 < \sigma(k), \cdots, 1 < \sigma(n)$$

则结论成立.

(ii) 若 X 为单调衰减序列, $\forall k = 2, 3, \cdots, n, x(k) - x(k-1) < 0$, 即有

$$x(2)+x(3)+\cdots+x(n)-(n-1)x(1) < 0$$

有

$$\frac{n}{n-1} \cdot \frac{x(2)+x(3)+\cdots+x(n)}{x(1)+x(2)+\cdots+x(n)} - 1$$

$$= \frac{1}{n-1} \cdot \frac{x(2)+x(3)+\cdots+x(n)-(n-1)x(1)}{x(1)+x(2)+\cdots+x(n)} < 0$$

则 $1 > \sigma(1)$.

类似地

$$1 > \sigma(2), \cdots, 1 > \sigma(k), \cdots, 1 > \sigma(n)$$

(iii) 若 X 为振荡序列, 仿 (i) 的证明可得

$$\sigma(k) < 2, \quad k = 1, 2, \cdots, n$$

显然 $\sigma(k) > 0$.

定理 2.13 若 X 为单调增长序列, 该序列经一阶弱化算子作用后的级比为 $\sigma(k)$, 则

$$\sigma(1) \geqslant \sigma(2) \geqslant \cdots \geqslant \sigma(n). \tag{2.15}$$

证明 首先分析 $\sigma(2) = \frac{x(3)d}{x(2)d}, \sigma(1) = \frac{x(2)d}{x(1)d}$. 有

$$\sigma(2) = \frac{x(3)d}{x(2)d} = \frac{\frac{1}{n-2}[x(3)+\cdots+x(n)]}{\frac{1}{n-1}[x(2)+\cdots+x(n)]}$$

$$= \frac{n-1}{n-2} \cdot \frac{a}{x(2)+a} = \frac{na-a}{nx(2)+na-2a-2x(2)}$$

$$\leqslant \frac{na}{nx(2)+na-a-2x(2)} \leqslant \frac{na+nx(2)}{2nx(2)+na-a-2x(2)}$$

$$\leqslant \frac{na+nx(2)}{nx(1)+nx(2)+na-a-x(1)-x(2)} = \frac{n}{n-1} \cdot \frac{x(2)+a}{x(1)+x(2)+a}$$

$$= \frac{x(2)d}{x(1)d} = \sigma(1)$$

类似可以证明

$$\sigma(2) \geqslant \sigma(3); \quad \sigma(3) \geqslant \sigma(4); \quad \sigma(k) \geqslant \sigma(k+1)$$

所以 $\sigma(1) \geqslant \sigma(2) \geqslant \cdots \geqslant \sigma(n)$, 从而定理得证.

定义 2.16 称

$$\rho(k) = \frac{x(k)}{\displaystyle\sum_{i=1}^{k-1} x(i)}, \quad k=2,3,\cdots,n \tag{2.16}$$

为序列 X 的光滑比.

光滑比从另一个侧面反映了序列的光滑性, 即用序列中第 k 个数据 $x(k)$ 与其前 $k-1$ 个数据之和 $\displaystyle\sum_{i=1}^{k-1} x(i)$ 的比值 $\rho(k)$ 来考察序列 X 中数据变化是否平稳. 显然, 序列 X 中数据变化越平稳, 其光滑比 $\rho(k)$ 越小.

定义 2.17 若序列 X 满足

(1) $\dfrac{\rho(k+1)}{\rho(k)} < 1, k=2,3,\cdots,n-1$;

(2) $\rho(k) \in [0,\varepsilon], k=3,4,\cdots,n$;

(3) $\varepsilon < 0.5$,

则称 X 为准光滑序列.

定理 2.14 设一阶弱化算子作用后的序列为 D, $\rho(k)$ 为该序列在弱化算子作用后的光滑比, $\rho'(k)$ 为原始序列的光滑比, 当 X 为单调增长序列时, $\rho(k) < \rho'(k)$, $k=2,\cdots,n$, 且 $\dfrac{\rho(k+1)}{\rho(k)} < 1, k=2,3,\cdots,n-1$.

证明 由光滑比定义

$$\rho(3) = \frac{x(3)d}{x(1)d+x(2)d}, \quad \rho(2) = \frac{x(2)d}{x(1)d}$$

$$\rho(3) - \rho(2) = \frac{x(3)d}{x(1)d + x(2)d} - \frac{x(2)d}{x(1)d} = \frac{x(3)dx(1)d - (x(1)d + x(2)d)x(2)d}{(x(1)d + x(2)d)x(1)d}$$

$$= \frac{x(3)dx(1)d - x(2)^2 d - x(1)dx(2)d}{(x(1)d + x(2)d)x(1)d}$$

由定理 2.13,

$$\frac{x(3)d}{x(2)d} \leqslant \frac{x(2)d}{x(1)d}, \quad 即 \ x(3)dx(1)d \leqslant x(2)^2 d$$

所以 $\rho(3) - \rho(2) \leqslant 0$, 类似地有

$$\frac{\rho(k+1)}{\rho(k)} < 1, \quad k = 2, 3, \cdots, n-1$$

2.5.1　弱化算子作用下 GM 模型参数的矩阵估计形式

灰生成 (缓冲算子属于灰生成中的一种类型) 及其应用研究是一个有重要意义的新课题, 尽管研究进展较快, 但仍有许多问题需进一步探索. 如: 在研究方法上缺乏统一的量化处理手段, 从而难以探索不同灰色模型的建模机理、功能和适用范围; 另外对灰生成空间的构造条件、结构和性质的研究很少. 改进方法如: 可以从定量的角度对灰生成预测建模技术作全面而又深入的研究, 并在研究方法上突出矩阵分析的思路. 还可以考虑将灰生成纳入到矩阵体系中, 通过矩阵运算实现各种灰生成的目的. 本节将在矩阵体系里研究灰生成数据变换序列中的矩阵表示, 推导其与 GM 模型参数和预测值间的量化关系式, 进而从影响预测模型的外部机制上探讨灰生成的作用; 通过分析缓冲算子生成矩阵及运算, 对缓冲算子生成空间的构成条件及性质作深入的分析, 进而研究灰生成对模型作用的内部机制.

定理 2.15　若

$$N = \begin{pmatrix} -1 & -\dfrac{1}{2} & 0 & \cdots & 0 \\ -1 & -1 & -\dfrac{1}{2} & \cdots & 0 \\ \vdots & \vdots & \vdots & & \vdots \\ -1 & -1 & -1 & \cdots & -\dfrac{1}{2} \end{pmatrix}$$

$$y = (x^{(0)}(2), \cdots, x^{(0)}(n))^{\mathrm{T}}, \quad e_1 = (1, 0, \cdots, 0)^{\mathrm{T}}$$

$$Y = (X^{\mathrm{T}}, -e_1)$$

GM(1, 1) 模型参数的矩阵估计形式为

$$(a, b)^{\mathrm{T}} = (B^{\mathrm{T}}B)^{-1}B^{\mathrm{T}}y$$

式中 $B = NY$.

证明 经典的 GM(1, 1) 模型参数的矩阵估计形式为

$$(a, b)^{\mathrm{T}} = (B^{\mathrm{T}} B)^{-1} B^{\mathrm{T}} y$$

式中

$$
B = \begin{pmatrix} -z^{(1)}(2) & 1 \\ -z^{(1)}(3) & 1 \\ \vdots & \vdots \\ -z^{(1)}(n) & 1 \end{pmatrix} = \begin{pmatrix} -\dfrac{1}{2}[x_1^{(1)}(1) + x_1^{(1)}(2)] & 1 \\ -\dfrac{1}{2}[x_1^{(1)}(2) + x_1^{(1)}(3)] & 1 \\ \vdots & \vdots \\ -\dfrac{1}{2}[x_1^{(1)}(n) + x_1^{(1)}(n-1)] & 1 \end{pmatrix}
$$

$$
= \begin{pmatrix} -\dfrac{1}{2} & -\dfrac{1}{2} & 0 & \cdots & -\dfrac{1}{2} & 0 \\ 0 & -\dfrac{1}{2} & -\dfrac{1}{2} & \cdots & -\dfrac{1}{2} & 0 \\ \vdots & \vdots & \vdots & & \vdots & \vdots \\ 0 & 0 & 0 & \cdots & -\dfrac{1}{2} & -\dfrac{1}{2} \end{pmatrix} \begin{pmatrix} x_1^{(1)}(1) & -1 \\ x_1^{(1)}(2) & -1 \\ \vdots & \vdots \\ x_1^{(1)}(n) & -1 \end{pmatrix}
$$

$$
= \begin{pmatrix} -\dfrac{1}{2} & -\dfrac{1}{2} & 0 & \cdots & -\dfrac{1}{2} & 0 \\ 0 & -\dfrac{1}{2} & -\dfrac{1}{2} & \cdots & -\dfrac{1}{2} & 0 \\ \vdots & \vdots & \vdots & & \vdots & \vdots \\ 0 & 0 & 0 & \cdots & -\dfrac{1}{2} & -\dfrac{1}{2} \end{pmatrix}_{(n-1) \times n} \begin{pmatrix} 1 & 0 & 0 & \cdots & 0 \\ 1 & 1 & 0 & \cdots & 0 \\ \vdots & \vdots & \vdots & & \vdots \\ 1 & 1 & 1 & \cdots & 1 \end{pmatrix}_{n \times n}
$$

$$
\times \begin{pmatrix} x_1^{(0)}(1) & -1 \\ x_1^{(0)}(2) & 0 \\ \vdots & \vdots \\ x_1^{(0)}(n) & 0 \end{pmatrix}_{n \times 2}
$$

$$
= A_2 A_1 \left(X^{\mathrm{T}}, -e_1 \right)
$$

$$
= N \left(X^{\mathrm{T}}, -e_1 \right)
$$

式中

$$N = A_2 A_1 = \begin{pmatrix} -1 & -\dfrac{1}{2} & 0 & \cdots & 0 \\ -1 & -1 & -\dfrac{1}{2} & \cdots & 0 \\ \vdots & \vdots & \vdots & & \vdots \\ -1 & -1 & -1 & \cdots & -\dfrac{1}{2} \end{pmatrix} \tag{2.17}$$

类似地, 我们可以推导出基于矩阵分析的 GM(2,1) 模型参数辨识.

对于 GM(2, 1) 定义型

$$\text{GM}(2,1,D): x^{(-1)} + a_1 x^{(0)} + a_2 z^{(1)} = b$$

其中, $x^{(-1)}(k) = x^{(0)}(k) - x^{(0)}(k-1)$, $x^{(-1)}(1) = x^{(0)}(1)$.

称 a_1, a_2, b 为 GM(2, 1) 的一级参数包, 记为 P_{I}, P_{I} 可以表示为向量或序列, 即

$$P_{\mathrm{I}} = \begin{pmatrix} a_1 \\ a_2 \\ b \end{pmatrix}, \quad P_{\mathrm{I}} = (a_1, a_2, b)$$

令 $x^{(0)}$ 为原始序列, $x^{(1)} = \text{AGO}x^{(0)}$, $z^{(1)} = \text{MEAN}x^{(1)}$; 又令 $x^{(0)}$ 的 GM(2, 1) 定义型为

$$\text{GM}(2,1,D): x^{(-1)} + a_1 x^{(0)} + a_2 z^{(1)} = b$$

则在最小二乘准则下有矩阵算式如下:

$$P_{\mathrm{I}} = \begin{pmatrix} a_1 \\ a_2 \\ b \end{pmatrix} = (B^{\mathrm{T}} B)^{-1} B^{\mathrm{T}} y_N$$

式中

$$B = \begin{pmatrix} -x^{(0)}(2) & -z^{(1)}(2) & 1 \\ -x^{(0)}(3) & -z^{(1)}(3) & 1 \\ \vdots & \vdots & \vdots \\ -x^{(0)}(n) & -z^{(1)}(n) & 1 \end{pmatrix}, \quad y_N = \begin{pmatrix} x_1^{(-1)}(2) \\ x_1^{(-1)}(3) \\ \vdots \\ x_1^{(-1)}(n) \end{pmatrix}$$

$$
= \begin{pmatrix} x^{(0)}(2) - x^{(0)}(1) \\ x^{(0)}(3) - x^{(0)}(2) \\ \vdots \\ x^{(0)}(n) - x^{(0)}(n-1) \end{pmatrix}
$$

$$
B = \begin{pmatrix} x^{(1)}(1) - x^{(1)}(2) & -\dfrac{1}{2}(x^{(1)}(1) + x^{(1)}(2)) & 1 \\ x^{(1)}(2) - x^{(1)}(3) & -\dfrac{1}{2}(x^{(1)}(2) + x^{(1)}(3)) & 1 \\ \vdots & \vdots & \vdots \\ x^{(1)}(n-1) - x^{(1)}(n) & -\dfrac{1}{2}(x^{(1)}(n-1) + x^{(1)}(n)) & 1 \end{pmatrix}
$$

$$
= \begin{pmatrix} x^{(1)}(1) - x^{(1)}(2) & x^{(1)}(1) + x^{(1)}(2) & 1 \\ x^{(1)}(2) - x^{(1)}(3) & x^{(1)}(2) + x^{(1)}(3) & 1 \\ \vdots & \vdots & \vdots \\ x^{(1)}(n-1) - x^{(1)}(n) & x^{(1)}(n-1) + x^{(1)}(n) & 1 \end{pmatrix} \begin{pmatrix} 1 & 0 & 0 \\ 0 & -\dfrac{1}{2} & 0 \\ 0 & 0 & 1 \end{pmatrix}
$$

$$
= \left(\begin{pmatrix} x^{(1)}(1) & x^{(1)}(1) & 0.5 \\ x^{(1)}(2) & x^{(1)}(2) & 0.5 \\ \vdots & \vdots & \vdots \\ x^{(1)}(n-1) & x^{(1)}(n-1) & 0.5 \end{pmatrix} + \begin{pmatrix} -x^{(1)}(2) & x^{(1)}(2) & 0.5 \\ -x^{(1)}(3) & x^{(1)}(3) & 0.5 \\ \vdots & \vdots & \vdots \\ -x^{(1)}(n) & x^{(1)}(n) & 0.5 \end{pmatrix} \right)
$$

$$
\times \begin{pmatrix} 1 & 0 & 0 \\ 0 & -\dfrac{1}{2} & 0 \\ 0 & 0 & 1 \end{pmatrix}
$$

$$
= \begin{pmatrix} x^{(1)}(1) & x^{(1)}(1) & 0.5 \\ x^{(1)}(2) & x^{(1)}(2) & 0.5 \\ \vdots & \vdots & \vdots \\ x^{(1)}(n-1) & x^{(1)}(n-1) & 0.5 \end{pmatrix} \begin{pmatrix} 1 & 0 & 0 \\ 0 & -\dfrac{1}{2} & 0 \\ 0 & 0 & 1 \end{pmatrix}
$$

$$
+ \begin{pmatrix} x^{(1)}(2) & x^{(1)}(2) & 0.5 \\ x^{(1)}(3) & x^{(1)}(3) & 0.5 \\ \vdots & \vdots & \vdots \\ x^{(1)}(n) & x^{(1)}(n) & 0.5 \end{pmatrix} \begin{pmatrix} -1 & 0 & 0 \\ 0 & -\dfrac{1}{2} & 0 \\ 0 & 0 & 1 \end{pmatrix}
$$

$$= (I_{n-1}, 0_{n-1})XB_1 + (0_{n-1}, I_{n-1})XB_2$$
$$= J_1 XB_1 + J_2 XB_2$$

式中

$$X = \begin{pmatrix} x^{(1)}(1) & x^{(1)}(1) & 0.5 \\ x^{(1)}(2) & x^{(1)}(2) & 0.5 \\ \vdots & \vdots & \vdots \\ x^{(1)}(n) & x^{(1)}(n) & 0.5 \end{pmatrix}$$

定理 2.16 若

$$A = \begin{pmatrix} \dfrac{1}{n} & \dfrac{1}{n} & \cdots & \dfrac{1}{n} \\ 0 & \dfrac{1}{n-1} & \cdots & \dfrac{1}{n-1} \\ \vdots & \vdots & & \vdots \\ 0 & 0 & \cdots & 1 \end{pmatrix}$$

$$D = (A_{n\times n}, e_{n\times 1}), \quad F = \begin{pmatrix} X & 0 \\ 0 & -e_1 \end{pmatrix}$$

基于一阶弱化缓冲算子的 GM(1, 1) 模型参数的矩阵估计形式为

$$(a, b)^{\mathrm{T}} = (B_d^{\mathrm{T}} B_d)^{-1} B_d^{\mathrm{T}} y$$

其中 $B_d = ADF$.

　　证明　由定理 2.15 有

$$B_d = N\left(X^{r\mathrm{T}}, -e_1\right) = N\left(AX^{\mathrm{T}}, -e_1\right)$$
$$= N\left(A, e_1\right) \begin{pmatrix} X^{\mathrm{T}} & 0 \\ 0 & -e_1 \end{pmatrix} = NDF$$

由经典灰色理论可得证.

　　一般地, 对于 r 阶弱化算子, 其参数估计的矩阵形式可写为 $(a, b)^{\mathrm{T}} = (B_d^{r\mathrm{T}} \cdot B_d^r)^{-1} B_d^{r\mathrm{T}} y$, 其中 $B_d^r = NDF$, B_d^r 表示对原始序列进行 r 阶弱化算子作用后的 B 矩阵, 其表达式为

$$B_d^r = N\left(X_d^{r\mathrm{T}}, -e_1\right) = N\left(A^r X^{\mathrm{T}}, -e_1\right)$$
$$= N\left(A^r, e_1\right) \begin{pmatrix} X^{\mathrm{T}} & 0 \\ 0 & -e_1 \end{pmatrix} = NDF$$

在工程实际中, 常常存在大量的非等间隔序列, 这类序列用传统的 GM(1, 1) 模型无法直接建模, 在此, 我们介绍弱化算子作用下非等间隔的 GM(1, 1) 模型.

2.5.2 其他类型缓冲算子与还原误差研究

更一般地, 有如下定理.

定理 2.17 设 X 为系统行为数据序列, 令 $X = (x(1), x(2), \cdots, x(n))$,

$$XD^t = (x(1)d^t, x(2)d^t, \cdots, x(n)d^t), \quad t = 1, 2, \cdots, n$$

其中

$$x(k)d = \frac{k^t x(k) + (k+1)^t x(k+1) + \cdots + n^t x(n)}{\sum_{i=k}^{n} i^t} = \frac{\sum_{i=k}^{k} i^t x(i)}{\sum_{i=k}^{n} i^t} \tag{2.18}$$

则当 X 为单调增长序列、单调衰减序列或振荡序列时, $\{D^t, t = 0, 1, 2, \cdots\}$ 皆为弱化缓冲算子.

根据本节上面使用的方法可将该算子矩阵形式写为

$$XD^t = (x(1)d^t, x(2)d^t, \cdots, x(n)d^t)$$

$$= \begin{pmatrix} \dfrac{\sum\limits_{i=1}^{k} i^t x(i)}{\sum\limits_{i=1}^{n} i^t} & \dfrac{\sum\limits_{i=1}^{k} i^t x(i)}{\sum\limits_{i=1}^{n} i^t} & \cdots & \dfrac{\sum\limits_{i=1}^{k} i^t x(i)}{\sum\limits_{i=1}^{n} i^t} \\[2ex] 0 & \dfrac{\sum\limits_{i=2}^{k} i^t x(i)}{\sum\limits_{i=2}^{n} i^t} & \cdots & \dfrac{\sum\limits_{i=2}^{k} i^t x(i)}{\sum\limits_{i=2}^{n} i^t} \\[2ex] \vdots & \vdots & & \vdots \\ 0 & 0 & \cdots & 1 \end{pmatrix} \begin{pmatrix} x(1) \\ x(2) \\ \vdots \\ x(n) \end{pmatrix}$$

$$= Ax^{\mathrm{T}}$$

当 $i = 0$ 时, 即为上述弱化缓冲算子.

类似地可以证明如下结论:

(1) 缓冲算子 D^t 为可逆变换.

(2) 缓冲算子 D^t 的 r 阶变换均为可逆变换.

(3) 缓冲算子 D^t 为线性变换.

(4) 若序列 X 为单调增长序列, 则弱化算子 D^t 灰色压缩变换.

定理 2.18　设弱化算子作用后的序列为 D^t, 则该序列的级比 $\sigma(k)$ 范围是

(1) 当 X 为单调增长序列时, $1 < \sigma(k) < 2$, $k = 1, 2, \cdots, n$;

(2) 当 X 为单调衰减序列时, $0 < \sigma(k) < 1$, $k = 1, 2, \cdots, n$;

(3) 当 X 为振荡序列时, $0 < \sigma(k) < 2$, $k = 1, 2, \cdots, n$.

证明　只证明 (1), 其余类似可得.

因为

$$x(1)d^t = \frac{\sum_{i=1}^n i^t x(i)}{\sum_{i=1}^n i^t}, \quad x(2)d^t = \frac{\sum_{i=2}^n i^t x(i)}{\sum_{i=2}^n i^t}$$

$$\cdots\cdots$$

$$\frac{x(2)d^t}{x(1)d^t} = \frac{\sum_{i=2}^n i^t x(i)}{\sum_{i=2}^n i^t} \bigg/ \frac{\sum_{i=1}^n i^t x(i)}{\sum_{i=1}^n i^t} < \frac{\sum_{i=1}^n i^t}{\sum_{i=2}^n i^t}$$

$$\frac{x(3)d^t}{x(2)d^t} = \frac{\sum_{i=3}^n i^t x(i)}{\sum_{i=3}^n i^t} \bigg/ \frac{\sum_{i=2}^n i^t x(i)}{\sum_{i=2}^n i^t} < \frac{\sum_{i=2}^n i^t}{\sum_{i=3}^n i^t}$$

$$\cdots\cdots$$

$$\frac{x(n)d^t}{x(n-1)d^t} = \frac{n^t x(n)}{n^t} \bigg/ \frac{\sum_{i=n-1}^n i^t x(i)}{\sum_{i=n-1}^n i^t} < \frac{n^t + (n-1)^t}{n^t} = 1 + \left(\frac{n-1}{n}\right)^t < 2$$

由于

$$\left(\sum_{i=2}^{n} i^t\right)^2 - \sum_{i=1}^{n} i^t \sum_{i=3}^{n} i^t > 0$$

类似地得

$$1 < \frac{\sum_{i=1}^{n} i^t}{\sum_{i=2}^{n} i^t} < \frac{\sum_{i=2}^{n} i^t}{\sum_{i=3}^{n} i^t} < \cdots < \frac{\sum_{i=k}^{n} i^t}{\sum_{i=k+1}^{n} i^t} < \cdots < \frac{n^t + (n-1)^t}{n^t} < 2$$

即 X 为单调增长序列时, $1 < \sigma(k) < 2$.

以上我们讨论的弱化算子事实上属于灰色生成, 在选择灰色生成时, 有两点需要注意: 一是根据已知数据的特征选择适当的灰色生成运算, 二是注意选择还原生成误差小的灰生成. 因为有些生成建模尽管对 $x^{(1)}$ 的预测精度高, 但还原为原始序列 $x^{(0)}$ 以后, 预测精度就可能会很低, 所以选择的灰色生成对预测精度是有影响的. 在这里, 我们讨论弱化算子生成还原误差的情况.

由于 $A = \begin{pmatrix} \dfrac{1}{n} & \dfrac{1}{n} & \cdots & \dfrac{1}{n} \\ 0 & \dfrac{1}{n-1} & \cdots & \dfrac{1}{n-1} \\ \vdots & \vdots & & \vdots \\ 0 & 0 & \cdots & 1 \end{pmatrix}$, 而

$$A^{-1} = \begin{pmatrix} n & -(n-1) & 0 & \cdots & 0 \\ 0 & n-1 & -(n-2) & \cdots & 0 \\ \vdots & \vdots & \vdots & & \vdots \\ 0 & 0 & 0 & \cdots & 1 \end{pmatrix}$$

设 $x^{(0)}d = Ax^{(0)}$, 即

$$x^{(0)}(k)d = \frac{1}{n-k+1}[x^{(0)}(k) + \cdots + x^{(0)}(n)]$$

且成立

$$|x^{(0)}(k) - \hat{x}^{(0)}(k)| < \varepsilon, \quad k = 1, 2, \cdots, n$$

则可推得

$$
\begin{pmatrix} \hat{x}^{(0)}(1) \\ \hat{x}^{(0)}(2) \\ \vdots \\ \hat{x}^{(0)}(n) \end{pmatrix} = A^{-1} \begin{pmatrix} \hat{x}^{(0)}(1)d \\ \hat{x}^{(0)}(2)d \\ \vdots \\ \hat{x}^{(0)}(n)d \end{pmatrix}
$$

则

$$
\hat{x}^{(0)}(k) = (n-k+1)\hat{x}^{(0)}(k)d - (n-k)\hat{x}^{(0)}(k+1)d
$$

$$
|x^{(0)}(k)d - \hat{x}^{(0)}(k)d| \leqslant \varepsilon
$$

$$
\begin{aligned}
|x^{(0)}(k) - \hat{x}^{(0)}(k)| &= |x^{(0)}(k) - (n-k+1)\hat{x}^{(0)}(k)d + (n-k)\hat{x}^{(0)}(k+1)d| \\
&= |(n-k+1)x^{(0)}(k)d - (n-k+1)\hat{x}^{(0)}(k)d \\
&\quad - (n-k)\hat{x}^{(0)}(k-1)d - [x^{(0)}(k+1) + \cdots + x^{(0)}(n)]| \\
&= |(n-k+1)x^{(0)}(k)d - (n-k+1)\hat{x}^{(0)}(k)d \\
&\quad - (n-k)\hat{x}^{(0)}(k+1)d + (n-k)x^{(0)}(k+1)d| \\
&= |(n-k+1)x^{(0)}(k)d - (n-k+1)\hat{x}^{(0)}(k)d| \\
&= (n-k+1)|x^{(0)}(k)d - \hat{x}^{(0)}(k)d| \\
&\leqslant (n-k+1)\varepsilon
\end{aligned} \tag{2.19}
$$

即弱化算子作用后序列 GM(1, 1) 建模的还原误差可能扩大, 需慎重选择弱化次数, 当然也可建立基于不同弱化阶数的灰色模型, 以选取精度最高的.

2.5.3　强化缓冲算子概念

定义 2.18　设 X 为系统行数据序列, D 为缓冲算子, 若满足下列两个条件, 则称缓冲算子 D 为强化缓冲算子:

(1) 当 X 为单调增长序列 (单调衰减序列) 时, 缓冲序列 XD 比系统行为数据序列 X 的增长速度 (衰减速度) 加快;

(2) 当 X 为振荡序列时, 缓冲序列 XD 比系统行为数据序列 X 的振幅增大.

由刘思峰教授的定义可知:

若 X 为单调增长序列, XD 为缓冲序列, 则

$$
D \text{ 为强化算子} \iff x(k) \geqslant x(k)d \quad (k = 1, 2, \cdots, n)
$$

若 X 为单调衰减序列, XD 为缓冲序列, 则

$$D \text{ 为强化算子} \iff x(k) \leqslant x(k)d \quad (k = 1, 2, \cdots, n)$$

若 X 为振荡序列, XD 为缓冲序列, D 为强化算子, 则

$$\max_{1 \leqslant k \leqslant n} \{x(k)\} \leqslant \max_{1 \leqslant k \leqslant n} \{x(k)d\}$$
$$\min_{1 \leqslant k \leqslant n} \{x(k)\} \geqslant \min_{1 \leqslant k \leqslant n} \{x(k)d\}$$
$$(k = 1, 2, \cdots, n)$$

故单调增长序列在强化缓冲算子作用下, 数据萎缩; 单调衰减序列在强化缓冲算子作用下, 数据膨胀.

引理 2.2 设原始序列和缓冲序列分别为 $X = (x(1), x(2), \cdots, x(n))$, $XD = (x(1)d, x(2)d, \cdots, x(n)d)$, 式中

$$x(k)d = \frac{1}{2k-1}[x(1) + x(2) + \cdots + kx(k)], \quad k = 1, 2, \cdots, n-1, \quad x(n)d = x(n)$$

则当 X 为单调增长序列或单调衰减序列时, D 为强化算子.

2.5.4 强化算子的矩阵形式及其属性

定理 2.19 一阶强化算子的矩阵表现形式为

$$XD = \begin{pmatrix} 1 & 0 & 0 & \cdots & 0 \\ \dfrac{1}{3} & \dfrac{2}{3} & 0 & \cdots & 0 \\ \dfrac{1}{5} & \dfrac{1}{5} & \dfrac{3}{5} & \cdots & 0 \\ \vdots & \vdots & \vdots & & \vdots \\ 0 & 0 & 0 & \cdots & 1 \end{pmatrix} \begin{pmatrix} x(1) \\ x(2) \\ \vdots \\ x(n) \end{pmatrix} = Ax^{\mathrm{T}}$$

证明 由定义得

$$x(1)d = x(1), \quad x(2)d = \frac{1}{3}[x(1) + 2x(2)]$$

$$x(3)d = \frac{1}{5}[x(1) + x(2) + 3x(3)], \cdots, x(n)d = x(n)$$

将上述各式转化为矩阵形式即为结论.

推论   二阶强化算子的矩阵表现形式为

$$XD^2 = A^2 x^{\mathrm{T}} \tag{2.20}$$

证明   由二阶强化缓冲算子的定义有

$$x(1)d^2 = x(1)d = x(1)$$

$$x(2)d^2 = \frac{1}{3}[x(1)d + 2x(2)d] = \frac{1}{3}\left[x(1) + 2\left(\frac{1}{3}x(1) + \frac{2}{3}x(2)\right)\right] = \frac{5}{9}x(1) + \frac{4}{9}x(2)$$

$$x(3)d^2 = \frac{25}{75}x(1) + \frac{19}{75}x(2) + \frac{27}{75}x(3)$$

$$\cdots\cdots$$

$$x(n)d^2 = x(n)d = x(n)$$

则有

$$
XD^2 = \begin{pmatrix} x(1)d \\ x(2)d \\ \vdots \\ x(n)d \end{pmatrix} = \begin{pmatrix} 1 & 0 & 0 & \cdots & 0 \\ \frac{5}{9} & \frac{4}{9} & 0 & \cdots & 0 \\ \frac{1}{3} & \frac{19}{75} & \frac{9}{25} & \cdots & 0 \\ \vdots & \vdots & \vdots & & \vdots \\ 0 & 0 & 0 & \cdots & 1 \end{pmatrix} \begin{pmatrix} x(1) \\ x(2) \\ \vdots \\ x(n) \end{pmatrix}
$$

$$
= \begin{pmatrix} 1 & 0 & 0 & \cdots & 0 \\ \frac{1}{3} & \frac{2}{3} & 0 & \cdots & 0 \\ \frac{1}{5} & \frac{1}{5} & \frac{3}{5} & \cdots & 0 \\ \vdots & \vdots & \vdots & & \vdots \\ 0 & 0 & 0 & \cdots & 1 \end{pmatrix} \begin{pmatrix} 1 & 0 & 0 & \cdots & 0 \\ \frac{1}{3} & \frac{2}{3} & 0 & \cdots & 0 \\ \frac{1}{5} & \frac{1}{5} & \frac{3}{5} & \cdots & 0 \\ \vdots & \vdots & \vdots & & \vdots \\ 0 & 0 & 0 & \cdots & 1 \end{pmatrix} \begin{pmatrix} x(1) \\ x(2) \\ \vdots \\ x(n) \end{pmatrix}
$$

$$= A^2 x^{\mathrm{T}}$$

定理 2.20 p 阶强化算子的矩阵表现形式为

$$XD^p = A^p x^{\mathrm{T}}, \quad p \leqslant n - 1$$

证明   用数学归纳法证明.

(1) 当 $p = 1$ 时, 由定理 2.7, 结论成立.

(2) 假设当 $p = r - 1$ 时结论成立, 即 $XD^{r-1} = A^{r-1}x^{\mathrm{T}}$.

设 $A^{r-1} = (A_1^{r-1}, A_2^{r-1}, \cdots, A_n^{r-1})^{\mathrm{T}}$, 式中

$$A_k^{r-1}x^{\mathrm{T}} = x(1)d^{r-1} + x(2)d^{r-1} + \cdots + x(k)d^{r-1}$$

则当 $p = r$ 时, 由强化缓冲算子有

$$x(k)d^r = \frac{1}{2k-1}[x(1)d^{r-1} + x(2)d^{r-1} + \cdots + kx(k)d^{r-1}]$$

即

$$x(1)d^r = x(1)d^{r-1}, \quad x(2)d^r = \frac{1}{3}[x(1)d^{r-1} + 2x(2)d^{r-1}], \cdots$$

所以

$$XD^r = A \cdot A^{r-1}x^{\mathrm{T}} = A^r x^{\mathrm{T}}$$

推论 若 $1 \leqslant m \leqslant r \leqslant n$, 有 $XD^r = A^{r-m}XD^m$.

证明 略 (类似弱化算子证明方法).

定理 2.21 引理 2.1 中的一阶强化缓冲算子为可逆变换.

证明 若

$$A = \begin{pmatrix} 1 & 0 & 0 & \cdots & 0 \\ \dfrac{1}{3} & \dfrac{2}{3} & 0 & \cdots & 0 \\ \dfrac{1}{5} & \dfrac{1}{5} & \dfrac{3}{5} & \cdots & 0 \\ \vdots & \vdots & \vdots & & \vdots \\ 0 & 0 & 0 & \cdots & 1 \end{pmatrix}$$

则对于方阵 A 有 $|A| = n!/(2n-1)! \neq 0 \Rightarrow |A|^{-1} = (2n-1)!/n!$, 则方阵 A 可逆, 所以 $x^{\mathrm{T}} = A^{-1}XD$.

推论 r 阶强化缓冲算子均为可逆变换.

定理 2.22 引理 2.1 中的强化缓冲算子为线性变换.

证明 略.

定理 2.23 如果原始序列 X 单调增长序列, 则强化算子作用后的序列 $x(k)d$ 是凹序列.

证明 由于

$$x(k)d = \frac{1}{2k-1}[x(1) + x(2) + \cdots + kx(k)], \quad k = 1, 2, \cdots, n-1$$

$$x(n)d = x(n)$$

$$x(k-1)d + x(k+1)d - 2x(k)d$$

$$= \frac{1}{2k-3}[a + (k-1)x(k-1)]$$

$$+ \frac{1}{2k+1}[a + x(k-1) + x(k) + (k+1)x(k+1)] - \frac{2}{2k-1}[a + kx(k)]$$

原始序列 X 单调增长序列, 令

$$a = x(1) + x(2) + \cdots + x(k-2) \geqslant (k-2)x(1)$$

则

$$x(k-1)d + x(k+1)d - 2x(k)d$$

$$\geqslant \frac{1}{2k-3}(2k-3)x(1) + \frac{1}{2k+1}(2k+1)x(1) - \frac{2}{2k-1}(2k-1)x(1) = 0$$

也就是说, 强化算子作用后的单调增长序列 $x(k)d$ 是凹序列, 无论原始序列是凹增、还是凸增. 在这一点上它与指数函数具有相同的凸凹性, 均为凹序列, 显然用凹函数去模拟凹序列无疑会增加预测的可信性.

在建立 GM(1, 1) 灰色模型前, 我们需要对原始序列的级比进行检验: 是否落在可容覆盖区域之内, 若不在该区域之内, 需要对原始序列做适当变换, 否则, 预测精度将会受到影响. 该强化算子作用后的序列的级比除最后一个以外, 均比原始序列级比小, 这样如果做一次数据变换后序列级比仍旧不能满足需要, 可进行二次变换甚至 n 次. 对该算子级比分析结果如下:

定理 2.24　如果 $\sigma(k)(k = i, \cdots, n)$ 表示原始序列 $x(k)$ 的级比, 从第 i 开始, 对序列作强化算子作用, 序列记为 $x(k)d, k = i, \cdots, n-1$, 其对应级比记为 $\sigma'(k)$, 则 $\sigma'(k) < \sigma(k)$, 且如果 $k \to \infty$, 则 $\sigma'(k) \to 1$.

证明　由强化算子和级比定义

$$\sigma'(k) = \frac{x(k)d}{x(k-1)d} = \frac{2k-3}{2k-1} \frac{x(1) + x(2) + \cdots + kx(k)}{x(1) + x(2) + \cdots + (k-1)x(k-1)}$$

$$= \frac{2k-3}{2k-1} \cdot \frac{kx(k) + \cdots + x(i) + a}{(k-1)x(k-1) + \cdots + x(i) + a}$$

其中 $a = x(1) + \cdots + x(i-1)$,

$$\sigma'(k) < \frac{2k-3}{2k-1} \cdot \frac{kx(k) + \cdots + x(i)}{(k-1)x(k-1) + \cdots + x(i)}$$

$$= \frac{2k-3}{2k-1} \cdot \frac{(k+\lambda+\lambda^2+\cdots+\lambda^{k-i})x(i)}{(k-1+\lambda+\lambda^2+\cdots+\lambda^{k-i-1})x(i)}$$

$$= \frac{2k-3}{2k-1} \cdot \frac{k+\lambda+\lambda^2+\cdots+\lambda^{k-i}}{k-1+\lambda+\lambda^2+\cdots+\lambda^{k-i-1}}$$

$$\to 1 \quad (k \to \infty)$$

定理 2.25 如果原始序列 X 是单调增长序列, 则强化算子作用后的序列 $x(k)d$ 是压缩变换.

证明 如果原始序列 X 是单调增长序列, 对 $\forall k = 2, 3, \cdots, n$, 有 $x(k) - x(k-1) > 0$, 则

$$x(k)d = \frac{x(1)+x(2)+\cdots+kx(k)}{2k-1} < \frac{(2k-1)x(k)}{2k-1} = x(k)$$

由定义

$$\|x(k)d\| = \frac{1}{n-1}\sum_{n=2}^{n} f(x(k)d, x(k-1)d) = \frac{1}{n-1}\sum_{n=2}^{n} \left| \frac{x(k)d}{x(k-1)d} - 1 \right|$$

$$< \frac{1}{n-1}\sum_{n=2}^{n} \left| \frac{x(k)}{x(k-1)} - 1 \right| = \|x\|$$

即 $\|x(k)d\| < \|x\|$, 强化算子 $x(k)d$ 是压缩变换算子.

王子亮的研究结果显示范数 $\|x\|$ 越小, 建模精度越高, 而以上结论显示, 强化算子作用后的单调增长序列的范数会变小.

2.5.5 强化算子作用下 GM(1, 1) 模型参数的矩阵估计形式

定理 2.26 若

$$A = \begin{pmatrix} -1 & -\dfrac{1}{2} & 0 & \cdots & 0 \\ -1 & -1 & -\dfrac{1}{2} & \cdots & 0 \\ \vdots & \vdots & \vdots & & \vdots \\ -1 & -1 & -1 & \cdots & -\dfrac{1}{2} \end{pmatrix}, \quad Q = \begin{pmatrix} 1 & 0 & 0 & \cdots & 0 \\ \dfrac{1}{3} & \dfrac{2}{3} & 0 & \cdots & 0 \\ \dfrac{1}{5} & \dfrac{1}{5} & \dfrac{3}{5} & \cdots & 0 \\ \vdots & \vdots & \vdots & & \vdots \\ 0 & 0 & 0 & \cdots & 1 \end{pmatrix}$$

$$Y = \begin{pmatrix} x^{(0)}(2) \\ x^{(0)}(3) \\ \vdots \\ x^{(0)}(n) \end{pmatrix}$$

则矩阵 Q 所表示的强化缓冲算子作用下的 GM(1, 1) 模型参数 a, b 的矩阵估计形式为

$$(a, b)^{\mathrm{T}} = G^{\mathrm{T}}(GG^{\mathrm{T}})^{-1}(A^{\mathrm{T}}A)^{-1}A^{\mathrm{T}}Y$$

　　证明　该强化缓冲算子用下的 GM(1, 1) 模型参数的矩阵估计形式为

$$(a, b)^{\mathrm{T}} = (B^{\mathrm{T}}B)^{-1}B^{\mathrm{T}}Y$$

式中

$$B = \begin{pmatrix} -z^{(1)}(2) & 1 \\ -z^{(1)}(3) & 1 \\ \vdots & \vdots \\ -z^{(1)}(n) & 1 \end{pmatrix} = \begin{pmatrix} -\dfrac{1}{2}[x^{(1)}(1) + x^{(1)}(2)] & 1 \\ -\dfrac{1}{2}[x^{(1)}(2) + x^{(1)}(3)] & 1 \\ \vdots & \vdots \\ -\dfrac{1}{2}[x^{(1)}(n) + x^{(1)}(n-1)] & 1 \end{pmatrix}$$

$$= A \begin{pmatrix} x^{(0)}(1)d & -1 \\ x^{(0)}(2)d & 0 \\ \vdots & \vdots \\ x^{(0)}(n)d & 0 \end{pmatrix}_{n \times 2} = A \begin{pmatrix} 1 & 0 & 0 & \cdots & 0 \\ \dfrac{1}{3} & \dfrac{2}{3} & 0 & \cdots & 0 \\ \dfrac{1}{5} & \dfrac{1}{5} & \dfrac{3}{5} & \cdots & 0 \\ \vdots & \vdots & \vdots & & \vdots \\ \dfrac{1}{2k-1} & \dfrac{1}{2k-1} & \dfrac{1}{2k-1} & \cdots & \dfrac{k}{2k-1} \\ \vdots & \vdots & \vdots & & \vdots \\ 0 & 0 & 0 & \cdots & 1 \end{pmatrix}$$

$$\times \begin{pmatrix} x^{(0)}(1) & -1 \\ x^{(0)}(2) & -1 \\ \vdots & \vdots \\ x^{(0)}(k) & -1 \\ \vdots & \vdots \\ x^{(0)}(n) & -1 \end{pmatrix}$$

$$= AQ(X^{\mathrm{T}}, -I) = AQG^{\mathrm{T}}$$

式中

$$A = \begin{pmatrix} -1 & -\dfrac{1}{2} & 0 & \cdots & 0 \\ -1 & -1 & -\dfrac{1}{2} & \cdots & 0 \\ \vdots & \vdots & \vdots & & \vdots \\ -1 & -1 & -1 & \cdots & -\dfrac{1}{2} \end{pmatrix}, \quad G' = (X^{\mathrm{T}}, -I), \quad I = \begin{pmatrix} 1 \\ 1 \\ \vdots \\ 1 \end{pmatrix}$$

则 GM(1, 1) 模型的参数估计形式为

$$AQG'(a,b)^{\mathrm{T}} = Y$$

即 $(a,b)^{\mathrm{T}} = G^{\mathrm{T}}(GG^{\mathrm{T}})^{-1}(A^{\mathrm{T}}A)^{-1}A^{\mathrm{T}}Y$, 定理得证.

2.5.6 实例分析

设原始序列 $X = (10, 50, 100, 180, 250)$, 根据灰色模型建模步骤要求: 第一步, 级比检验、建模可行性分析, 因为对于给定序列 $x^{(0)}$, 能否建立精度较高的 GM(1, 1) 预测模型, 一般可用 $x^{(0)}$ 的级比 $\sigma^{(0)}(k)$ 的大小与所属区间, 即其覆盖来判断. 求其级比序列为 $\sigma = (5, 2, 1.8, 1.38)$. 因级比变化很大, 故对该序列实施强化算子, 强化算子采用引理 2.2 所给算子, 则

$$XD = \begin{pmatrix} 1 & 0 & 0 & 0 & 0 \\ 1/3 & 2/3 & 0 & 0 & 0 \\ 1/5 & 1/5 & 3/5 & 0 & 0 \\ 1/7 & 1/7 & 1/7 & 4/7 & 0 \\ 0 & 0 & 0 & 0 & 1 \end{pmatrix} (10, 50, 100, 180, 250)^{\mathrm{T}}$$

$$= (10, 36.6, 72, 125.7, 250)$$

实施变换后的级比序列 $\sigma = (3.6, 1.96, 1.74, 1.98)$, 显然级比变化幅度减小, 二阶算子作用后的序列为

$$
XD = \begin{pmatrix} 1 & 0 & 0 & 0 & 0 \\ 1/3 & 2/3 & 0 & 0 & 0 \\ 1/5 & 1/5 & 3/5 & 0 & 0 \\ 1/7 & 1/7 & 1/7 & 4/7 & 0 \\ 0 & 0 & 0 & 0 & 1 \end{pmatrix} (10, 36.6, 72, 125.7, 250)^{\mathrm{T}}
$$

$$
= (10.0, 27.7, 52.5, 88.7, 250.0)
$$

实施二阶强化算子变换后的级比序列为 $\sigma = (2.77, 1.893, 1.69, 2.8)$, 级比变化幅度进一步减小. 我们在此基础上建立模型并比较结果如表 2.3 所示.

表 2.3　两种模型计算精度结果比较数据

序列号	原始序列	GM(1, 1) 模型	误差/%	算子作用模型	误差/%
1	10	10	0.00	10	0.00
2	50	64.4	−28.80	45.5	9.00
3	100	101.94	−1.90	86.32	13.68
4	180	161.5	10.30	169.6	5.78
5	250	255.9	−2.33	250	0.00
MAPE/%			8.66		5.69

由表 2.3 不难看出, 算子作用后的模型大大提高了建模精度.

2.6　累加生成算子凸凹性

2.6.1　AGO 序列的凸性

定义 2.19　设序列 $x = (x(1), x(2), \cdots, x(n))$ 为一离散序列, 如果满足 $x(i) < x(i+1), i = 1, 2, \cdots, n-1$, 则称 x 是严格单调增长的, 反之称为严格单调衰减的.

定义 2.20　对序列 $x = (x(1), x(2), \cdots, x(n))$, 如果 $x(k-1) + x(k+1) \leqslant 2x(k), k = 2, 3, \cdots, n-1$, 则称序列 X 为凸序列; 反之, 称为凹序列.

设 $x^{(0)}, x^{(r)}$ 分别为原始序列和 r-AGO 序列, $x^{(0)} = (x^{(0)}(1), x^{(0)}(2), \cdots, x^{(0)}(n))$, $x^{(r)} = (x^{(r)}(1), x^{(r)}(2), \cdots, x^{(r)}(n))$, $x^{(r)}(k) = \sum_{m=1}^{k} x^{(r-1)}(m)(r \geqslant 1, k = 1, 2, \cdots, n)$, 则有如下定理.

定理 2.27 若原始序列 $x^{(0)} = (x^{(0)}(1), x^{(0)}(2), \cdots, x^{(0)}(n))$ 为单调增长序列, $x^{(1)} = (x^{(1)}(1), x^{(1)}(2), \cdots, x^{(1)}(n))$ 为一次累加生成序列, 则序列 $x^{(1)}$ 为凹序列. 类似地, 当原始序列为单调衰减序列时, 序列 $x^{(1)}$ 为凸序列.

定理 2.28 若原始序列 $x^{(0)} = (x^{(0)}(1), x^{(0)}(2), \cdots, x^{(0)}(n))$ 为单调增长序列, $x^{(1)} = (x^{(1)}(1), x^{(1)}(2), \cdots, x^{(1)}(n))$ 为一次累加生成序列, 其均值生成序列为 $z^{(1)}$, 其中 $z^{(1)}(k) = 0.5x^{(1)}(k) + 0.5x^{(1)}(k+1)$, 则序列 $z^{(1)}$ 为凹序列.

证明 由均值生成定义

$$z^{(1)}(k-1) + z^{(1)}(k+1) = 0.5x^{(1)}(k) + 0.5x^{(1)}(k-1) + 0.5x^{(1)}(k+2) + 0.5x^{(1)}(k+1)$$

而由于 $x^{(0)}(k+2) > x^{(0)}(k)$, 故

$$
\begin{aligned}
x^{(1)}(k-1) + x^{(1)}(k+2) &= \sum_{m=1}^{k-1} x^{(0)}(m) + \sum_{m=1}^{k+2} x^{(0)}(m) \\
&= \sum_{m=1}^{k} x^{(0)}(m) + \sum_{m=1}^{k+1} x^{(0)}(m) - x^{(0)}(k) + x^{(0)}(k+2) \\
&\geqslant \sum_{m=1}^{k} x^{(0)}(m) + \sum_{m=1}^{k+1} x^{(0)}(m) = x^{(1)}(k) + x^{(1)}(k+1)
\end{aligned}
$$

故 $z^{(1)}(k-1) + z^{(1)}(k+1) \geqslant x^{(1)}(k) + x^{(1)}(k+1) = 2z^{(1)}(k)$, 结论成立.

定理 2.29 设原始序列 $x^{(0)} = (x^{(0)}(1), x^{(0)}(2), \cdots, x^{(0)}(n)), x^{(0)}(k) \geqslant 0$, $x^{(2)} = (x^{(2)}(1), x^{(2)}(2), \cdots, x^{(2)}(n))$ 为二次累加生成序列, $x^{(2)}(k) = \sum_{m=1}^{k} x^{(1)}(m)$, 则序列 $x^{(2)}$ 为凹序列.

证明

$$x^{(2)}(k) = \sum_{i=1}^{k} (k-i+1)x^{(0)}(i)$$

$$
\begin{aligned}
& x^{(2)}(k-1) + x^{(2)}(k+1) - 2x^{(2)}(k) \\
&= \sum_{i=1}^{k-1} (k-i)x^{(0)}(i) + \sum_{i=1}^{k+1} (k-i+2)x^{(0)}(i) - 2\sum_{i=1}^{k} (k-i+1)x^{(0)}(i) \\
&= \sum_{i=1}^{k-1} (k-i)x^{(0)}(i) + \sum_{i=1}^{k-1} (k-i+2)x^{(0)}(i) - 2\sum_{i=1}^{k-1} (k-i+1)x^{(0)}(i)
\end{aligned}
$$

$$+ \sum_{i=k}^{k+1}(k-i+2)x^{(0)}(i) - 2x^{(0)}(k) = x^{(0)}(k+1) \geqslant 0$$

即 $x^{(2)}(k-1) + x^{(2)}(k+1) \geqslant 2x^{(2)}(k)$, 则序列 $x^{(2)}$ 为凹序列.

定理 2.30 若 $x^{(r)} = (x^{(r)}(1), x^{(r)}(2), \cdots, x^{(r)}(n))$, $r \geqslant 2$ 为 r 次累加生成序列, 则序列 $x^{(r)}$ 为凹序列.

证明 $x^{(r)}(k) = \sum_{i=1}^{k} \mathrm{C}_{k-i+r-1}^{r-1} x^{(0)}(i)$

$$x^{(r)}(m+1) = \mathrm{C}_{m+r-1}^{r-1} x^{(0)}(1) + \mathrm{C}_{m+r-2}^{r-1} x^{(0)}(2) + \cdots$$
$$+ \mathrm{C}_{r+1}^{r-1} x^{(0)}(m-1) + \mathrm{C}_{r}^{r-1} x^{(0)}(m) + \mathrm{C}_{r+1}^{r-1} x^{(0)}(m+1)$$
$$x^{(r)}(m) = \mathrm{C}_{m+r-2}^{r-1} x^{(0)}(1) + \mathrm{C}_{m+r-3}^{r-1} x^{(0)}(2) + \cdots + \mathrm{C}_{r}^{r-1} x^{(0)}(m-1)$$
$$+ \mathrm{C}_{r-1}^{r-1} x^{(0)}(m)$$
$$x^{(r)}(m-1) = \mathrm{C}_{m+r-3}^{r-1} x^{(0)}(1) + \mathrm{C}_{m+r-4}^{r-1} x^{(0)}(2) + \cdots + \mathrm{C}_{r-1}^{r-1} x^{(0)}(m-1)$$

则

$$\mathrm{C}_{m-t+r}^{r-1} + \mathrm{C}_{m-t+r-2}^{r-1} - 2\mathrm{C}_{m-t+r-1}^{r-1}$$
$$= \frac{(m+r-t)!}{(m-t+1)!(r-1)!} + \frac{(m+r-t-2)!}{(m-t-1)!(r-1)!} - 2\frac{(m+r-t-1)!}{(m-t)!(r-1)!}$$
$$= \frac{(m+r-t-2)!}{(m-t-1)!(r-1)!} \left[\frac{(m+r-t)(m+r-t-1)}{(m-t+1)(m-t)} + 1 - 2\frac{m+r-t-1}{m-t} \right]$$
$$= \frac{(m+r-t-2)!}{(m-t+1)!(r-3)!} = \mathrm{C}_{m-t+r-2}^{m-t+1}$$

$$x^{(r)}(m+1) + x^{(r)}(m-1) - 2x^{(r)}(m) = \sum_{t=1}^{m} \mathrm{C}_{m-t+r-2}^{m-t+1} x^{(0)}(t) + x^{(0)}(m+1)$$
$$= \sum_{t=1}^{m+1} \mathrm{C}_{m-t+r-2}^{m-t+1} x^{(0)}(t) > 0$$

即 $x^{(r)}(m+1) + x^{(r)}(m-1) > 2x^{(r)}(m)$, 则序列 $x^{(r)}$ 为凹序列.

2.6.2　反向累加生成序列的凸性

反向累加生成是累加生成的一种拓展, 也被广泛用于灰色预测建模[53,54].

定义 2.21 设 $x^{(0)} = (x^{(0)}(1), x^{(0)}(2), \cdots, x^{(0)}(n))$ 为原始序列, 令

$$x^{(1)}(k) = \sum_{i=k}^{n} x^{(0)}(i), \quad k = 1, 2, \cdots, n \tag{2.21}$$

称 $x^{(1)} = (x^{(1)}(1), x^{(1)}(2), \cdots, x^{(1)}(n))$ 为 $x^{(0)}$ 的反向累加生成序列, 记为 OAGO (Opposite-Direction Accumulated Generating Operation).

定理 2.31 设原始序列 $x^{(0)} = (x^{(0)}(1), x^{(0)}(2), \cdots, x^{(0)}(n))$ 为单调衰减序列, $x^{(1)} = (x^{(1)}(1), x^{(1)}(2), \cdots, x^{(1)}(n))$ 为一次反向累加生成序列, 则序列 $x^{(1)}$ 为凹序列.

证明

$$x^{(1)}(k-1) = \sum_{i=k-1}^{n} x^{(0)}(i)$$

$$x^{(1)}(k) = \sum_{i=k}^{n} x^{(0)}(i)$$

$$x^{(1)}(k+1) = \sum_{i=k+1}^{n} x^{(0)}(i)$$

$$x^{(1)}(k-1) + x^{(1)}(k+1) - 2x^{(1)}(k) = \sum_{i=k-1}^{n} x^{(0)}(i) + \sum_{i=k+1}^{n} x^{(0)}(i) - 2\sum_{i=k}^{n} x^{(0)}(i)$$

$$= x^{(0)}(k-1) - x^{(0)}(k)$$

若原始序列为单调衰减序列, 即 $x^{(0)}(k-1) > x^{(0)}(k)$, 则

$$x^{(1)}(k-1) + x^{(1)}(k+1) > 2x^{(1)}(k)$$

序列 $x^{(1)}$ 为凹序列;

反之, 若原始序列为单调增长序列, 即 $x^{(0)}(k-1) < x^{(0)}(k)$, 则

$$x^{(1)}(k-1) + x^{(1)}(k+1) < 2x^{(1)}(k)$$

序列 $x^{(1)}$ 为凸序列.

对于单调衰减的序列, 用反向累加生成建立模型更加合理.

定理 2.32 若 $x^{(r)} = (x^{(r)}(1), x^{(r)}(2), \cdots, x^{(r)}(n))$, $r \geqslant 2$ 为 r 次反向累加生成序列, 则序列 $x^{(r)}$ 为凹序列.

2.6.3 广义 AGO 的凸性

定义 2.22 设 A 为 n 阶方阵, $A = (a_{ij})_{n \times n}$, 如果对每个 i, 都有 $0 \leqslant a_{i1} \leqslant a_{i2} \leqslant \cdots \leqslant a_{in}$, 则称 A 为广义累加生成矩阵, 简称 A 为广义累加生成. 如

$$A = \begin{pmatrix} 1 & \frac{3}{2} & 2 & \cdots & \frac{n+1}{2} \\ 0 & 1 & \frac{3}{2} & \cdots & \frac{n}{2} \\ 0 & 0 & 1 & \cdots & \frac{n-1}{2} \\ \vdots & \vdots & \vdots & & \vdots \\ 0 & 0 & 0 & \cdots & 1 \end{pmatrix} \tag{2.22}$$

确定的广义累加生成就是介于通常的一次与二次累加之间的一种生成.

事实上, 设 A, B 都是广义累加生成, 且 $A < B$, 对 $\alpha \in (0,1)$, 令 $C = \alpha A + (1-\alpha)B$, 则 C 也是广义累加生成. 设一次累加生成矩阵为

$$A = \begin{pmatrix} 1 & 1 & \cdots & 1 \\ 0 & 1 & \cdots & 1 \\ \vdots & \vdots & & \vdots \\ 0 & 0 & \cdots & 1 \end{pmatrix}$$

二次累加生成矩阵为

$$B = \begin{pmatrix} 1 & 2 & \cdots & n \\ 0 & 1 & \cdots & n-1 \\ \vdots & \vdots & & \vdots \\ 0 & 0 & \cdots & 1 \end{pmatrix}$$

则 $C = \alpha A + (1-\alpha)B$, 即本书研究的广义累加生成矩阵.

定理 2.33 设原始序列 $x^{(0)} = (x^{(0)}(1), x^{(0)}(2), \cdots, x^{(0)}(n))$ 为单调增长序列, $x^{(c)} = (x^{(c)}(1), x^{(c)}(2), \cdots, x^{(c)}(n))$ 为广义累加生成序列, 则序列 $x^{(c)}$ 为凹序列.

证明 由广义累加定义得

$$x^{(c)}(k) = \alpha x^{(1)}(k) + (1-\alpha)x^{(2)}(k)$$

$$= \alpha \sum_{i=1}^{k} x^{(0)}(i) + (1-\alpha) \sum_{i=1}^{k} x^{(1)}(i)$$

$$= \sum_{i=1}^{k} [1 - (k-i)\alpha] x^{(0)}(i)$$

则

$$x^{(c)}(k-1) + x^{(c)}(k+1) - 2x^{(c)}(k)$$

$$= \sum_{i=1}^{k-1} [1 - (k-1-i)\alpha] x^{(0)}(i) + \sum_{i=1}^{k+1} [1 - (k+1-i)\alpha] x^{(0)}(i)$$

$$- 2 \sum_{i=1}^{k} [1 - (k-i)\alpha] x^{(0)}(i)$$

$$= x^{(0)}(k) - \alpha x^{(0)}(k-1)$$

又由于 $x^{(0)}(k) \geqslant x^{(0)}(k-1), \alpha \in (0,1)$, 则 $x^{(c)}(k-1) + x^{(c)}(k+1) \geqslant 2x^{(c)}(k)$. 定理得证.

与定理 2.33 类似有

定理 2.34 若 $x^{(c)} = (x^{(c)}(1), x^{(c)}(2), \cdots, x^{(c)}(n))$ 为广义累加生成序列, 其均值生成序列为 $z^{(c)}$, 其中 $z^{(c)}(k) = 0.5x^{(c)}(k) + 0.5x^{(c)}(k+1)$, 则序列 $z^{(c)}$ 为凹序列.

证明 由均值生成定义

$$z^{(c)}(k-1) + z^{(c)}(k+1) = 0.5x^{(c)}(k) + 0.5x^{(c)}(k-1) + 0.5x^{(c)}(k+2)$$
$$+ 0.5x^{(c)}(k+1)$$

而由于 $x^{(0)}(k+2) > x^{(0)}(k)$, 则

$$x^{(c)}(k-1) + x^{(c)}(k+2)$$

$$= \sum_{i=1}^{k-1} [1 - (k-1-i)\alpha] x^{(0)}(i) + \sum_{i=1}^{k+2} [1 - (k+2-i)\alpha] x^{(0)}(i)$$

$$= \sum_{i=1}^{k} [1 - (k-1-i)\alpha] x^{(0)}(i) + \sum_{i=1}^{k+2} [1 - (k+2-i)\alpha] x^{(0)}(i)$$

$$= \sum_{i=1}^{k} [1 - (k-i)\alpha] x^{(0)}(i) + \sum_{i=1}^{k+1} [1 - (k+2-i)\alpha] x^{(0)}(i) - x^{(0)}(k) + x^{(0)}(k+2)$$

$$\geqslant \sum_{m=1}^{k} [1 - (k-1-i)\alpha] x^{(0)}(i) + \sum_{i=1}^{k+1} [1 - (k+2-i)\alpha] x^{(0)}(i)$$

$$= x^{(c)}(k) + x^{(c)}(k+1)$$

故 $z^{(c)}(k-1) + z^{(c)}(k+1) \geqslant x^{(c)}(k) + x^{(c)}(k+1) = 2z^{(c)}(k)$ 结论成立.

2.6.4　实例分析

我们给出一个实例说明选择不同累加方式对建模的影响, 数据如表 2.4 所示.

表 2.4　样本数据

1	2	3	4	5	6
0.55	0.45	0.39	0.33	0.25	0.2

记原始数据为 $x^{(0)} = (0.55, 0.45, 0.39, 0.33, 0.25, 0.2)$, 其一次反向累加生成序列 1-ODAGO 为 $x^{(1)} = (0.2, 0.45, 0.78, 1.17, 1.62, 2.17)$, 其一次累加生成序列 1-AGO 为 $x^{(1)} = (0.55, 1, 1.39, 1.72, 1.97, 2.17)$. 用 1-AGO 进行建模的模型记为 GM(1, 1) 模型, 用 1-ODAGO 进行建模的模型记为 ODGM(1, 1) 模型, 建模结果的对比见表 2.5.

表 2.5　两种模型建模结果比较

原始值	GM(1, 1) 模型		ODGM(1, 1) 模型	
	预测值	误差/%	预测值	误差/%
0.55	0.5500	0.0000	0.5476	0.4364
0.45	0.4604	-2.3111	0.4562	-1.3778
0.39	0.3789	2.8462	0.38	2.5641
0.33	0.3119	5.4848	0.3166	4.0606
0.25	0.2567	-2.6800	0.2637	-5.4800
0.2	0.2113	-5.6500	0.2	0.0000
MAPE/%		3.1620		2.3198

2.7　智能算法简介

人们总是能从大自然中得到许多启迪, 从生物界的各种自然现象或过程中获得各种灵感, 由此提出了许多能够解决复杂函数优化的启发式算法, 主要分为演化算法和群体智能算法.

演化算法是一种模拟生物进化的随机计算模型, 通过反复迭代, 那些适应能力强的个体被存活下来, 比如遗传算法、进化规划、进化策略等, 可参见文献 [2, 73, 124, 128, 132, 135, 192, 197, 198, 201, 215, 307].

群体智能算法是通过观察社会生物群体的各种行为得到启发而提出的一种新型的生物启发式计算方法, 比如蚁群、鸟群、狼群、鱼群、萤火虫群等. 群体智能优化算法是一类基于概率的随机搜索进化算法, 各个算法之间存在结构、研究内

容、计算方法等具有较大的相似性. 因此, 群体智能优化算法可以建立一个基本的理论框架模式:

Step1: 设置参数, 初始化种群;

Step2: 生成一组解, 计算其适应值;

Step3: 由个体最优适应值, 通过比较得到群体最优适应值;

Step4: 判断终止条件是否满足? 如果满足, 结束迭代, 否则, 转向 Step2.

各个群体智能算法之间最大不同在算法更新规则上, 有基于模拟群居生物运动步长更新的 (如 PSO, AFSA 与 SFLA), 也有根据某种算法机理设置更新规则的 (如 ACO).

统一框架下的群体智能优化算法, 可以根据优化对象的特性智能地选择适合的更新规则, 进行运算得到理想的优化结果.

下面简单介绍本书中用到的几种智能算法.

2.7.1 鲸鱼算法

鲸鱼算法 (Whale Optimization Algorithm, WOA) 是由 Mirjalili 等提出的一种模拟海洋中座头鲸捕食行为的新型群智能优化算法. 鲸鱼算法解决优化问题的思想是将每条鲸鱼的位置看作问题的可行解, 模仿鲸鱼的泡泡网捕食过程, 逼近猎物的位置逐步得到算法的最优解. 该算法具有结构简单、参数少、搜索能力强且易于实现等特点, 被广泛应用于各种优化问题中. 其主要算法如下.

(1) 包围猎物

$$
\begin{cases}
D = |CX^*(t) - X(t)| \\
X(t+1) = X^*(t) - AD
\end{cases}
\tag{2.23}
$$

其中, t 为当前迭代次数; $X(t)$ 表示鲸鱼当前位置向量; $X^*(t)$ 表示当前最好的鲸鱼位置向量; A 和 C 为系数向量, 定义如下:

$$
\begin{cases}
A = 2ar_1 - a \\
C = 2r_2
\end{cases}
\tag{2.24}
$$

其中, r_1 和 r_2 的模为 $[0,1]$ 区间内的随机数; $a = 2 - 2t/T_{\max}$, $T_{\max}$ 为最大迭代次数.

(2) 狩猎行为.

引入概率 0.5 来确定鲸鱼位置更新方法, 鲸鱼位置的变化公式如下:

$$
X(t+1) = \begin{cases}
X^*(t) - AD, & q < 0.5 \\
X^*(t) + D_P \cdot e^{\beta l} \cdot \cos(2\pi l), & q \geqslant 0.5
\end{cases}
\tag{2.25}
$$

其中, $D_P = |X^*(t) - X(t)|$ 表示鲸鱼和猎物之间的距离; β 是常数; l 为 $[0,1]$ 区间内的随机数; $\cdot$ 表示逐个元素相乘.

(3) 搜索猎物.

搜索猎物的数学模型如下:

$$D = |C \cdot X_{\text{rand}} - X| \tag{2.26}$$

$$X(t+1) = X_{\text{rand}} - A \cdot D \tag{2.27}$$

其中, X_{rand} 是从当前鲸群中随机选择的向量位置 (随机鲸群个体).

以平均绝对百分比误差 (MAPE) 为目标函数, 用鲸鱼算法确定最优解 X^* 的目标函数定义如下:

$$\text{MAPE} = \frac{1}{n} \sum_{i=1}^{n} \left| \frac{x^{(0)}(k_i) - \hat{x}^{(0)}(k_i)}{x^{(0)}(k_i)} \right| \times 100\% \tag{2.28}$$

利用鲸鱼算法作参数优化步骤如下:

Step1: 初始化 WOA 参数. 随机初始化解空间中的鲸鱼位置 X, 设置 WOA 参数, 包括种群数 (N)、最大迭代次数 (M)、对数螺旋形状常数 (β)、当前迭代次数 (j) 和算法终止条件.

Step2: 利用适应度函数 (2.25) 计算每个鲸群个体适应度值, 找到并保存当前群体中最佳鲸群个体 X^*.

Step3: 更新 a, A, C 和 q.

Step4: 当 $q < 0.5$ 时, 若 $|A| < 1$, 利用式 (2.23) 更新当前鲸群个体的空间位置; 若 $|A| \geqslant 1$, 利用式 (2.27) 更新当前鲸群个体的空间位置.

Step5: 当 $q > 0.5$ 时, 利用式 (2.25) 更新当前鲸群个体的空间位置.

Step6: 利用目标函数 (2.28) 计算每个鲸群个体的适应度值, 检查是否超出搜索范围并修正. 找到并保存当前群体中最佳鲸群个体 X^*.

Step7: 如果满足迭代终止条件, 则输出最优解; 否则, 返回 Step3.

2.7.2 量子粒子群优化算法

粒子群优化算法 (Particle Swarm Optimization, PSO) 是模拟鸟群捕食行为的优化算法. 不同于遗传算法 (Genetic Alogrithm, GA), 粒子群算法是有记忆的, 之前迭代过程中的最优位置和最优方向都会保留下来并作用于粒子群的更新. 量子粒子群优化 (Quantum Particle Swarm Optimization, QPSO) 算法取消了粒子的移动方向属性, 粒子位置的更新跟该粒子之前的运动没有任何关系, 这样就增加了粒子位置的随机性.

量子粒子群算法中引入的新名词: mbest. 它表示 pbest 的平均值, 即平均的粒子历史最好位置.

量子粒子群算法的粒子更新步骤:

(1) 粒子的量子编码方式.

在 QPSO 中, 粒子中的每 位采用量子比特的方式表示, 称为量子位, 量子位具有两个基本态, $|0\rangle$ 态和 $|1\rangle$ 态, 任意时刻量子位的状态可以是基本态的线性组合, 称为叠加态, 如 (2.29) 所示:

$$|\varphi\rangle = \alpha|0\rangle + \beta|1\rangle \tag{2.29}$$

$|\alpha|^2$, $|\beta|^2$ 分别表示量子比特处于 1 和 0 的概率, 满足 $|\alpha|^2 + |\beta|^2 = 1$. 限定 α 和 β 为实数, 平面上的量子位几何表示如式 (2.30) 表示, 其中 θ 为量子位的相位:

$$|\varphi\rangle = \cos\theta|0\rangle + \sin\theta|1\rangle \tag{2.30}$$

则粒子的量子方式可以用概率幅或相位来表示, 如 (2.31) 式和 (2.32) 式:

$$\begin{bmatrix} \alpha_1 & | & \alpha_2 & | & \cdots & | & a_m & | \\ \beta_1 & | & \beta_2 & | & \cdots & | & \beta_m & \end{bmatrix} \tag{2.31}$$

$$[\theta_1|\theta_2|\theta_3|\cdots|\theta_4] \tag{2.32}$$

(2) 粒子的定义域.

将粒子在 $[0,1]$ 区间内初始化, 然后借鉴小生境原理, 再映射到定义域空间内. 第一代粒子初始化时, 粒子 $|0\rangle$ 态的每一位比特为 γ, 则粒子 $|1\rangle$ 态初始化位 $\sqrt{1-\gamma^2}$, 其中, γ 是 $[0, 1]$ 之内的随机数. 映射关系为

$$\text{Swarm} = \text{Swarm1}^2 * (\text{ub} - \text{lb}) + \text{lb} \tag{2.33}$$

其中 Swarm 为初始化后具有两种状态信息的种群, ub, lb 则分别为设定搜索范围的上下限.

(3) 粒子的更新方式.

算法中粒子的更新方式借鉴基本粒子群算法, 是粒子种群中最优粒子 GBest 和该粒子历史最优 PBest 的相位差值的关系组合, 如下所示:

$$\Delta\theta_{jd}^{t+1} = w \times \Delta\theta_{jd}^t + C_1 \cdot R_1 \cdot (\theta_{\text{GBest}} - \theta_{jd}) + C_2 \cdot R_2 \cdot (\theta_{\text{GBest}} - \theta_{jd})$$
$$+ C_2 \cdot R_2 \cdot (\theta_{\text{PBest}} - \theta_{jd}) \tag{2.34}$$

其中, $\Delta\theta_{jd}^{t+1}$ 为第 $t+1$ 代迭代中第 j 个粒子的第 d 维的相移量; θ_{jd} 为当前相位; θ_{GBest} 为全局最优粒子的相位; θ_{PBest} 为该粒子历史最优相位; w 为惯性权重系数,

取值为 0.6; C_1, C_2 为加速常数, 取值为 $C_1 = 1.4$, $C_2 = 1.4$; R_1, R_2 为 $[0, 1]$ 中的随机数. 根据相位更新计算量子旋转门, 用于更新粒子, 如 (2.35) 所示:

$$
\left(
\begin{array}{c}
\alpha_{jd}^{t+1} \\
\beta_{jd}^{t+1}
\end{array}
\right) =
\left(
\begin{array}{c}
\cos \Delta\theta_{jd}^{t+1} - \sin \Delta\theta_{jd}^{t+2} \\
\sin \Delta\theta_{jd}^{t+1} \cos \Delta\theta_{jd}^{t+1}
\end{array}
\right)
\left(
\begin{array}{c}
\alpha_{jd}^{t} \\
\beta_{jd}^{t}
\end{array}
\right)
\tag{2.35}
$$

其中, α_{jd}^{t+1}, β_{jd}^{t+1} 是 $t+1$ 代迭代中第 j 个粒子的第 d 维的概率幅.

由此可见, 粒子的更新是根据粒子的变化以及全局最优粒子、粒子历史最优粒子、粒子历史最优的相位差来进行的. 但是当种群一旦陷入局部最优之后, 粒子更新的相位很快就会趋于 0. 为了解决这个问题, 引入自适应概率, 并且根据此概率来给相位一个随机的扰动, 帮助种群跳出局部最优. 自适应的变异概率定义为

$$
P = u + \mathrm{Re}^* \sigma
\tag{2.36}
$$

其中 u 和 σ 是变异率的调节参数, Re^* 是最优值连续不更新或者更新不明显的代数具体实现为

$$
\theta = \mathrm{rand}(1, d)
\tag{2.37}
$$

其中, θ 为第 $t+1$ 次迭代中第 j 个粒子的第 d 维的相位; d 为问题的维数.

(4) 算法流程.

Step1: 初始化种群; 在 $[0, 1]$ 范围内初始化第一代种群.

Step2: 按照式 (2.31) 对量子态进行表达, 并进行第一次适应性评估. 如满足跳出条件, 则转 Step8, 否则转 Step3.

Step3: 随机初始化第一代粒子的相位变化量为 $[0, 1]$ 中的随机数, 计算粒子历史最优的相位、全局最优粒子相位. 对量子态进行表达, 并进行适应度评估; 迭代次数加 1; 如果满足跳出条件, 则转 Step8; 否则, 转 Step4.

Step4: 根据式 (2.34) 更新粒子相位的变化量, 并运用式 (2.35) 来更新粒子.

Step5: 根据式 (2.36) 来判断是否需要对粒子的相位进行跳变; 是则执行式 (2.36) 并且转 Step6; 否则, 直接转 Step6.

Step6: 根据预设的粒子状态观测概率选择粒子的状态, 使粒子坍塌; 并根据式 (2.33) 将粒子映射到预设的空间范围内.

Step7: 对坍塌好的粒子进行适应度评价; 如满足跳出条件, 则转 Step8; 否则更新全局最优和历史最优, 转 Step3.

Step8: 跳出算法, 并且输出最优值, 结束.

2.7.3　灰狼优化

狼是一种非常有智慧的动物, 它们在捕食食物的时候往往不是单独行动, 而是由几匹狼组成小队. 受灰狼群体捕食行为的启发, Mirjalili 等于 2014 年提出了

一种新型群体智能优化算法: 灰狼优化 (Grey Wolf Optimization, GWO) 算法. GWO 通过模拟灰狼群体捕食行为, 基于狼群群体协作的机制来达到优化的目的. GWO 算法具有结构简单、需要调节的参数少、容易实现等特点, 其中存在能够自适应调整的收敛因子以及信息反馈机制, 能够在局部寻优与全局搜索之间实现平衡, 因此在对问题的求解精度和收敛速度方面都有良好的性能. 狼群搜索算法就是基于狼群的这种捕食行为提出的一种新的群智能算法.

考虑到狼群中领头狼领导决策的现象, 又提出了基于领导者策略的狼群搜索算法, 该算法思想源于狼群个体之间存在相互竞争, 从而推选出狼群中最为精壮的狼作为狼群的领导者, 然后在领导者的带领下获取猎物, 这样使得狼群能够更加有效地捕获到猎物. 狼群在领导者狼的带领下通过不断搜索, 捕获猎物, 该过程对应于优化问题, 最终可找到全局最优解.

考虑到狼群中严格的等级制度, 提出了一种强化狼群等级制度的灰狼优化 (GWO Based on Strengthening the Hierarchy of Wolves, GWOSH) 算法. 该算法为灰狼个体设置了跟随狩猎和自主探索两种狩猎模式, 并根据自身等级情况来控制选择狼群的狩猎模式. 在跟随狩猎模式中, 灰狼个体以等级高于自身的灰狼的位置信息来指引自己到达最优解区域; 而在自主探索模式中, 灰狼个体会同时审视等级高于自身的灰狼的位置信息和自身位置信息, 并基于这些信息自主判断猎物的位置, 同时两种更新模式都将引入优胜劣汰选择规则来确保种群的狩猎方向.

灰狼优化算法原理. 灰狼属于犬科动物, 被认为是顶级的掠食者, 它们处于生物圈食物链的顶端. 灰狼大多喜欢群居, 每个群体中平均有 5—12 只狼. 特别令人感兴趣的是, 它们具有非常严格的社会等级层次制度: 金字塔型 (图 2.3). 金字塔第一层 (顶层) 为种群中的领导者, 称为 α. 在狼群中 α 是具有管理能力的个体, 主要负责关于狩猎、睡觉的时间和地方、食物分配等群体中各项决策的事务. 金字塔第二层是 α 的智囊团队, 称为 β. β 主要负责协助 α 进行决策. 当整个狼群的 α 出现空缺时 β 将接替 α 的位置. β 在狼群中的支配权仅次于 α, 它将 α 的命令下达给其他成员, 并将其他成员的执行情况反馈给 α, 起着桥梁的作用. 金字塔第三层是 δ, δ 听从 α 和 β 的决策命令, 主要负责侦查、放哨、看护等事务. 适应度不好的 α 和 β 也会降为 δ. 金字塔第四层即最底层是 ω, 主要负责种群内部关系的平衡.

此外, 集体狩猎是灰狼的另一个迷人的社会行为. 灰狼的社会等级在群体狩猎过程中发挥着重要的作用, 捕食的过程在 α 的带领下完成. 灰狼的狩猎包括以下 4 个主要部分: 包围猎物、狩猎、攻击猎物和搜索猎物, 具体步骤如下:

(1) 包围猎物.

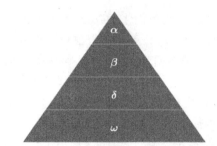

图 2.3   灰狼的等级制度 (从上到下的优势递减)

在狩猎过程中, 将灰狼围捕猎物的行为定义如下:

$$D = |C \cdot X_p(t) - X(t)| \tag{2.38}$$

$$X(t+1) = X_p(t) - A \cdot D \tag{2.39}$$

式 (2.38) 表示个体与猎物间的距离, 式 (2.39) 是灰狼的位置更新公式, 其中, t 是目前的迭代代数, A 和 C 是系数向量, X_p 和 X 分别是猎物的位置向量和灰狼的位置向量. A 和 C 的计算公式如下:

$$A = 2a \cdot r_1 - a \tag{2.40}$$

$$C = 2 \cdot r_2 \tag{2.41}$$

其中, a 是收敛因子, 随着迭代次数从 2 线性减小到 0, r_1 和 r_2 的模为 [0, 1] 内的随机数.

(2) 狩猎.

灰狼能够识别猎物的位置并包围它们. 当灰狼识别出猎物的位置后, α, β 和 δ 在 α 的带领下指导狼群包围猎物. 在优化问题的决策空间中, 我们对最佳解决方案 (猎物的位置) 并不了解. 因此, 为了模拟灰狼的狩猎行为, 我们假设 α, β 和 δ 更了解猎物的潜在位置. 我们保存迄今为止取得的 3 个最优解决方案, 并利用这三者的位置来判断猎物所在的位置, 同时强迫其他灰狼个体 (包括 ω) 依据最优灰狼个体的位置来更新其位置, 逐渐逼近猎物. 狼群内个体跟踪猎物位置的机制如图 2.4 所示. 灰狼个体跟踪猎物位置的数学模型描述如下:

$$\begin{cases} D_\alpha = |C_1 \cdot X_\alpha - X| \\ D_\beta = |C_2 \cdot X_\beta - X| \\ D_\delta = |C_1 \cdot X_\delta - X| \end{cases} \tag{2.42}$$

其中, D_α, D_β, D_δ 分别表示 α, β 和 δ 与其他个体间的距离; X_α, X_β, X_δ 分别表示 α, β 和 δ 的当前位置; C_1, C_2, C_3 是随机向量, X 是当前灰狼的位置.

$$\begin{cases} X_1 = X_\alpha - A_1 \cdot D_\alpha \\ X_2 = X_\beta - A_2 \cdot D_\beta \\ X_3 = X_\delta - A_3 \cdot D_\delta \end{cases} \tag{2.43}$$

$$X(t-1) = \frac{X_1 + X_2 + X_3}{3} \tag{2.44}$$

式 (2.43) 分别定义了狼群中 ω 个体朝向 α, β 和 δ 前进的步长和方向, 式 (2.44) 定义了 ω 的最终位置.

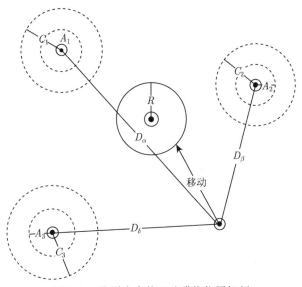

图 2.4 狼群内个体跟踪猎物位置机制

(3) 攻击猎物 (开发).

当猎物停止移动时, 灰狼通过攻击来完成狩猎过程. 为了模拟逼近猎物, a 的值被逐渐减小, 因此 A 的波动范围也随之减小. 换句话说, 在迭代过程中, 当 a 的值从 2 线性下降到 0 时, 其对应的 A 的值也在区间 $[-a, a]$ 内变化. 如图 2.5(a) 所示, 当 A 的值位于区间内时, 灰狼的下一位置可以位于其当前位置和猎物位置之间的任意位置. 当 $|A| < 1$ 时, 狼群向猎物发起攻击 (陷入局部最优).

(4) 搜索猎物 (勘探).

灰狼根据 α, β 和 δ 的位置来搜索猎物. 灰狼在寻找猎物时彼此分开, 然后聚集在一起攻击猎物. 基于数学建模的散度, 可以用 A 大于 1 或小于 -1 的随机值

来迫使灰狼与猎物分离, 这强调了勘探 (探索) 并允许 GWO 算法全局搜索最优解. 如图 2.5(b) 所示, $|A| > 1$ 强迫灰狼与猎物 (局部最优) 分离, 希望找到更合适的猎物 (全局最优). GWO 算法还有另一个组件 C 来帮助发现新的解决方案. 由式 (2.41) 可知, C 是 $[0, 2]$ 之间的随机值. C 表示狼所在的位置对猎物影响的随机权重, $C > 1$ 表示影响权重大, 反之, 表示影响权重小. 这有助于 GWO 算法更随机地表现并支持探索, 同时可在优化过程中避免陷入局部最优. 另外, 与 A 不同, C 非线性是减小的. 这样, 从最初的迭代到最终的迭代中, 它都提供了决策空间中的全局搜索. 在算法陷入局部最优并且不易跳出时, C 的随机性在避免局部最优方面发挥了非常重要的作用, 尤其是在最后需要获得全局最优解的迭代中.

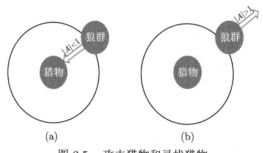

图 2.5　攻击猎物和寻找猎物

第 3 章　分数阶单变量灰色模型

将整数阶导数推广到分数阶导数的思想最早可追溯 17 世纪莱布尼茨与洛必达的一次通信. 自 1974 年第一部关于分数阶微积分 (Fractional Calculus) 的专著的出版以来, 分数阶模型得到迅猛发展. 分数阶微分方程是分数阶模型的核心, 由于它具有良好的自记忆性. 对于分数阶微分方程的解析求解, 虽然目前缺乏合理有效方法, 但由于微分方程可以理解为差分方程组的极限形式, 分数阶微分方程也如是, 将分数阶微分方程转换为差分方程, 可求得方程数值解. 计算机技术的发展, 分数阶微分方程的数值解法的提出, 使得学者们在实际问题中使用分数阶模型成为可能. 分数阶灰色模型也引起众多学者关注[223-229,276,279,280,287-290,333].

3.1　分数阶累加 GM(1, 1) 模型

用分数阶的累加生成矩阵 A^r 代替经典 GM(1, 1) 模型的一次累加生成, 就得到分数阶累加 GM(1, 1) 模型, 陈述如下:

定义 3.1　设 $x^{(0)}$ 为非负原始数据序列 $x^{(0)} = \left(x^{(0)}(1), x^{(0)}(2), \cdots, x^{(0)}(n)\right)^{\mathrm{T}}$, $x^{(r)}$ 为 $x^{(0)}$ 的 r 阶累加生成序列 $x^{(r)} = \left(x^{(r)}(1), x^{(r)}(2), \cdots, x^{(r)}(n)\right)^{\mathrm{T}}$, $x^{(r-1)}$ 为 $x^{(r)}$ 的一次差分序列 $x^{(r-1)} = \left(x^{(r-1)}(2), x^{(r-1)}(3), \cdots, x^{(r-1)}(n)\right)^{\mathrm{T}}$, 其中 $x^{(r-1)}(k) = x^{(r)}(k) - x^{(r)}(k-1)$; $z^{(r)} = \left(z^{(r)}(1), z^{(r)}(2), \cdots, z^{(r)}(r)\right)^{\mathrm{T}}$, 其中 $z^{(r)}(k) = 0.5\left[x^{(r)}(k-1) + x^{(r)}(k)\right]$ 为 $x^{(r)}$ 均值生成序列, 则称

$$x^{(r-1)}(k) + az^{(r)}(k) = b \tag{3.1}$$

为分数阶累加 GM(1, 1) 模型 (简记为 FAGM(1, 1) 模型).

对于 FAGM(1, 1) 模型, 其最小二乘参数估计满足

$$P = \left(B^{\mathrm{T}}B\right)^{-1} B^{\mathrm{T}}Y$$

其中

$$P = \begin{pmatrix} a \\ b \end{pmatrix}, \quad B = \begin{pmatrix} -z^{(r)}(2) & 1 \\ -z^{(r)}(3) & 1 \\ \vdots & \vdots \\ -z^{(r)}(n) & 1 \end{pmatrix}$$

$$Y = \begin{pmatrix} x^{(r)}(2) - x^{(r)}(1) \\ x^{(r)}(3) - x^{(r)}(2) \\ \vdots \\ x^{(r)}(n) - x^{(r)}(n-1) \end{pmatrix} = \begin{pmatrix} x^{(r-1)}(2) \\ x^{(r-1)}(3) \\ \vdots \\ x^{(r-1)}(n) \end{pmatrix}$$

根据 FAGM(1, 1) 模型的白化微分方程

$$\frac{dx^{(r)}(k)}{dt} + ax^{(r)}(k) = b$$

可得到分数阶 GM(1, 1) 模型的时间响应序列为

$$\hat{x}^{(r)}(k+1) = \left(x^{(0)}(1) - \frac{b}{a} \right) e^{-ak} + \frac{b}{a}, \quad k = 1, 2, \cdots, n \tag{3.2}$$

模型还原值为

$$\hat{x}^{(0)} = A^{-r}\hat{x}^{(r)} \tag{3.3}$$

说明　(1) 当 $r = 0$ 时, 该模型即为 GM(1, 1) 直接建模法.

(2) 当 $r = 1$ 时, 该模型即为经典 GM(1, 1) 模型.

3.1.1　分数阶累加 GM(1, 1) 模型的级比界区

定义 3.2　设 $x^{(0)}$ 为非负序列, 则称序列 $\sigma^{(0)} = (\sigma(2), \sigma(3), \cdots, \sigma(n))^{\mathrm{T}}$ 为 $x^{(0)}$ 的级比序列, 这里

$$\sigma^{(0)}(k) = \frac{x^{(0)}(k-1)}{x^{(0)}(k)}, \quad k = 2, 3, \cdots, n$$

有如下定理.

定理 3.1　若有原始序列 $x^{(0)}$, $\forall\, x^{(0)}(k) \in x^{(0)} \Rightarrow x^{(0)}(k) \in [0, \beta]$, 又令 $\sigma^{(0)}(k)$ 为 $x^{(0)}$ 的级比, $\forall\, k \in K = \{1, 2, \cdots, n\}$, 则 $x^{(0)}$ 可作 GM(1, 1) 建模的界区为

$$\sigma^{(0)}(k) \in \left(e^{-\frac{2}{n+1}},\ e^{\frac{2}{n+1}} \right)$$

针对 r 阶 GM(1, 1) 建模, 我们可以得到推广后的类似结论.

引理 3.1 针对函数列 $\{f_n(x)\} = (f_0(x), f_1(x), f_2(x), \cdots, f_n(x), \cdots)$, 其中 $f_k(x)$ 定义为

$$f_k(x) = \begin{cases} 0, & k < 0 \\ 1, & k = 0 \\ \dfrac{x(x+1)\cdots(x+k-1)}{k!}, & k \geqslant 1 \end{cases} \tag{3.4}$$

有如下结论:

(1) 对于 $\forall x_0 \in (-1, 0)$, 除首项外, 函数列的取值全为负数, 且是单调增长的, 即 $x_0 = f_1(x_0) < f_2(x_0) < \cdots < f_n(x_0) < 0 < f_0(x_0) = 1$;

(2) 对于 $\forall x_0 \in (0, 1)$, 函数列的取值恒为正数, 且是单调衰减的, 但始终大于一个常数, 即 $1 > x_0 > f_1(x_0) > f_2(x_0) > \cdots > f_n(x_0) > e^{x_0-1} > 0$;

(3) 对于 $\forall x_0 \in (1, +\infty)$, 函数列的取值恒为正数, 且是单调增长的, 但是始终小于一个常数, 即 $f_0(x_0) = 1 \leqslant f_1(x_0) \leqslant f_2(x_0) \leqslant \cdots \leqslant f_n(x_0) < e^{x_0-1}$.

证明 当 $x_0 \in (-1, 0)$ 时, 显然有

$$x_0 < 0 < x_0 + 1 < x_0 + 2 < \cdots < x_0 + k - 1$$

于是 $f_k(x_0) < 0$, 其中 $k \geqslant 2$, 又

$$f_1(x_0) = x_0 < 0$$

故当 $k \geqslant 1$ 时,

$$f_k(x_0) < 0$$

又

$$\left| \frac{f_{k+1}(x_0)}{f_k(x_0)} \right| = \frac{k + x_0}{k + 1} < 1$$

所以

$$|f_1(x_0)| > |f_2(x_0)| > \cdots > |f_n(x_0)|$$

又

$$f_k(x_0) < 0 \quad (k \geqslant 1)$$

所以

$$x_0 = f_1(x_0) < f_2(x_0) < \cdots < f_n(x_0) < 0 < f_0(x_0)$$

结论 (1) 得证.

类似地可以证明 (2) 和 (3).

关于结论 (3) 中 $f_n(x_0) < e^{x_0-1}$ 证明如下:

由于

$$\frac{x_0+k-2}{k-1} > \frac{x_0+k-2+1}{k-1+1} > \frac{x_0+k-1}{k} > \frac{x_0+n-1}{n}$$

所以

$$f_n(x_0) = \frac{x_0(x_0+1)(x_0+2)\cdots(x_0+n-1)}{n!} < \left(\frac{x_0+n-1}{n}\right)^n$$

而又因为

$$\lim_{x\to\infty}\left(\frac{x_0-1}{x}+1\right)^x = \lim_{x\to\infty}e^{x\ln\left(\frac{x_0-1}{x}+1\right)} = \lim_{x\to\infty}e^{x\left(\frac{x_0-1}{x}\right)} = e^{x_0-1}$$

故

$$\lim_{n\to\infty}\left(\frac{x_0+n-1}{n}\right)^n = \lim_{n\to\infty}\left(1+\frac{x_0-1}{n}\right)^n = e^{x_0-1}$$

所以 $f_0(x_0) \leqslant f_1(x_0) \leqslant f_2(x_0) \leqslant \cdots \leqslant f_n(x_0) < \cdots < e^{x_0-1}$, 结论 (3) 得证.

引理 3.2　(1) 若函数 $d(x) = \dfrac{x}{a+x}(a>0)$, 则 $d(x)$ 在 $(0,+\infty)$ 上单调增长.

(2) 若函数 $d(x) = \dfrac{x}{a+x}(a<0)$, 则 $d(x)$ 在 $(0,-a)$ 上单调衰减.

证明　求导可证.

定理 3.2　若有原始序列 $x^{(0)}$, $\forall x^{(0)}(k) \in x^{(0)} \Rightarrow x^{(0)}(k) \in (0,\beta]$, 又令 $\sigma^{(0)}(k)$ 为 $x^{(0)}$ 的级比 $\sigma^{(0)}(k)$, $\forall k \in K = \{1,2,\cdots,n\}$, 则 $x^{(0)}$ 可作满意的 r 阶 GM(1,1) 建模的界区满足:

(1) 当 $r \geqslant 2$ 时,

$$\sigma^{(0)}(k) \in \left(\frac{1}{\exp(2/(n+2))-r+1}, +\infty\right)$$

(2) 当 $e^{-\frac{2}{n+1}}+1 \leqslant r < 2$ 时,

$$\sigma^{(0)}(k) \in \left[\frac{1}{\exp(2/(n+2))-r+1}, +\infty\right)$$

(3) 当 $1 \leqslant r < e^{-\frac{2}{n+1}}+1$ 时,

$$\sigma^{(0)}(k) \in \left[\frac{1}{\exp(2/(n+2))-r+1}, \frac{1}{\exp(-2/(n+1))-r+1}\right]$$

(4) 当 $0 < r < 1$ 时,

$$\sigma^{(0)}(k) \in \left[\frac{1}{\exp\left(2/(n+2)\right) - r + 1}, \frac{1}{\exp\left(-2/(n+1)\right) - r + 1}\right]$$

证明 由于分数阶累加生成算子可以分解为 $A^r = A \cdot A^{r-1}$. 于是分数阶 GM(1, 1) 中累加生成算子可以理解为两部分. 其建模思想可以理解为, 首先对非负原始序列 $x^{(0)}$ 进行一个 A^{r-1} 变换, 得到一个新的序列 $x^{(r-1)}$, 然后对此新序列进行 GM(1, 1) 建模. 因此建模时, 只需保证 $x^{(r-1)}$ 的满足 GM(1, 1) 模型的级比界区, 即

$$x^{(r-1)} = A^{r-1}x^{(0)} = \begin{pmatrix} x^{(0)}(1) \\ (r-1)x^{(0)}(1) + x^{(0)}(2) \\ \vdots \\ \sum_{i=1}^{n} f_{n-i}(r-1)x^{(0)}(i) \end{pmatrix}$$

于是有

$$x^{(r-1)}(k) = \sum_{i=1}^{k} f_{k-i}(r-1)x^{(0)}(i), \quad k = 1, 2, \cdots, n$$

令原始序列的 $x^{(0)}$, 作 A^{r-1} 变换, 得到的新序列为

$$x^{(r-1)} = A^{r-1}x^{(0)} = \left(x^{(r-1)}(1), x^{(r-1)}(2), \cdots, x^{(r-1)}(n)\right)^{\mathrm{T}}$$

设新序列 $x^{(r-1)}$ 的级比序列

$$\sigma^{(r-1)} = \left(\sigma^{(r-1)}(2), \sigma^{(r-1)}(3), \cdots, \sigma^{(r-1)}(n)\right)^{\mathrm{T}}$$

其中

$$\sigma^{(r-1)}(k) = \frac{x^{(r-1)}(k-1)}{x^{(r-1)}(k)}, \quad k = 2, \cdots, n$$

于是, 针对 $\sigma^{(r-1)}(k)$ 有

$$\sigma^{(r-1)}(k) = \frac{\sum_{i=1}^{k-1} f_{k-1-i}(r-1)x^{(0)}(i)}{\sum_{i=1}^{k} f_{k-i}(r-1)x^{(0)}(i)}$$

分式上下同时比上 $x^{(0)}(k)$, 得到

$$\sigma^{(r-1)}(k) = \frac{x^{(r-1)}(k-1)}{x^{(r-1)}(k)} = \frac{\displaystyle\sum_{i=1}^{k-1} f_{k-1-i}(r-1)\frac{x^{(0)}(i)}{x^{(0)}(k)}}{1 + \displaystyle\sum_{i=1}^{k-1} f_{k-i}(r-1)\frac{x^{(0)}(i)}{x^{(0)}(k)}}$$

令 $L = \min \sigma^{(0)}$, $M = \max \sigma^{(0)}$, 则 $\sigma^{(0)}(k) \in [L, M]$, $M \geqslant L > 0$, 于是

$$\frac{x^{(0)}(i)}{x^{(0)}(k)} \in \left[L^{k-i}, M^{k-i}\right], \quad i = 1, 2, \cdots, k-1$$

(1) 当 $r \geqslant 2$ 时, $r - 1 \geqslant 1$. 根据引理 3.1 结论 (3), 当 $k \geqslant 2$ 且 $i = 1, 2, \cdots, k-2$ 时,

$$f_{k-i-1}(r-1) \leqslant f_{k-i}(r-1)$$

$$f_{k-1-i}(r-1)x^{(0)}(i) \leqslant f_{k-i}(r-1)x^{(0)}(i)$$

$$\sum_{i=1}^{k-1} f_{k-1-i}(r-1)x^{(0)}(i) \leqslant \sum_{i=1}^{k-1} f_{k-i}(r-1)x^{(0)}(i)$$

同时, 由于 $x^{(0)}(k) > 0$, 于是

$$\sum_{i=1}^{k-1} f_{k-1-i}(r-1)x^{(0)}(i) < x^{(0)}(k) + \sum_{i=1}^{k-1} f_{k-i}(r-1)x^{(0)}(i)$$

即

$$x^{(r-1)}(k-1) < x^{(r-1)}(k), \quad \sigma^{(r-1)}(k) < 1$$

又

$$1 < \frac{f_{k-i}(r-1)}{f_{k-1-i}(r-1)} = \frac{k-i+r-2}{k-i} = \frac{r-2}{k-i} + 1 \leqslant r - 2 + 1 = r - 1$$

于是

$$f_{k-i}(r-1) \leqslant (r-1)f_{k-1-i}(r-1)$$

$$f_{k-i}(r-1)x^{(0)}(i) \leqslant (r-1)f_{k-1-i}(r-1)x^{(0)}(i)$$

$$\sum_{i=1}^{k-1} f_{k-i}\left(r-1\right) x^{(0)}\left(i\right) \leqslant \left(r-1\right) \sum_{i=1}^{k-1} f_{k-1-i}\left(r-1\right) x^{(0)}\left(i\right)$$

$$x^{(0)}\left(k\right)+\sum_{i=1}^{k-1} f_{k-i}\left(r-1\right) x^{(0)}\left(i\right) \leqslant x^{(0)}\left(k\right)+\left(r-1\right) \sum_{i=1}^{k-1} f_{k-1-i}\left(r-1\right) x^{(0)}\left(i\right)$$

于是

$$\frac{x^{(r-1)}(k)}{x^{(r-1)}(k-1)} \leqslant \frac{x^{(0)}(k)}{\displaystyle\sum_{i=1}^{k-1} f_{k-1-i}\left(r-1\right) x^{(0)}(i)}+\left(r-1\right) \leqslant \frac{x^{(0)}(k)}{x^{(0)}(k-1)}+\left(r-1\right)$$

即

$$1 < \frac{1}{\sigma^{(r-1)}(k)} \leqslant \frac{1}{\sigma^{(0)}(k)}+r-1$$

由于后面需要对新产生的序列 $x^{(r-1)}$ 进行 GM(1, 1) 建模, 所以

$$\sigma^{(r-1)}(k) \in \left(e^{-\frac{2}{n+1}}, e^{\frac{2}{n+1}}\right)$$

$$\frac{1}{\sigma^{(r-1)}(k)} \in \left(e^{-\frac{2}{n+1}}, e^{\frac{2}{n+1}}\right)$$

所以

$$\frac{1}{\sigma^{(0)}(k)}+r < e^{\frac{2}{n+1}}$$

故

$$L > \frac{1}{\exp\left(2/(n+1)\right)-r+1}$$

即 $\sigma^{(0)}(k) \in \left(\dfrac{1}{\exp\left(2/(n+1)\right)-r+1}, +\infty\right)$, 同样地, 我们知道 GM(1, 1) 建模的级比可容区 $\sigma^{(r-1)}(k) \in \left(e^{-2}, e^{2}\right)$, 于是 $L \geqslant \dfrac{1}{\exp(2)-r+1}$, 由此我们可以推出在 $r \geqslant 2$ 时的建模级比可容区为 $\left(\dfrac{1}{\exp(2)-r+1}, +\infty\right)$.

例如当 $r=2$ 时, 在建模级比可容区为 $\sigma^{(0)}(k) \in (0.15652, +\infty)$.

上述定理表明, 在 $n = 4, 5, 6, \cdots$ 时, 级比界区条件为

$$n = 4, \quad \sigma^{(0)}(k) \in (2.5277, +\infty); \quad n = 5, \quad \sigma^{(0)}(k) \in (3.0238, +\infty)$$

$$n = 6, \quad \sigma^{(0)}(k) \in (3.5208, +\infty); \quad n = 7, \quad \sigma^{(0)}(k) \in (4.0185, +\infty)$$

$$n = 8, \quad \sigma^{(0)}(k) \in (4.5167, +\infty); \quad n = 9, \quad \sigma^{(0)}(k) \in (5.0151, +\infty)$$

$$n = 10, \quad \sigma^{(0)}(k) \in (5.5139, +\infty); \quad n = 11, \quad \sigma^{(0)}(k) \in (6.0128, +\infty)$$

通过观察这个结果, 我们可以发现, 针对单调衰减的序列, 且递减速率越快, 越适合 $r\,(r \geqslant 2)$ 阶 GM(1, 1) 建模.

同时我们发现, 随着序列中元素个数的增加, 级比界区的要求越来越严格, 这样, 对于一般性的大数据样本序列的预测, $r\,(r \geqslant 2)$ 阶 GM(1, 1) 建模的可能将难以胜任.

(2) 当 $1 < r < 2$ 时, 于是 $0 < r - 1 < 1$.

根据引理 3.1 结论 (1), 当 $k \geqslant 2$ 且 $i = 1, 2, \cdots, k - 2$ 时有

$$0 > r - 1 \geqslant f_{k-i-1}(r-1) > f_{k-i}(r-1)$$

$$(r-1)\frac{x^{(0)}(i)}{x^{(0)}(k)} \geqslant f_{k-1-i}(r-1)\frac{x^{(0)}(i)}{x^{(0)}(k)} > f_{k-i}(r-1)\frac{x^{(0)}(i)}{x^{(0)}(k)}$$

所以

$$
\begin{aligned}
\sigma^{(r-1)}(k) &= \frac{\sigma^{(0)}(k) + \displaystyle\sum_{i=1}^{k-2} f_{k-1-i}(r-1)\frac{x^{(0)}(i)}{x^{(0)}(k)}}{1 + (r-1)\sigma^{(0)}(k) + \displaystyle\sum_{i=1}^{k-2} f_{k-i}(r-1)\frac{x^{(0)}(i)}{x^{(0)}(k)}} \\[3mm]
&> \frac{\sigma^{(0)}(k) + \displaystyle\sum_{i=1}^{k-2} f_{k-1-i}(r-1)\frac{x^{(0)}(i)}{x^{(0)}(k)}}{1 + (r-1)\sigma^{(0)}(k) + \displaystyle\sum_{i=1}^{k-2} f_{k-1-i}(r-1)\frac{x^{(0)}(i)}{x^{(0)}(k)}} \\[3mm]
&> \frac{\sigma^{(0)}(k)}{1 + (r-1)\sigma^{(0)}(k)}
\end{aligned}
$$

又根据引理 3.2

$$\frac{\sigma^{(0)}(k)}{1 + (r-1)\sigma^{(0)}(k)} = \frac{1}{(r-1)}\frac{\sigma^{(0)}(k)}{\dfrac{1}{(r-1)} + \sigma^{(0)}(k)} \geqslant \frac{L}{1 + (r-1)L}$$

根据定理 3.1 有

$$\sigma^{(r-1)}(k) \in \left(e^{-\frac{2}{n+1}}, e^{\frac{2}{n+1}}\right)$$

所以

$$\frac{L}{1+(r-1)L} \geqslant e^{-\frac{2}{n+1}}$$

故

$$L \geqslant \frac{1}{\exp\left(2/(n+2)\right) - r + 1}$$

又

$$\frac{1}{\sigma^{(r-1)}(k)} = \frac{x^{(r-1)}(k)}{x^{(r-1)}(k-1)} = \frac{\displaystyle\sum_{i=1}^{k} f_{k-i}(r-1)x^{(0)}(i)}{\displaystyle\sum_{i=1}^{k-1} f_{k-1-i}(r-1)x^{(0)}(i)}$$

$$\geqslant \frac{x^{(0)}(k) + (r-1)x^{(0)}(k-1)}{x^{(0)}(k-1)}$$

$$= \frac{1}{\sigma^{(0)}(k)} + r - 1 \geqslant \frac{1}{M} + r - 1$$

又由于

$$\sigma^{(r-1)}(k) \in \left(e^{-\frac{2}{n+1}}, e^{\frac{2}{n+1}}\right)$$

所以

$$\frac{1}{\sigma^{(r-1)}(k)} \in \left(e^{-\frac{2}{n+1}}, e^{\frac{2}{n+1}}\right)$$

当 $\dfrac{1}{M} + r - 1 \geqslant e^{-\frac{2}{n+1}}$ 时, 上述条件显然成立, 即可以建立满意的 r 阶 GM(1, 1) 建模. 若 $r - 1 \geqslant e^{-\frac{2}{n+1}}$, 即 $e^{-\frac{2}{n+1}} + 1 \leqslant r < 2$, 上式显然成立, 此时只需 $M > 0$; 若 $r - 1 < e^{-\frac{2}{n+1}}$, 即 $1 < r < e^{-\frac{2}{n+1}} + 1$, 此时需要

$$M \leqslant \frac{1}{\exp\left(-2/(n+1)\right) + 1 - r}$$

综上所述, 当 $e^{-\frac{2}{n+1}} + 1 \leqslant r < 2$ 时, 原始序列的级比检验区间为

$$\sigma^{(0)}(k) \in \left[\frac{1}{\exp\left(2/(n+2)\right) - r + 1}, +\infty\right)$$

当 $1 < r < e^{-\frac{2}{n+1}} + 1$ 时, 原始序列的级比检验区间为

$$\sigma^{(0)}(k) \in \left[\frac{1}{\exp(2/(n+2)) - r + 1}, \frac{1}{\exp(-2/(n+1)) + 1 - r} \right]$$

(3) 当 $0 < r < 1$ 时, 于是 $-1 < r - 1 < 0$.

根据引理 3.1 结论 (1), 当 $k \geqslant 2$ 且 $i = 1, 2, \cdots, k-2$ 时有

$$r - 1 \leqslant f_{k-i-1}(r-1) < f_{k-i}(r-1) < 0$$

$$(r-1)\frac{x^{(0)}(i)}{x^{(0)}(k)} \leqslant f_{k-1-i}(r-1)\frac{x^{(0)}(i)}{x^{(0)}(k)} < f_{k-i}(r-1)\frac{x^{(0)}(i)}{x^{(0)}(k)} < 0$$

所以

$$
\begin{aligned}
\sigma^{(r-1)}(k) &= \frac{\sigma^{(0)}(k) + \displaystyle\sum_{i=1}^{k-2} f_{k-1-i}(r-1)\frac{x^{(0)}(i)}{x^{(0)}(k)}}{1 + (r-1)\sigma^{(0)}(k) + \displaystyle\sum_{i=1}^{k-2} f_{k-i}(r-1)\frac{x^{(0)}(i)}{x^{(0)}(k)}} \\[3mm]
&< \frac{\sigma^{(0)}(k) + \displaystyle\sum_{i=1}^{k-2} f_{k-1-i}(r-1)\frac{x^{(0)}(i)}{x^{(0)}(k)}}{1 + (r-1)\sigma^{(0)}(k) + \displaystyle\sum_{i=1}^{k-2} f_{k-1-i}(r-1)\frac{x^{(0)}(i)}{x^{(0)}(k)}} \\[3mm]
&< \frac{\sigma^{(0)}(k)}{1 + (r-1)\sigma^{(0)}(k)}
\end{aligned}
$$

又

$$\frac{\sigma^{(0)}(k)}{1 + (r-1)\sigma^{(0)}(k)} = \frac{1}{(r-1)}\frac{\sigma^{(0)}(k)}{\dfrac{1}{(r-1)} + \sigma^{(0)}(k)}$$

根据引理 3.2, $\dfrac{\sigma^{(0)}(k)}{\dfrac{1}{(r-1)} + \sigma^{(0)}(k)}$ 在 $\sigma^{(0)}(k) < 1$ 时是 $\sigma^{(0)}(k)$ 的减函数. 于是

$$\frac{\sigma^{(0)}(k)}{\dfrac{1}{(r-1)} + \sigma^{(0)}(k)} > \frac{M}{\dfrac{1}{(r-1)} + M}$$

$$\frac{\sigma^{(0)}(k)}{1+(r-1)\,\sigma^{(0)}(k)} < \frac{M}{1+(r-1)\,M}$$

又对于

$$\sigma^{(r-1)}(k) \in \left(e^{-\frac{2}{n+1}}, e^{\frac{2}{n+1}}\right)$$

所以

$$\frac{M}{1+(r-1)\,M} \leqslant e^{\frac{2}{n+1}}$$

故

$$M \leqslant \frac{1}{\exp\left(-2/(n+2)\right)-r+1}$$

这里需要特别说明的是, 本章所阐述的级比界区, 只是保证建模成功的一个充分条件, 而非必要条件, 即针对某些不满足级比条件的序列进行 FAGM(1, 1) 建模也可能得到比较理想的结果.

3.1.2 分数阶累加 GM(1, 1) 模型应用

例 3.1 FAGM(1, 1) 模型在海港码头施工期内沉降位移预测上的应用

海港码头施工风险较大, 经常会出现一些码头深基坑坍塌等重大工程事故, 所以预测深基坑的沉降位移, 对于预防重力式码头施工事故发生、保障工程施工构筑物安全具有重要意义. 本节以某一大宗散货泊位工程为例, 搜集连续多个观测周期内沉降位移观测, 原始数据见表 3.1[①], 建立灰色预测模型.

表 3.1 某散货泊位工程施工期沉降位移

观测时间/周	24	34	44	54	64	74	84	94
位移/mm	24.13	49.49	119.75	176.16	247.20	273.95	330.00	470.76

记建模原始序列 $x^{(0)} = (24.13, 49.49, \cdots, 470.76)^{\mathrm{T}}$, 具体建模步骤如下.

(1) 计算序列级比.

$$\sigma^{(0)} = (0.4876, 0.4133, 0.6798, 0.7126, 0.9024, 0.8302, 0.7010)^{\mathrm{T}}$$

(2) 级比判断.

由于绝大部分 $\sigma^{(0)}(k)$ 不在区间 $[0.800737402,\ 1.248848869]$ 中, $k = 2$, 3, $\cdots$, 8, 故上述的原始序列不能作满意的 GM(1, 1) 建模. 下面我们选用分数阶 GM(1, 1) 建模.

---

① 表中数据来源于文献: 王大纲. 堆载预压法加固港口软基的沉降计算和预测方法研究. 长沙: 中南林业科技大学, 2015.

(3) 最优阶数构造.

针对模型中 r 的优化计算, 建立优化模型如下

$$\min \mathrm{MAPE}(r) = \frac{1}{n} \sum_{k=1}^{n} \frac{\left| x^{(0)}(k) - \hat{x}^{(0)}(k) \right|}{x^{(0)}(k)}$$

针对该模型, 本节采用粒子群算法对该模型进行求解, 搜索得到最优阶数为 $r = \dfrac{22}{173}$, 于是, 构造 $\dfrac{22}{173}$ 阶累加生成算子

$$A^{\frac{22}{173}} = \begin{pmatrix} 1 & 0 & \cdots & 0 \\ \dfrac{22}{173} & 1 & \cdots & 0 \\ \vdots & \vdots & & \vdots \\ \dfrac{13}{530} & \dfrac{16}{571} & \cdots & 1 \end{pmatrix}$$

(4) 计算数据矩阵 B 及数据向量 Y.

$$B = \begin{pmatrix} -38.34 & -90.16 & -161.97 & -238.91 & -304.25 & -358.69 & -478.19 \\ 1 & 1 & 1 & 1 & 1 & 1 & 1 \end{pmatrix}^{\mathrm{T}}$$

而又针对 Y 向量: $Y = A^{r-1} \times x^{(0)}$, 同时, 对于删去 Y 向量中第一个元素, 得到

$$Y = (28.43, 75.21, 68.39, 85.50, 45.20, 71.71, 159.26)^{\mathrm{T}}$$

(5) 计算 P.

$$P = \left(B^{\mathrm{T}} B \right)^{-1} B^{\mathrm{T}} Y = \begin{pmatrix} -0.1903 \\ 30.7095 \end{pmatrix}$$

建立模型为

$$x^{\left(-\frac{151}{173} \right)}(k) - 0.1903 z^{\left(\frac{22}{173} \right)}(k) = 30.7095$$

对应构建白化方程为

$$\frac{d x^{\left(\frac{22}{173} \right)}}{dt} - 0.1903 x^{\left(\frac{22}{173} \right)} = 30.7095$$

取 $x^{\left(\frac{22}{173}\right)}(1) = x^{(0)}(1) = 24.13$, 得到时间响应函数

$$\hat{x}^{\left(\frac{22}{173}\right)}(k) = 185.4726e^{0.1903(k-1)} - 161.3426$$

(6) 求生成序列值 $\hat{x}^{\left(\frac{22}{173}\right)}(k)$ 及模型还原值 $\hat{x}^{(0)}(k)$.

$$\hat{x}^{\left(\frac{22}{173}\right)} = (24.13, 63.02, 110.05, 166.95, 235.78, 319.04, 419.76, 541.59)^{\mathrm{T}}$$

$$\hat{x}^{(0)}(k) = A^{-\frac{22}{173}}\hat{x}^{\left(\frac{22}{173}\right)}$$

$$= (24.13, 59.95, 100.70, 148.63, 205.66, 273.95, 355.99, 454.76)^{\mathrm{T}}$$

(7) 模型检验.

结果如表 3.2 所示.

表 3.2 FAGM(1, 1) 与 GM(1, 1) 建模精度比较

序号	原始值	FAGM(1, 1) 模型				GM(1, 1) 模型	
		模型值	残差	相对误差	精度	模型值	精度
1	24.13	—			—		
2	49.49	59.95	−10.46	21.14%	78.86%	96.67	4.67%
3	119.75	100.70	19.05	15.91%	84.09%	126.07	94.72%
4	176.16	148.63	27.53	15.63%	84.37%	164.42	93.34%
5	247.2	205.66	41.54	16.80%	83.20%	214.44	86.75%
6	273.95	273.95	0.00	0.00%	100.00%	279.67	97.91%
7	330	355.99	−25.99	7.88%	92.12%	364.74	89.47%
8	470.76	454.76	16.00	3.40%	96.60%	475.68	98.95%
MAPE		88.44%				80.83%	
后检验差比值		0.0949				0.1174	
小误差概率		1.000				1.0000	
灰色关联度		0.9895				0.9860	

本节在对码头散货泊位工程基坑沉降位移建模数据时发现, 在建模前级比检验时发现, 上述数据跳跃性明显, 且大部分数据不满足 GM(1, 1) 模型级比建模要求, 故使用该数据进行 GM(1, 1) 建模可能难以取得较为满意结果. 观察表 3.2 中 GM(1, 1) 模型的实际建模拟合精度, 仅为 80.83%, 与建模前猜想符合, 同时也说明 GM(1, 1) 模型难以用来预测上述背景数据. 观察表 3.2 中预测结果, 可以发现相比于传统的 GM(1, 1) 模型, FAGM(1, 1) 模型预测精度更高, 为 88.47%, 即采用 $\dfrac{22}{173}$ 阶累加生成矩阵代替经典的一阶累加生成矩阵, 模型的预测精度提高了 9.45%. 实例证明了分数阶累加生成拓展了 GM(1, 1) 模型的建模范围, 提高了对实际问题的可解释度.

3.2　离散分数阶累加灰色模型

尽管 FAGM(1, 1) 模型能够通过分数阶累加生成有效提升数据指数律; 从而扩大灰色模型使用范围, 但 FAGM(1, 1) 仍存在一个不足: FAGM(1, 1) 模型是利用离散形式的方程进行参数估计, 利用连续形式的方程进行拟合和预测, 而离散形式和连续形式由于构造方式不同是不能完全等同的, 它们之间存在的跳跃是造成模型误差的根本原因[37,65,74,88,130,139,203,266,267,331]. 基于这个问题, 下面建立了离散分数阶累加灰色模型.

3.2.1　离散分数阶累加 M(1, 1, D) 模型定义

定义 3.3　称

$$x^{(r)}(k) = \beta_1 x^{(r)}(k-1) + \beta_2 \tag{3.5}$$

为离散型分数阶累加 GM(1, 1) 模型, 记为 FAGM(1, 1, D) 模型, 这里 $k = 2, 3, \cdots, n$.

定理 3.3　设 $x^{(0)}$ 为非负序列, $x^{(0)} = \left(x^{(0)}(1), x^{(0)}(2), \cdots, x^{(0)}(n)\right)^{\mathrm{T}}$, 其 r 阶累加生成序列为 $x^{(r)} = \left(x^{(r)}(1), x^{(r)}(2), \cdots, x^{(r)}(n)\right)^{\mathrm{T}}$, 其中 $x^{(r)} = A^r x^{(0)}$. 若 $\hat{\beta} = (\beta_1, \beta_2)^{\mathrm{T}}$ 为参数列且满足

$$Y = \left(x^{(r)}(2), x^{(r)}(3), \cdots, x^{(r)}(n)\right)^{\mathrm{T}}$$

$$B = \begin{pmatrix} x^{(r)}(1) & x^{(r)}(2) & \cdots & x^{(r)}(n-1) \\ 1 & 1 & \cdots & 1 \end{pmatrix}^{\mathrm{T}}$$

则 FAGM(1, 1, D) 模型的最小二乘估计参数列满足

$$\hat{\beta} = \left(B^{\mathrm{T}} B\right)^{-1} B^{\mathrm{T}} Y \tag{3.6}$$

证明　将数据代入方程 (3.5) 得

$$x^{(r)}(2) = \beta_1 x^{(r)}(1) + \beta_2$$
$$x^{(r)}(3) = \beta_1 x^{(r)}(2) + \beta_2$$
$$\cdots\cdots$$
$$x^{(r)}(n) = \beta_1 x^{(r)}(n-1) + \beta_2$$

即 $Y = B\hat{\beta}$. 对于 β_1, β_2 的一对估计值, 以 $\beta_1 x^{(r)}(k-1) + \beta_2$ 代替式子左边的 $x^{(r)}(k)$ $(k = 2, 3, \cdots, n)$ 可得误差序列 $\varepsilon = Y - B\hat{\beta}$.

设

$$s = \varepsilon^{\mathrm{T}}\varepsilon = (Y - B\hat{\beta})^{\mathrm{T}}(Y - B\hat{\beta}) = \sum_{k=1}^{n-1} \left(x^{(r)}(k) - \beta_1 x^{(r)}(k-1) - \beta_2\right)^2$$

使 s 最小的 β_1, β_2 应满足

$$\begin{cases} \dfrac{\partial s}{\partial \beta_1} = -2\displaystyle\sum_{k=1}^{n-1} \left(x^{(r)}(k) - \beta_1 x^{(r)}(k-1) - \beta_2\right) \cdot x^{(r)}(k) = 0 \\ \dfrac{\partial s}{\partial \beta_2} = -2\displaystyle\sum_{k=1}^{n-1} \left(x^{(r)}(k) - \beta_1 x^{(r)}(k-1) - \beta_2\right) = 0 \end{cases}$$

即满足

$$\begin{cases} \displaystyle\sum_{k=1}^{n-1} \left(x^{(r)}(k) - \beta_1 x^{(r)}(k-1) - \beta_2\right) \cdot x^{(r)}(k) = 0 \\ \displaystyle\sum_{k=1}^{n-1} \left(x^{(r)}(k) - \beta_1 x^{(r)}(k-1) - \beta_2\right) \cdot 1 = 0 \end{cases}$$

写成矩阵形式即 $B^{\mathrm{T}}(Y - B\hat{\beta}) = 0$, 于是

$$B^{\mathrm{T}}B\hat{\beta} = B^{\mathrm{T}}Y$$

等式两边同乘以 $(B^{\mathrm{T}}B)^{-1}$ 可得

$$(B^{\mathrm{T}}B)^{-1}B^{\mathrm{T}}B\hat{\beta} = (B^{\mathrm{T}}B)^{-1}B^{\mathrm{T}}Y$$

所以

$$\hat{\beta} = \left(B^{\mathrm{T}}B\right)^{-1}B^{\mathrm{T}}Y$$

定理 3.4   设 $B, Y, \hat{\beta}$ 如定理 3.3 所述, $\hat{\beta} = (\beta_1, \beta_2) = \left(B^{\mathrm{T}}B\right)^{-1}B^{\mathrm{T}}Y$, 取 $x^{(r)} = x^{(0)}(1)$, 则递推函数为

$$\hat{x}^{(r)}(k) = \beta_1^{k-1}x^{(0)}(1) + \frac{1 - \beta_1^{k-1}}{1 - \beta_1} \cdot \beta_2, \quad k = 2, 3, \cdots, n$$

或

$$\hat{x}^{(r)}(k) = \beta_1^{k-1}\left(x^{(0)}(1) - \frac{\beta_2}{1 - \beta_1}\right) + \frac{\beta_2}{1 - \beta_1}$$

证明 将求得的 β_1, β_2 代入离散形式, 则

$$\hat{x}^{(r)}(k) = \beta_1 \hat{x}^{(r)}(k-1) + \beta_2 = \beta_1[\beta_1 x^{(r)}(k-2) + \beta_2] + \beta_2$$

$$= \cdots = \beta_1^{k-1} \hat{x}^{(r)}(1) + (\beta_1^{k-2} + \beta_1^{k-3} + \cdots + \beta_1 + 1)$$

取 $x^{(r)} = x^{(0)}(1)$, 则

$$\hat{x}^{(r)}(k) = \beta_1^{k-1} x^{(0)}(1) + \frac{1 - \beta_1^{k-1}}{1 - \beta_1} \cdot \beta_2$$

即

$$\hat{x}^{(r)}(k) = \beta_1^{k-1} \left(x^{(0)}(1) - \frac{\beta_2}{1 - \beta_1} \right) + \frac{\beta_2}{1 - \beta_1} \tag{3.7}$$

所以 FAGM$(1, 1, D)$ 的预测解为 (3.7). 同样结合 (3.3) 可以得到模型的还原值为

$$\hat{x}^{(0)} = A^{-r} \hat{x}^{(r)}$$

3.2.2 分数阶累加 GM$(1, 1)$ 与分数阶累加离散 GM$(1, 1)$ 误差分析

由于 FAGM$(1, 1)$ 的参数 a, b 满足 (3.5), 即

$$x^{(r)}(k) - x^{(r)}(k-1) + 0.5a\left(x^{(r)}(k) + x^{(r)}(k-1)\right) = b$$

于是

$$x^{(r)}(k) = \frac{1 - 0.5a}{1 + 0.5a} x^{(r)}(k-1) + \frac{b}{1 + 0.5a} \tag{3.8}$$

于是 FAGM$(1, 1)$ 与 FAGM$(1, 1, D)$ 之间参数关系满足

$$\beta_1 = \frac{1 - 0.5a}{1 + 0.5a} = \frac{2 - a}{2 + a}, \quad \beta_2 = \frac{b}{1 + 0.5a}$$

或

$$a = \frac{2 - 2\beta_1}{1 + \beta_1}, \quad b = \frac{\beta_2(1 + \beta_1)}{2} \tag{3.9}$$

于是 FAGM$(1, 1, D)$ 可化为

$$\hat{x}^{(r)}(k) = \left(\frac{2 - a}{2 + a} \right)^{k-1} \left(x^{(0)}(1) - \frac{b}{a} \right) + \frac{b}{a} \tag{3.10}$$

由于模型 FAGM$(1, 1)$ 和 FAGM$(1, 1, D)$ 的还原形式都是式 (3.3), 当模型的阶数 r 确定时, A^r 为常数矩阵, 所以要分析两个模型之间的误差, 只需比较式

(3.2) 和式 (3.10) 之间的误差. 观察式 (3.2) 和式 (3.10), 当模型的参数估计完成时, 模型中初始值 $x^{(0)}(1)$, 发展系数 a 以及背景值 b 都是常数. 所以两个模型都化为形如

$$x^{(r)}(t) = AF(t) + B \tag{3.11}$$

其中 A, B 为常数, 称 $F(t)$ 为时间 t 的函数.

令 $g = e^{-a}$, $f = \dfrac{2-a}{2+a}$, 其中 $a \in (-2, 2)$. 对式 (3.2) 和式 (3.10) 按式 (3.11) 分解如下

$$\hat{x}^{(r)}(k) = \left(x^{(0)}(1) - \frac{b}{a}\right)g^{k-1} + \frac{b}{a} \tag{3.12}$$

$$\hat{x}^{(r)}(k) = \left(x^{(0)}(1) - \frac{b}{a}\right)f^{k-1} + \frac{b}{a} \tag{3.13}$$

比较式 (3.12) 和式 (3.13), 显然模型解的误差主要由于时间项因子的不同.

令 $h(a) = f/g = \left(\dfrac{2-a}{2+a}\right)e^a$, 则有如下定理成立.

定理 3.5 对于常数 $p > 0$, 若函数 f, g 定义如上, 则当 $a > 0$ 时, 有 $f^p < g^p$; 当 $a > 0$ 时, 有 $f^p > g^p$.

证明 令 $q(a) = \ln(f) - \ln(g)$, 化简后 $q(a) = \ln(1-a) - \ln(1+a) + 2a$, 于是

$$\frac{dq}{da} = 2 - \frac{1}{1-a} - \frac{1}{1+a} = -\frac{2a^2}{1-a^2} < 0$$

所以 $q(a)$ 在定义域内单调衰减. 又易得 $q(0) = 0$, 于是

当 $a > 0$ 时, $q(a) < 0$, 即 $\ln(f) < \ln(g)$, 于是 $f < g$, 所以 $f^p < g^p$;

当 $a < 0$ 时, $q(a) > 0$, 即 $\ln(f) > \ln(g)$, 于是 $f > g$, 所以 $f^p > g^p$.

定理 3.5 表明, 当发展系数 a 小于 0 时, 使用 FAGM(1, 1) 模型代替 FAGM(1, 1, D) 模型, 将会使模型的时间项预测值偏高; 当发展系数 a 大于 0 时, 使用 FAGM(1, 1) 模型代替 FAGM(1, 1, D) 模型, 将会使模型的时间项预测值偏低.

定理 3.6 $h(a)$ 在 $a \in (-2, 2)$ 上单调衰减, $h^{-1}(a)$ 在 $(0, +\infty)$ 上单调衰减.

证明 由于 $h'(a) = -e^a\left(\dfrac{a}{2+a}\right)^2 \leqslant 0$, 所以 $h(a)$ 在 $(-2, 2)$ 上单调衰减, 所以 $h(a) \in (0, +\infty)$, 所以 $h^{-1}(a)$ 在 $(0, +\infty)$ 上单调衰减. 定理 3.6 显然成立.

定理 3.7 对于实数 a_1, a_2, m $(0 \leqslant m < 1)$, 其中

$$\begin{cases} h(a_1) = 1 + m \\ h(a_2) = 1 - m \end{cases} \tag{3.14}$$

若 $a \in [a_1,\, a_2]$, 则 $\left| \dfrac{g-f}{g} \right| \leqslant m$.

证明 根据定理 3.6, 易得 a_1, a_2 存在且唯一, 且

$$a_1 = h^{-1}(1+m) < h^{-1}(1-m) = a_2$$

若 $a \in [a_1,\, a_2]$, 则 $1-m \leqslant h(a) \leqslant 1+m$, 即

$$1-m \leqslant \frac{f}{g} \leqslant 1+m, \quad \left| \frac{f}{g}-1 \right| \leqslant m, \quad \left| \frac{f-g}{g} \right| \leqslant m \qquad (3.15)$$

定理 3.7 得证.

通常称方程组 (3.14) 中的 m 为 FAGM(1, 1) 模型预测值与 FAGM$(1,1,D)$ 模型预测值的单次相对误差上界. 当这个误差上界确定时, 根据定理 3.7, 可知 a_1, a_2 存在且唯一, 对于任意落在区间 $[a_1,\, a_2]$ 上的发展系数 a, 两个模型之间一次预测值的相对误差不会超过 m. 当 m 确定时, 方程组 (3.14) 关于 a_1, a_2 是一组典型的超越方程, 难以采用传统方法进行求解. 针对不同的 m 值, 结合二分法进行数值求解, 并精确到 0.0001 位, 最终可以得到表 3.3.

表 3.3　不同误差下的区间临界值

m	0	2.5%	5%	7.5%	10%	15%	20%
a_1	0	-0.6520	-0.8077	-0.9113	-0.9900	-1.1069	-1.1929
a_2	0	0.6572	0.8204	0.9322	1.0197	1.1552	1.2605

表 3.3 中数据为单次预测时间项间误差提供标准, 根据实际模型的发展系数取值, 就可判别时间项间误差. 例如当模型发展系数为 0.5 时, 由于 $-0.6520 < 0.5 < 0.6572$, 所以单次预测时间项的误差在 2.5% 以内; 又如当发展系数取值为 0.9 时, 由于 $0.9 > 0.8204$, 所以误差大于 5%, 而 $0.9 < 0.9322$, 所以模型误差小于 7.5%, 综上所述当发展系数取值为 0.9 时, 模型误差在 5% 至 7.5% 之间.

由表 3.3 可进一步绘制图 3.1 如下.

图 3.1 中下方曲线 a_1 表示发展系数取值下界, 上方曲线 a_2 表示发展系数取值上界. 观察图 3.1 可发现, 发展系数可容下界 a_1 随可容误差的扩大而单调下降, 发展系数可容上界 a_2 随可容误差的扩大而单调上升. 总体说来是随可容误差的扩大, 发展系数可容区逐步增大, 并趋近 $[-2, 2]$.

通过观察表 3.3 以及图 3.1, 可以发现, 当发展系数的绝对值越接近 2 时, FAGM(1, 1) 模型预测值与 FAGM$(1,1,D)$ 模型时间项预测值的相对误差误差也越大, 即发展系数的绝对值越大, 两类模型解间的时间项相对误差也越大.

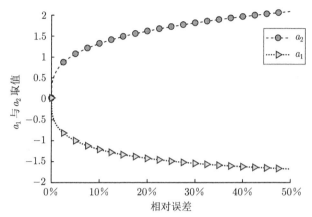

图 3.1　单次时间项预测误差确定时发展系数上下界取值

同时表 3.3 的结果为实际建模中, 单次预测提供参考. 例如在实际背景中若要求单次预测的时间项相对误差不超过 2.5%, 则模型发展系数在区间 $[-0.6520, 0.6572]$, 此时可利用 FAGM$(1, 1)$ 模型时间预测项代替 FAGM$(1, 1, D)$ 模型的时间预测项.

定理 3.7 表明了单次预测时, FAGM$(1, 1)$ 模型预测值与 FAGM$(1, 1, D)$ 模型时间项预测值的相对误差与发展系数的关系. 而实际问题的预测往往是长期的, 这就必须考虑模型的累计误差. 现在考虑原始序列的长度为 n, 若考虑累计时间项相对误差上界 M, 则有

$$M \geqslant \left| \frac{\hat{x}_w(n) - \hat{x}_D(n)}{\hat{x}_D(n)} \right| = \left| h^{n-1}(a) - 1 \right|$$

结合定理 3.6, $h(a)$ 是单调衰减函数, 于是得到区间临界值 a_1^*, a_2^* 满足

$$\begin{cases} h(a_1^*) = \sqrt[n-1]{1 + M} \\ h(a_2^*) = \sqrt[n-1]{1 - M} \end{cases}$$

对于这一组超越方程, 采用二分法进行求解. 若累计相对误差为 5%, 对于不同的原始序列长度 n, 区间临界值 a_1^*, a_2^* 如表 3.4 所示.

表 3.4　相对误差 5% 下不同序列长度下的区间临界值

n	5	6	7	8	9	10	11	12
a_1^*	−0.6495	−0.5704	−0.5197	−0.4834	−0.4555	−0.4332	−0.4146	−0.3989
a_2^*	0.6599	0.5796	0.5282	0.4913	0.4630	0.4403	0.4215	0.4055
δ	0.6495	0.5704	0.5197	0.4834	0.4555	0.4332	0.4146	0.3989

观察表 3.4 中计算出的区间, 可以发现最终求得的区间基本上都是关于 0 点对称的, 可以近似记为 $(0, \delta)$, 其中 $\delta = \min(|a_1^*|, |a_2^*|)$, 将 δ 数据列入表 3.4 中.

通过观察表 3.4, 可以发现, 对于原始序列长度 n 越长, 对应的 δ 越小, 即说明, 为保证两个模型的相对误差稳定, 可允许发展系数区间越窄, 越向 0 点收缩.

再结合表 3.4, 进一步考虑误差需求, 最终可以绘制图 3.2.

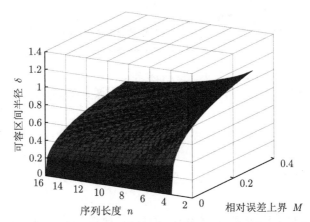

图 3.2　时间项因子误差上界与可容半径及序列长度关系

观察图 3.2 和表 3.4 可以发现模型解的时间项预测值的累计相对误差一方面随序列长度的增加而增大, 另一方面随发展系数以 0 点为圆心的可容半径的增大而增大.

同时表 3.4 的结果在实际建模中, 为累计预测提供参考. 例如, 若原始序列长度为 10, 要求单次预测的时间项相对误差不超过 5%, 则当模型发展系数在区间 $[-0.4146, 0.4215]$ 时, 可利用 FAGM(1, 1) 模型时间预测项代替 FAGM(1, 1, D) 模型的时间预测项.

3.2.3　分数阶累加离散灰色模型应用

例 3.2　船舶装备物联网移动信息长距离传输能耗预测

船舶物联网是利用先进的网络将各种装备的信息数据集中在一起. 船舶装备物联网移动信息在输送时会产生大量的能耗, 预测其消耗能量对于船舶正常航行有重要意义. 在不同的时间下船舶装备物联网移动信息长距离传输能耗量不同, 记录相同距离下, 不同时间内船舶信息传输能耗数据, 如表 3.5 所示[①].

---

① 表中数据来源于文献: 赵芳云, 张明富, 顾嘉南. 船舶装备物联网移动信息长距离传输能耗预测方法. 舰船科学技术, 2018, 40(14): 76-78.

表 3.5 同等距离下不同时间内船舶装备物联网信号传输能耗

时间/min	0	5	10	15	20
能耗/J	2013	7833	9808	9375	10378
时间/min	25	30	35	40	45
能耗/J	10766	11089	12771	13434	13918

原始序列: $x^{(0)} = (2013, 7833, 9808, \cdots, 13918)^{\mathrm{T}}$.

(1) 级比检验.

计算数据级比序列如下

$$\sigma^{(0)} = (0.2570, 0.7987, 1.0462, 0.9034, 0.9640, 0.9709, 0.8683, 0.9506, 0.9652)^{\mathrm{T}}$$

数据级比可容区为 $(0.8338, 1.1994)$, 经检验部分数据不满足级比检验, 因此不能构建满意的 $GM(1,1)$ 模型. 下面选择构建 $FAGM(1,1,D)$ 模型.

(2) 确定累加生成矩阵阶数.

针对模型中 r 的优化计算, 建立优化模型如下

$$\min \mathrm{MAPE}(r) = \frac{1}{n} \sum_{k=1}^{n} \frac{\left| x^{(0)}(k) - \hat{x}^{(0)}(k) \right|}{x^{(0)}(k)}$$

针对该模型, 本节采用粒子群算法对该模型进行求解, 搜索得到最优阶数为 $r = \dfrac{1088}{1177}$, 于是, 构造 $r = \dfrac{1088}{1177}$ 阶累加生成算子

$$A^{\frac{1088}{1177}} = \begin{pmatrix} 1 & 0 & 0 & \cdots & 0 \\ \dfrac{1088}{1177} & 1 & 0 & \cdots & 0 \\ \dfrac{362}{407} & \dfrac{1088}{1177} & 1 & \cdots & 0 \\ \vdots & \vdots & \vdots & & \vdots \\ \dfrac{1597}{1987} & \dfrac{1108}{1367} & \dfrac{860}{1051} & \cdots & 1 \end{pmatrix}$$

(3) 构造数据矩阵 B 及数据向量 Y:

$$B = \begin{pmatrix} 2013 & 9694 & 18839 & 27154 & 36271 & 45551 & 54970 & 65913 & 77273 \\ 1 & 1 & 1 & 1 & 1 & 1 & 1 & 1 & 1 \end{pmatrix}^{\mathrm{T}}$$

$$Y = (9694, 18839, 27154, 36271, 45551, 54970, 65913, 77273, 88909)^{\mathrm{T}}$$

(4) 计算参数 $\hat{\beta} = (\beta_1, \beta_2)^{\mathrm{T}}$.

$$\hat{\beta} = \left(B^{\mathrm{T}}B\right)^{-1} B^{\mathrm{T}}Y = \begin{pmatrix} 1.0501 \\ 7774 \end{pmatrix}$$

(5) 建立模型.

$$x^{\left(\frac{1088}{1177}\right)}(k) = 1.0501 x^{\left(\frac{1088}{1177}\right)}(k-1) + 7747$$

(6) 计算模型预测值及还原值.

求解上述方程为 $\hat{x}^{\left(\frac{1088}{1177}\right)}(k) = 1.0501^{k-1} x^{(0)}(1) - 155080\left(1 - 1.0501^{k-1}\right)$, 计算模型预测值满足

$$\hat{x}^{(r)} = (2013, 9888, 18158, 26843, 35962, 45540, 55597, 66158, 77249, 88896)^{\mathrm{T}}$$

计算模型还原值如下

$$\hat{x}^{(0)} = A^{\left(-\frac{1088}{1177}\right)} \hat{x}^{\left(\frac{1088}{1177}\right)} = (2013, 9888, 18158, \cdots, 88896)^{\mathrm{T}}$$

(7) 模型检验.

结果如表 3.6 所示.

表 3.6　船舶装备物联网信号传输能耗预测

时间	实际值	预测值	残差	相对误差	精度
0	2013	—	—	—	—
5	7833	8027	−194	2.48%	97.52%
10	9808	8947	861	8.78%	91.22%
15	9375	9687	−312	3.33%	96.67%
20	10378	10378	0	0%	100%
25	10766	11058	−292	2.71%	97.29%
30	11089	11744	−655	5.91%	94.09%
35	12771	12445	326	2.55%	97.45%
40	13434	13167	267	1.99%	98.01%
45	13918	13913	5	0.04%	99.96%
MAPE				3.09%	
后检验差比值				0.0826	
小误差概率				1	
灰色关联度				0.9925	

经检验, 该模型不需要修正, 可以直接用以预测. 同时发现 FAGM $(1,1,D)$ 模型能够很好地拟合船舶装备物联网信号传输能耗时间函数, 对该背景数据做很好的预测.

3.2.4 分数阶累加 GM(1, 1) 模型与分数阶累加离散灰色模型应用比较

下面以岳华路/远大路交通路段 2015 年 9 月 24 日 7:00—7:45 实际交通流量数据, 建立 GM(1, 1) 模型与两种分数阶累加灰色模型, 详细结果如表 3.7 所示, 其中 APE 表示绝对误差百分比.

表 3.7 分数阶累加灰色模型预测结果对比

时间	真实值	GM(1, 1)		FAGM(1, 1)		FAGM(1, 1, D)	
		拟合值	APE	拟合值	APE	拟合值	APE
7:00	112	112	—	112	—	112	—
7:05	143	141	1.40%	143	0.00%	143	0.00%
7:10	156	152	2.56%	152	2.56%	153	1.92%
7:15	175	164	6.29%	164	6.29%	164	6.29%
7:20	166	177	6.63%	177	6.63%	177	6.63%
7:25	185	191	3.24%	191	3.24%	191	3.24%
7:30	219	207	5.48%	206	5.94%	206	5.94%
7:35	201	223	10.95%	223	10.95%	223	10.95%
7:40	220	241	9.55%	241	9.55%	241	9.55%
7:45	284	260	8.45%	260	8.45%	260	8.45%
MAPE		6.06%		5.96%		5.89%	
r		1		1.0240		1.0240	
a		−0.0763		−0.0796		−0.0796	

根据表 3.7 中所示结果, 可绘制结果如图 3.3 所示. 观察表 3.7 与图 3.3 预测结果, 可以发现: 三种灰色模型对于该路段该时段的交通流预测精度都较高, 且预测结果相似 (图 3.3 中, 三条预测曲线基本重合). 分数阶累加灰色模型相对于传统的灰色模型, 误差有所下降. 表明分数阶累加生成有利于提升数据指数律, 使之满足 GM(1, 1) 建模需求.

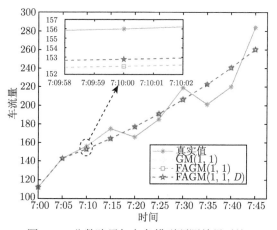

图 3.3 分数阶累加灰色模型预测结果对比

对比两种分数阶累加灰色模型, 由于两个模型估计出来的发展系数为 -0.0796, 在区间 $[-0.4146, 0.4215]$ 内, 所以两个模型可以相互替代. 实际建模结果也表明, 两种模型的预测结果基本接近, 与上文推导一致.

以交通流实测数据出发, 基于交通流与其积累量相关关系, 构建可用于交通流预测的积分方程模型, 并将其转换为适合交通流小样本数据的 GM(1, 1) 模型, 分析了 GM(1, 1) 模型可用于交通流预测的合理性. 考虑传统灰色模型对数据的级比限制, 提出采用分数阶累加生成技术, 提升数据指数律, 构造 FAGM(1, 1) 模型, 并讨论了 FAGM(1, 1) 模型的级比可容区. 考虑到 FAGM(1, 1) 模型参数估计与模型预测间的跳跃, 提出了改进的 FAGM(1, 1, D) 模型, 并从理论上讨论了在实际预测中两种模型的可替代性.

3.3　分数阶导数灰色模型

3.3.1　分数阶导数灰色模型的建立

设原始数据序列 $x^{(0)} = \left(x^{(0)}(1), x^{(0)}(2), \cdots, x^{(0)}(n)\right)^{\mathrm{T}}$, 称 $x^{(r)}$ 为原始序列的 r 阶累加生成序列, 其中 $x^{(r)} = \left(x^{(r)}(1), x^{(r)}(2), \cdots, x^{(r)}(n)\right)^{\mathrm{T}}$ 满足 $x^{(r)} = A^r x^{(0)}$; 称 $z^{(r)} = \left(z^{(r)}(2), z^{(r)}(3), \cdots, z^{(r)}(n)\right)^{\mathrm{T}}$ 为 r 阶累加生成序列的均值生成序列, 其中 $z^{(r)}(k) = 0.5 x^{(r)}(k-1) + 0.5 x^{(r)}(k)$, 则分数阶导数灰色模型 (简记 FGM($q$,1)) 定义如下:

定义 3.4　称微分方程

$$\frac{d^q x^{(r)}}{dt^q} + a x^{(r)} = b \tag{3.16}$$

为 FGM(q,1) 模型白化式.

特别地,

(1) 当 $q = 1$ 时, 公式 (3.16) 即为 FAGM(1, 1) 模型的白化形式;

(2) 当 $q = 2$, $r = 1$ 时, 公式 (3.16) 即为 GM(2, 1) 模型白化形式.

对于可导函数 $x(t)$, 差分是微分的近似运算, 差商是导数的近似运算, 即当步长 h 较小时, $x_k' = \dfrac{x_k - x_{k-1}}{h}$, 其中 $x_k = x(kh)$.

定理 3.8　当 $h \to 0$ 时, n 阶可导函数 $x(t)$ 在 $t = kh$ 处的 q 阶导数 $x_k^{(-q)}$ 满足

$$x_k^{(-q)} = \frac{1}{h^q} \sum_{i=1}^{k} \binom{-q}{k-i} x_i \tag{3.17}$$

证明 (1) 当 $q=1$ 时, 显然当 $i=1,2,\cdots,k-2$ 时, 都有 $\begin{pmatrix} -q \\ k-i \end{pmatrix}=0$, 所以

$$\frac{1}{h^q}\sum_{i=1}^{k}\begin{pmatrix} -q \\ k-i \end{pmatrix}x_i = \frac{x_k-x_{k-1}}{h} = x_k^{(-1)}$$

式 (3.17) 显然成立.

(2) 假设当 $q=m(m\geqslant 1)$ 时上式成立, 则当 $q=m+1$ 时,

$$
\begin{aligned}
x_k^{(-m-1)} &= \frac{x_k^{(-m)}-x_{k-1}^{(-m)}}{h}\\
&=\frac{1}{h^{m+1}}\left(\sum_{i=1}^{k}(-1)^{k-i}\begin{pmatrix} m-k+i+1 \\ k-i \end{pmatrix}x_i\right.\\
&\qquad\left.-\sum_{i=1}^{k-1}(-1)^{k-1-i}\begin{pmatrix} m-k+i+2 \\ k-i-1 \end{pmatrix}x_i\right)\\
&=\frac{1}{h^{m+1}}\left(\sum_{i=1}^{k-1}(-1)^{k-i}\left(\begin{pmatrix} m-k+i+1 \\ k-i \end{pmatrix}\right.\right.\\
&\qquad\left.\left.+\begin{pmatrix} m-k+i+2 \\ k-i-1 \end{pmatrix}\right)x_i+x_k\right)
\end{aligned}
$$

于是

$$
\begin{aligned}
x_k^{(-m-1)} &= \frac{1}{h^{m+1}}\left(\sum_{i=1}^{k-1}(-1)^{k-i}\begin{pmatrix} m+1-k+i+1 \\ k-i \end{pmatrix}x_i\right.\\
&\qquad\left.+\begin{pmatrix} m+1-k+k+1 \\ k-k \end{pmatrix}x_k\right)\\
&=\frac{1}{h^{m+1}}\left(\sum_{i=1}^{k}(-1)^{k-i}\begin{pmatrix} m+1-k+i+1 \\ k-i \end{pmatrix}x_i\right)
\end{aligned}
$$

即当 $q=m+1$ 时, 上式成立.

综上所述, 对于一切 $q\in N^+$, 都有式 (3.17) 成立.

将 q 由正整数推广到有理数, 于是有

$$\left.\frac{d^q x^{(r)}}{dt^q}\right|_{t=kh} \approx \frac{1}{h^q}\sum_{i=1}^{k}\begin{pmatrix} -q \\ k-i \end{pmatrix}x_i^{(r)} \tag{3.18}$$

定理 3.8 表明序列 $x^{(r)}$ 的 q 阶微分序列, 可近似记为

$$\frac{d^q x^{(r)}}{dt^q} = \frac{1}{h^q} x^{(r-q)} = \frac{1}{h^q} A^{-q} x^{(r)} \tag{3.19}$$

结合定积分原理, 则在区间 $[(k-1)h,\ kh]$ 上对 $\dfrac{d^q x^{(r)}}{dt^q}$ 进行 q 次定积分, 可得

$$\int\int\cdots\int_{(k-1)h}^{kh} \frac{d^q x}{dt^q} dt^q = \sum_{i=1}^{k} \begin{pmatrix} -q \\ k-i \end{pmatrix} x_i^{(r)}$$

若已知两端点 $x^{(r)}((k-1)h)$ 及 $x^{(r)}(kh)$, 则对函数 $x^{(r)}(t)$ 在区间 $[(k-1)h, kh]$ 上关于 t 进行 q 次积分, 可得

$$\int\int\cdots\int_{(k-1)h}^{kh} x^{(r)}(t) dt^q \approx \frac{h^q}{2}\left(x((k-1)h) + x(kh)\right) \tag{3.20}$$

当 $q=1$ 时, 公式 (3.20) 实际上就是梯形积分公式. 所以式 (3.20) 可看作是梯形公式的一个推广, 这里称为 q 阶拟梯形积分公式.

定义 3.5 若

$$x^{(r-q)}(k) + az^{(r)}(k) = b \tag{3.21}$$

其中 $x^{(r-q)} = A^{-q} x^{(r)}$, 则称 (3.21) 为 FGM$(q,1)$ 模型定义式, 这里 $k=1,2,\cdots,n$.

定理 3.9 分数阶微分方程 (3.16) 的差分格式为 (3.21).

证明 对方程 (3.16) 等式两边同时在区间 $[k-1,k]$ 上关于 t 进行 q 次积分, 可得

$$\int\int\cdots\int_{k-1}^{k} \frac{d^q x^{(r)}}{dt^q} dt^q + a\int\int\cdots\int_{k-1}^{k} x^{(r)}(t) dt^q = b\int\int\cdots\int_{k-1}^{k} dt^q$$

结合式 (3.19), (3.20), 定积分概念的推广, 于是得到

$$x^{(r-q)}(k) + az^{(r)}(k) = b$$

定理 3.9 表明方程 (3.21) 为方程 (3.16) 的差分格式, 这样对于方程 (3.16) 可近似等价于 (3.21). 于是可通过 (3.21) 完成 (3.16) 参数估计及模型求解. 对于模型参数估计, 有如下定理成立.

定理 3.10 设 $x^{(r)} = \left(x^{(r)}(1), x^{(r)}(2), \cdots, x^{(r)}(n)\right)$, $z^{(r)}$ 为其均值生成序列, 其 q 阶累减生成序列为 $x^{(r-q)} = \left(x^{(r-q)}(1), x^{(r-q)}(2), \cdots, x^{(r-q)}(n)\right)^{\mathrm{T}}$, 其中

$x^{(r-q)} = A^{-q}x^{(r)}$. 若 $\hat{P} = \begin{pmatrix} a \\ b \end{pmatrix}$ 为参数列且

$$Y = \begin{pmatrix} x^{(r-q)}(2) \\ x^{(r-q)}(3) \\ \vdots \\ x^{(r-q)}(n) \end{pmatrix}, \quad B = \begin{pmatrix} -z^{(r)}(2) & 1 \\ -z^{(r)}(3) & 1 \\ \vdots & \vdots \\ -z^{(r)}(n) & 1 \end{pmatrix}$$

则模型 $x^{(r-q)}(k) = -az^{(r)}(k) + b$ 模型的最小二乘估计参数列满足

$$\hat{P} = \left(B^{\mathrm{T}}B\right)^{-1} B^{\mathrm{T}} Y \tag{3.22}$$

证明   将数据代入方程 $x^{(r-q)}(k) = -az^{(r)}(k) + b$ 得

$$x^{(r-q)}(2) = -az^{(r)}(2) + b$$
$$x^{(r-q)}(3) = -az^{(r)}(3) + b$$
$$\cdots\cdots$$
$$x^{(r-q)}(n) = -az^{(r)}(n) + b$$

即 $Y = B\hat{P}$. 对于 a, b 的一对估计值, 以 $-az^{(r)}(k) + b$ 代替式子左边的 $x^{(r-q)}(k)$ $(k = 2, 3, \cdots, n)$ 可得误差序列 $\varepsilon = Y - B\hat{P}$. 设

$$s = \varepsilon^{\mathrm{T}}\varepsilon = (Y - B\hat{P})^{\mathrm{T}}(Y - B\hat{P}) = \sum_{k=2}^{n} \left(x^{(r-q)}(k) + az^{(r)}(k) - b\right)^2$$

使 s 最小的 a, b 应满足

$$\begin{cases} \dfrac{\partial s}{\partial a} = 2\sum_{k=2}^{n} \left(x^{(r-q)}(k) + az^{(r)}(k) - b\right) z^{(r)}(k) = 0 \\ \dfrac{\partial s}{\partial b} = -2\sum_{k=2}^{n} \left(x^{(r-q)}(k) + az^{(r)}(k) - b\right) = 0 \end{cases}$$

即满足

$$\begin{cases} -\sum_{k=2}^{n} \left(x^{(r-q)}(k) + az^{(r)}(k) - b\right) z^{(r)}(k) = 0 \\ \sum_{k=2}^{n} \left(x^{(r-q)}(k) + az^{(r)}(k) - b\right) \cdot 1 = 0 \end{cases}$$

写成矩阵形式即 $B^{\mathrm{T}}(Y - B\hat{P}) = 0$, 于是

$$B^{\mathrm{T}}B\hat{P} = B^{\mathrm{T}}Y$$

等式两边同时乘以 $\left(B^{\mathrm{T}}B\right)^{-1}$, 可得

$$(B^{\mathrm{T}}B)^{-1}B^{\mathrm{T}}B\hat{P} = (B^{\mathrm{T}}B)^{-1}B^{\mathrm{T}}Y$$

所以

$$\hat{P} = \left(B^{\mathrm{T}}B\right)^{-1}B^{\mathrm{T}}Y \tag{3.23}$$

定理 3.11　对于如 (3.21) 所示差分方程, 若给定初值点 $x^{(r)}(1)$ 满足 $x^{(r)}(1) = x^{(0)}(1)$, 关于序列 $x^{(1)}$ 的数值解满足

$$\hat{x}^{(r)}(k) = \frac{2b - 2\sum_{i=1}^{k-1}\begin{pmatrix} -q \\ k-i \end{pmatrix}x^{(r)}(i) - ax^{(r)}(k-1)}{a + 2}, \quad k = 2, 3, \cdots, n \tag{3.24}$$

证明　由于 $x^{(r-q)} = A^{-q}x^{(r)}$, 于是有

$$x^{(r-q)}(k) = \sum_{i=1}^{k}\begin{pmatrix} -q \\ k-i \end{pmatrix}x^{(r)}(i) = x^{(r)}(k) + \sum_{i=1}^{k-1}\begin{pmatrix} -q \\ k-i \end{pmatrix}x^{(r)}(i)$$

又

$$z^{(r)}(k) = \frac{1}{2}\left(x^{(r)}(k) + x^{(r)}(k-1)\right)$$

于是 (3.21) 即可写为

$$x^{(r)}(k) + \sum_{i=1}^{k-1}\begin{pmatrix} -q \\ k-i \end{pmatrix}x^{(r)}(i) + \frac{a}{2}\left(x^{(r)}(k) + x^{(r)}(k-1)\right) = b$$

可得

$$\left(\frac{a}{2} + 1\right)x^{(r)}(k) = b - \sum_{i=1}^{k-1}\begin{pmatrix} -q \\ k-i \end{pmatrix}x^{(r)}(i) - \frac{a}{2}x^{(r)}(k-1)$$

$$x^{(r)}(k) = \frac{b - \sum_{i=1}^{k-1}\begin{pmatrix} -q \\ k-i \end{pmatrix}x^{(r)}(i) - \frac{a}{2}x^{(r)}(k-1)}{1 + \frac{a}{2}}$$

即可得 (3.24) 式, 定理 3.11 得证.

定理 3.11 为方程 (3.21) 提供了数值解. 若 $q = 1$ 且 $r = 1$, 则 (3.24) 式可转换为

$$x^{(1)}(k) = \frac{2b + 2x^{(1)}(k-1) - ax^{(1)}(k-1)}{a+2} \tag{3.25}$$

若取

$$\beta_1 = \frac{1 - 0.5a}{1 + 0.5a} = \frac{2 - a}{2 + a}, \quad \beta_2 = \frac{b}{1 + 0.5a} = \frac{2b}{2+a}$$

则 (3.25) 式进一步可转化为

$$x^{(1)}(k) = \beta_1 x^{(1)}(k-1) + \beta_2 \tag{3.26}$$

可以发现, (3.26) 即为离散 GM(1, 1) 模型 (DGM(1, 1) 模型), 即 DGM(1, 1) 模型可看作 FGM(q, 1) 模型的一种特殊形式.

Caputo 型分数阶导数灰色模型

$$_0^C D_t^p x^{(r)}(t) + ax^{(r)}(t) = b \tag{3.27}$$

式 (3.27) 为 Caputo 型分数阶灰色模型 (FGM(p, 1)) 模型的白化方程, 该方程属于分数阶线性微分方程, 可以利用 Laplace 变换法对其进行求解. 对白化方程 (3.27) 两边同时进行 Laplace 变换得

$$s^p F(s) - s^{p-1} x^{(r)}(0) + aF(s) = \frac{b}{s} \tag{3.28}$$

上式整理得: $F(s) = \dfrac{bs^{-1}}{s^p + a} + \dfrac{s^{p-1} x^{(r)}(0)}{s^p + a}$. 由 Laplace 逆变换得出

$$L^{-1}\left(\frac{s^{-1}}{s^p + a}; s\right) = t^p E_{p,p+1}(-at^p) = t^p \sum_{k=0}^{\infty} \frac{(-at^p)^k}{\Gamma(pk + p + 1)} \tag{3.29}$$

$$x^{(r)}(t) = x^{(r)}(0) \sum_{k=0}^{\infty} \frac{(-at^p)^k}{\Gamma(pk + 1)} + bt^p \sum_{k=0}^{\infty} \frac{(-at^p)^k}{\Gamma(pk + p + 1)} \tag{3.30}$$

令 $\hat{x}^{(r)}(1) = x^{(r)}(1)$ 得

$$x^{(r)}(1) = x^{(r)}(0) \sum_{k=0}^{\infty} \frac{(-a)^k}{\Gamma(pk + 1)} + b \sum_{k=0}^{\infty} \frac{(-a)^k}{\Gamma(pk + p + 1)} \tag{3.31}$$

解得

$$x^{(r)}(0) = \frac{x^{(r)}(1) - b\sum_{k=0}^{\infty} \dfrac{(-a)^k}{\Gamma(pk+p+1)}}{\sum_{k=0}^{\infty} \dfrac{(-a)^k}{\Gamma(pk+1)}} \tag{3.32}$$

将式 (3.32) 代入 (3.30) 得

$$x^{(r)}(k) = \left[\frac{x^{(r)}(1) - b\sum_{i=0}^{\infty} \dfrac{(-a)^i}{\Gamma(pi+p+1)}}{\sum_{k=0}^{\infty} \dfrac{(-a)^i}{\Gamma(pi+1)}}\right]\sum_{i=0}^{\infty}\frac{(-ak)^i}{\Gamma(pi+1)} + bk\sum_{k=0}^{\infty}\frac{(-ak^p)^i}{\Gamma(pi+p+1)} \tag{3.33}$$

故 FGM$(p,1)$ 模型的时间响应式为

$$x^{(r)}(k) = \left[\frac{x^{(r)}(1) - bQ_{k=1}}{G_{k=1}}\right]G + bk^pQ \tag{3.34}$$

其中

$$Q = \sum_{i=0}^{\infty}\frac{(-ak^p)^i}{\Gamma(pk+p+1)}, \quad G = \sum_{i=0}^{\infty}\frac{(-ak^p)^i}{\Gamma(pi+1)}$$

根据式 (3.24) 可得到 FGM$(q,1)$ 模型的预测值, 类似可得到模型的还原值

$$\hat{x}^{(0)} = A^{-r}\hat{x}^{(r)}$$

3.3.2　不同算子下的 FGM$(q, 1)$ 模型

若记 $X^* = \begin{pmatrix} x^{(r-q)}(2) \\ x^{(r-q)}(3) \\ \vdots \\ x^{(r-q)}(n) \end{pmatrix}$ 为累加数据差分矩阵, $B = \begin{pmatrix} -z^{(r)}(2) & 1 \\ -z^{(r)}(3) & 1 \\ \vdots & \vdots \\ -z^{(r)}(n) & 1 \end{pmatrix}$ 为

数据矩阵. 两者可作如下形式分解:

$$X^* = \begin{pmatrix} \binom{-q}{1} & \binom{-q}{0} & 0 & \cdots & 0 \\ \binom{-q}{2} & \binom{-q}{1} & \binom{-q}{0} & \cdots & 0 \\ \vdots & \vdots & \vdots & & \vdots \\ \binom{-q}{n-1} & \binom{-q}{n-2} & \binom{-q}{n-3} & \cdots & \binom{-q}{0} \end{pmatrix}$$

$$\times \begin{pmatrix} \binom{r}{0} & 0 & 0 & \cdots & 0 \\ \binom{r}{1} & \binom{r}{0} & 0 & \cdots & 0 \\ \vdots & \vdots & \vdots & & \vdots \\ \binom{r}{n-1} & \binom{r}{n-2} & \binom{r}{n-3} & \cdots & \binom{r}{0} \end{pmatrix} \begin{pmatrix} x^{(0)}(1) \\ x^{(0)}(2) \\ \vdots \\ x^{(0)}(n) \end{pmatrix}$$

$$= \begin{pmatrix} 0 & 1 & 0 & 0 & \cdots & 0 \\ 0 & 0 & 1 & 0 & \cdots & 0 \\ \vdots & \vdots & \vdots & \vdots & & \vdots \\ 0 & 0 & 0 & 0 & \cdots & 1 \end{pmatrix}$$

$$\times \begin{pmatrix} \binom{-q}{0} & 0 & 0 & \cdots & 0 \\ \binom{-q}{1} & \binom{-q}{0} & 0 & \cdots & 0 \\ \vdots & \vdots & \vdots & & \vdots \\ \binom{-q}{n-1} & \binom{-q}{n-2} & \binom{-q}{n-3} & \cdots & \binom{-q}{0} \end{pmatrix}$$

$$\times \begin{pmatrix} \begin{pmatrix} r \\ 0 \end{pmatrix} & 0 & 0 & \cdots & 0 \\ \begin{pmatrix} r \\ 1 \end{pmatrix} & \begin{pmatrix} r \\ 0 \end{pmatrix} & 0 & \cdots & 0 \\ \vdots & \vdots & \vdots & & \vdots \\ \begin{pmatrix} r \\ n-1 \end{pmatrix} & \begin{pmatrix} r \\ n-2 \end{pmatrix} & \begin{pmatrix} r \\ n-3 \end{pmatrix} & \cdots & \begin{pmatrix} r \\ 0 \end{pmatrix} \end{pmatrix} \begin{pmatrix} y^{(0)}(1)d \\ y^{(0)}(2)d \\ \vdots \\ y^{(0)}(n)d \end{pmatrix}$$

$$= QA^r X_N = E^* A^{-q} A^r X_N = E^* A^{r-q} X_N = E^* A^{r-q} Y_N d$$

$$B = \begin{pmatrix} -\alpha & -(1-\alpha) & 0 & \cdots & 0 \\ 0 & \alpha & -(1-\alpha) & \cdots & 0 \\ \vdots & \vdots & \vdots & & \vdots \\ 0 & 0 & 0 & \cdots & -(1-\alpha) \end{pmatrix}$$

$$\times \begin{pmatrix} \begin{pmatrix} r \\ 0 \end{pmatrix} & 0 & 0 & \cdots & 0 \\ \begin{pmatrix} r \\ 1 \end{pmatrix} & \begin{pmatrix} r \\ 0 \end{pmatrix} & 0 & \cdots & 0 \\ \vdots & \vdots & \vdots & & \vdots \\ \begin{pmatrix} r \\ n-1 \end{pmatrix} & \begin{pmatrix} r \\ n-2 \end{pmatrix} & \begin{pmatrix} r \\ n-3 \end{pmatrix} & \cdots & \begin{pmatrix} r \\ 0 \end{pmatrix} \end{pmatrix}$$

$$\times \begin{pmatrix} y^{(0)}(1)d & - \begin{pmatrix} 1-r \\ 0 \end{pmatrix} \\ y^{(0)}(2)d & - \begin{pmatrix} 1-r \\ 1 \end{pmatrix} \\ \vdots & \vdots \\ y^{(0)}(n)d & - \begin{pmatrix} 1-r \\ n-1 \end{pmatrix} \end{pmatrix}$$

$$= B_1 A^r M$$

其中

$$B_1 = \begin{pmatrix} -\alpha & -(1-\alpha) & 0 & \cdots & 0 \\ 0 & \alpha & -(1-\alpha) & \cdots & 0 \\ \vdots & \vdots & \vdots & & \vdots \\ 0 & 0 & 0 & \cdots & -(1-\alpha) \end{pmatrix}_{(n-1)\times n}$$

$$M = \begin{pmatrix} y^{(0)}(1)d & -\begin{pmatrix} 1-r \\ 0 \end{pmatrix} \\ y^{(0)}(2)d & -\begin{pmatrix} 1-r \\ 1 \end{pmatrix} \\ \vdots & \vdots \\ y^{(0)}(n)d & -\begin{pmatrix} 1-r \\ n-1 \end{pmatrix} \end{pmatrix}_{n\times 2}$$

$$Q = \begin{pmatrix} \begin{pmatrix} -q \\ 1 \end{pmatrix} & \begin{pmatrix} -q \\ 0 \end{pmatrix} & 0 & \cdots & 0 \\ \begin{pmatrix} -q \\ 2 \end{pmatrix} & \begin{pmatrix} -q \\ 1 \end{pmatrix} & \begin{pmatrix} -q \\ 0 \end{pmatrix} & \cdots & 0 \\ \vdots & \vdots & \vdots & & \vdots \\ \begin{pmatrix} -q \\ n-1 \end{pmatrix} & \begin{pmatrix} -q \\ n-2 \end{pmatrix} & \begin{pmatrix} -q \\ n-4 \end{pmatrix} & \cdots & \begin{pmatrix} -q \\ 0 \end{pmatrix} \end{pmatrix}_{(n-1)\times n}$$

由定理 3.8, 则有

$$(a,b)^{\mathrm{T}} = \left(B^{\mathrm{T}}B\right)^{-1} B^{\mathrm{T}} X^*$$

$$= \left((D\,(Y_N d, -e_1))^{\mathrm{T}} D\,(Y_N d, -e_1)\right)^{-1} (D\,(Y_N d, -e_1))^{\mathrm{T}} X^* \qquad (3.35)$$

其中 $X_N = \left(x^{(0)}(1), x^{(0)}(2), \cdots, x^{(0)}(n)\right)^{\mathrm{T}}$, $Y_N = \left(y^{(0)}(1), y^{(0)}(2), \cdots, y^{(0)}(n)\right)^{\mathrm{T}}$,

$e_1 = \left(\begin{pmatrix} 1-r \\ 0 \end{pmatrix}, \begin{pmatrix} 1-r \\ 1 \end{pmatrix}, \cdots, \begin{pmatrix} 1-r \\ n-1 \end{pmatrix}\right)^{\mathrm{T}}$, 且 $D = BA^r$.

根据本节上述关于参数矩阵的分解, 一方面提供了算子作用下模型参数的矩阵计算方法, 从而可由式 (3.22) 简化参数估计; 另一方面展示了模型的建模机制, 即数据矩阵 B 可分解为 B_1, A^r 和 M 三个矩阵, 其中 B_1 为紧邻均值生成矩阵, 代表背景值的选取方式; A^r 表示 r 次累加生成矩阵, 作用是弱化序列的随机性, 加强数据序列的可建模规律性, 从而能更好地采用分数阶灰微分方程进行拟合; M 表示原始数据矩阵, 是序列 $x^{(0)}$ 和累加生成阶数 r 决定的数据矩阵. X^* 也可分解为矩阵 Q, A^r 和 X_N 的乘积, Q 表示微分方程转换为差分方程的差分格式, 其由白化微分方程的阶数确定; Y_N 表示原始数据矩阵.

下面讨论三个常用算子作用下, 特殊序列的分数阶灰色模型的数据矩阵和累加生成差分矩阵的分解.

定理 3.12 (1) 当 $q = 1$, $r = 1$, $x^{(0)} = y^{(0)}d$, d 为恒等算子, $y^{(0)}$ 是原始数列, 即 $x^{(0)} = y^{(0)}$ 时, 分数阶模型 FGM$(q, 1)$ 为经典 GM$(1, 1)$ 模型, 且

$$
X^* = QA^rY_Nd = \begin{pmatrix} -1 & 1 & 0 & \cdots & 0 \\ 0 & -1 & 1 & \cdots & 0 \\ \vdots & \vdots & \vdots & & \vdots \\ 0 & 0 & 0 & \cdots & 1 \end{pmatrix} \cdot \begin{pmatrix} 1 & 0 & 0 & \cdots & 0 \\ 1 & 1 & 0 & \cdots & 0 \\ 1 & 1 & 1 & \cdots & 0 \\ \vdots & \vdots & \vdots & & \vdots \\ 1 & 1 & 1 & \cdots & 1 \end{pmatrix} \begin{pmatrix} y^{(0)}(1) \\ y^{(0)}(2) \\ \vdots \\ y^{(0)}(n) \end{pmatrix}
$$

(2) 当 $q \in R$, r 为有理数, $x^{(0)} = y^{(0)}d$, d 为强化算子时, 分数阶模型 FGM$(q, 1)$ 为强化算子分数阶模型, 且强化 GM$(1, 1)$ 模型是其在 $r = 1, q = 1$ 时的特殊情形. 此时

$$
X^* = \begin{pmatrix} \binom{-q}{1} & \binom{-q}{0} & 0 & \cdots & 0 \\ \binom{-q}{2} & \binom{-q}{1} & \binom{-q}{0} & \cdots & 0 \\ \vdots & \vdots & \vdots & & \vdots \\ \binom{-q}{n-1} & \binom{-q}{n-2} & \binom{-q}{n-3} & \cdots & \binom{-q}{0} \end{pmatrix}
$$

$$
\cdot \begin{pmatrix} \binom{r}{0} & 0 & 0 & \cdots & 0 \\ \vdots & \vdots & \vdots & & \vdots \\ \binom{r}{k-1} & \binom{r}{k-2} & \binom{r}{k-3} & \cdots & 0 \\ \vdots & \vdots & \vdots & & \vdots \\ \binom{r}{n-1} & \binom{r}{n-2} & n-3 & \cdots & \binom{r}{k-1} \end{pmatrix}
$$

$$\cdot \begin{pmatrix} y^{(0)}(1) \\ \vdots \\ \dfrac{1}{2k-1}\sum_{i=1}^{k-1}y^{(0)}(i) + \dfrac{k}{2k-1}y^{(0)}(k) \\ \vdots \\ y^{(0)}(n) \end{pmatrix}$$

(3) 当 $q \in R$, r 为有理数, $x^{(0)} = y^{(0)}d$, d 为弱化算子时, 模型 FGM$(q,1)$ 为弱化算子分数阶模型, 且弱化 GM$(1,1)$ 模型是 $r=1, q=1$ 时的特殊情形. 此时

$$X^* = \begin{pmatrix} \begin{pmatrix} -q \\ 1 \end{pmatrix} & \begin{pmatrix} -q \\ 0 \end{pmatrix} & 0 & \cdots & 0 \\ \begin{pmatrix} -q \\ 2 \end{pmatrix} & \begin{pmatrix} -q \\ 1 \end{pmatrix} & \begin{pmatrix} -q \\ 0 \end{pmatrix} & \cdots & 0 \\ \vdots & \vdots & \vdots & & \vdots \\ \begin{pmatrix} -q \\ n-1 \end{pmatrix} & \begin{pmatrix} -q \\ n-2 \end{pmatrix} & \begin{pmatrix} -q \\ n-3 \end{pmatrix} & \cdots & \begin{pmatrix} -q \\ 0 \end{pmatrix} \end{pmatrix}$$

$$\cdot \begin{pmatrix} \begin{pmatrix} r \\ 0 \end{pmatrix} & 0 & 0 & \cdots & 0 \\ \vdots & \vdots & \vdots & & \vdots \\ \begin{pmatrix} r \\ k-1 \end{pmatrix} & \begin{pmatrix} r \\ k-2 \end{pmatrix} & \begin{pmatrix} r \\ k-3 \end{pmatrix} & \cdots & 0 \\ \vdots & \vdots & \vdots & & \vdots \\ \begin{pmatrix} r \\ n-1 \end{pmatrix} & \begin{pmatrix} r \\ n-2 \end{pmatrix} & n-3 & \cdots & \begin{pmatrix} r \\ k-1 \end{pmatrix} \end{pmatrix}$$

$$\cdot \begin{pmatrix} \dfrac{1}{n}\sum_{i=1}^{n}y^{(0)}(i) \\ \vdots \\ \dfrac{1}{n-k+1}\sum_{i=k}^{n}y^{(0)}(i) \\ \vdots \\ y^{(0)}(n) \end{pmatrix}$$

(4) 当 $q \in R, r$ 为有理数, $x^{(0)} = y^{(0)}d, d$ 为恒等算子, 且 $x^{(0)}(k)$ 为跳跃点时, 模型 FGM$(q,1)$ 为跳跃分数阶模型, 且含跳跃点 GM$(1,1)$ 模型是 $r = 1, q = 1$ 时的特殊情形. 此时

$$
X^* =
\begin{pmatrix}
\binom{-q}{1} & \binom{-q}{0} & 0 & \cdots & 0 \\
\binom{-q}{2} & \binom{-q}{1} & \binom{-q}{0} & \cdots & 0 \\
\vdots & \vdots & \vdots & & \vdots \\
\binom{-q}{n-1} & \binom{-q}{n-2} & \binom{-q}{n-3} & \cdots & \binom{-q}{0}
\end{pmatrix}
$$

$$
\cdot
\begin{pmatrix}
\binom{r}{0} & \cdots & 0 & 0 & 0 \\
\vdots & & \vdots & \vdots & \vdots \\
\binom{r}{k-2} & \cdots & \binom{r}{0} & 0 & 0 \\
\binom{r}{k-1} & \cdots & \binom{r}{1} & g\binom{r}{0} & 0 \\
\vdots & & \vdots & \vdots & \vdots \\
\binom{r}{n-1} & \cdots & \binom{r}{n-k+1} & g\binom{r}{n-k} & \binom{r}{n-k-1}
\end{pmatrix}
$$

$$
\begin{pmatrix}
\cdots & 0 \\
& \vdots \\
\cdots & 0 \\
\cdots & 0 \\
& \vdots \\
\cdots & \binom{r}{0}
\end{pmatrix}
\cdot
\begin{pmatrix}
y^{(0)}(1) \\
\vdots \\
y^{(0)}(k) \\
\vdots \\
y^{(0)}(n)
\end{pmatrix}
$$

(5) 当 $q \in R, r$ 为有理数, $x^{(0)} = y^{(0)}d, d$ 为恒等算子, 且转换后的序列是阶段性序列, $g \neq h$ 为阶段值时, 模型 FGM$(q,1)$ 为阶段分数阶模型, 且两阶段 GM$(1,$

1) 模型是 $r = 1, q = 1$ 时的特殊情形. 此时

$$
X^* = \left(
\begin{array}{ccccc}
\begin{pmatrix} -q \\ 1 \end{pmatrix} & \begin{pmatrix} -q \\ 0 \end{pmatrix} & 0 & \cdots & 0 \\[2mm]
\begin{pmatrix} -q \\ 2 \end{pmatrix} & \begin{pmatrix} -q \\ 1 \end{pmatrix} & \begin{pmatrix} -q \\ 0 \end{pmatrix} & \cdots & 0 \\[2mm]
\vdots & \vdots & \vdots & & \vdots \\[2mm]
\begin{pmatrix} -q \\ n-1 \end{pmatrix} & \begin{pmatrix} -q \\ n-2 \end{pmatrix} & \begin{pmatrix} -q \\ n-3 \end{pmatrix} & \cdots & \begin{pmatrix} -q \\ 0 \end{pmatrix}
\end{array}
\right)
$$

$$
\cdot \left(
\begin{array}{ccccc}
g\begin{pmatrix} r \\ 0 \end{pmatrix} & \cdots & 0 & 0 & 0 \\[2mm]
\vdots & & \vdots & \vdots & \vdots \\[2mm]
g\begin{pmatrix} r \\ k-2 \end{pmatrix} & \cdots & g\begin{pmatrix} r \\ 0 \end{pmatrix} & 0 & 0 \\[2mm]
g\begin{pmatrix} r \\ k-1 \end{pmatrix} & \cdots & g\begin{pmatrix} r \\ 1 \end{pmatrix} & h\begin{pmatrix} r \\ 0 \end{pmatrix} & 0 \\[2mm]
\vdots & & \vdots & \vdots & \vdots \\[2mm]
g\begin{pmatrix} r \\ n-1 \end{pmatrix} & \cdots & g\begin{pmatrix} r \\ n-k+1 \end{pmatrix} & h\begin{pmatrix} r \\ n-k \end{pmatrix} & h\begin{pmatrix} r \\ n-k-1 \end{pmatrix}
\end{array}
\right.
$$

$$
\left.
\begin{array}{cc}
\cdots & 0 \\[2mm]
& \vdots \\[2mm]
\cdots & 0 \\[2mm]
\cdots & 0 \\[2mm]
& \vdots \\[2mm]
\cdots & h\begin{pmatrix} r \\ 0 \end{pmatrix}
\end{array}
\right)
\cdot
\begin{pmatrix}
y^{(0)}(1) \\
\vdots \\
y^{(0)}(k) \\
\vdots \\
y^{(0)}(n)
\end{pmatrix}
$$

(6) 当 $q \in R$, r 为有理数, $x^{(0)} = y^{(0)}d$, d 为数乘变换, 即 d 为常数 ρ 时, 模型 FGM$(q, 1)$ 为数乘变换的分数阶模型, 且数乘变换 GM$(1, 1)$ 模型是其在 $r = 1, q = 1$ 时的特殊情形. 此时

$$
X^* = \begin{pmatrix}
\begin{pmatrix} -q \\ 1 \end{pmatrix} & \begin{pmatrix} -q \\ 0 \end{pmatrix} & 0 & \cdots & 0 \\
\begin{pmatrix} -q \\ 2 \end{pmatrix} & \begin{pmatrix} -q \\ 1 \end{pmatrix} & \begin{pmatrix} -q \\ 0 \end{pmatrix} & \cdots & 0 \\
\vdots & \vdots & \vdots & & \vdots \\
\begin{pmatrix} -q \\ n-1 \end{pmatrix} & \begin{pmatrix} -q \\ n-2 \end{pmatrix} & \begin{pmatrix} -q \\ n-3 \end{pmatrix} & \cdots & \begin{pmatrix} -q \\ 0 \end{pmatrix}
\end{pmatrix}
$$

$$
\cdot \begin{pmatrix}
\begin{pmatrix} r \\ 0 \end{pmatrix} & 0 & \cdots & 0 \\
\begin{pmatrix} r \\ 1 \end{pmatrix} & \begin{pmatrix} r \\ 0 \end{pmatrix} & \cdots & 0 \\
\vdots & \vdots & & \vdots \\
\begin{pmatrix} r \\ n-1 \end{pmatrix} & \begin{pmatrix} r \\ n-2 \end{pmatrix} & \cdots & \begin{pmatrix} r \\ 0 \end{pmatrix}
\end{pmatrix} \cdot \begin{pmatrix} y^{(0)}(1)\rho \\ y^{(0)}(2)\rho \\ \vdots \\ y^{(0)}(n)\rho \end{pmatrix}
$$

(7) 当 $q \in R$, r 为有理数, 数列是非等间隔数列, 即 $\Delta t_k = t_k - t_{k-1}$ 不是常数时, 引入算子 d, $x^{(0)} = y^{(0)}d$, 将原始数列生成新等间隔数列, 对变换后的数列建立模型 $\mathrm{GM}(q,1)$. 此时

$$
X^* = \begin{pmatrix}
\begin{pmatrix} -q \\ 1 \end{pmatrix} & \begin{pmatrix} -q \\ 0 \end{pmatrix} & 0 & \cdots & 0 \\
\begin{pmatrix} -q \\ 2 \end{pmatrix} & \begin{pmatrix} -q \\ 1 \end{pmatrix} & \begin{pmatrix} -q \\ 0 \end{pmatrix} & \cdots & 0 \\
\vdots & \vdots & \vdots & & \vdots \\
\begin{pmatrix} -q \\ n-1 \end{pmatrix} & \begin{pmatrix} -q \\ n-2 \end{pmatrix} & \begin{pmatrix} -q \\ n-3 \end{pmatrix} & \cdots & \begin{pmatrix} -q \\ 0 \end{pmatrix}
\end{pmatrix}
$$

$$
\cdot \begin{pmatrix}
\begin{pmatrix} r \\ 0 \end{pmatrix} & 0 & \cdots & 0 \\
\begin{pmatrix} r \\ 1 \end{pmatrix} & \begin{pmatrix} r \\ 0 \end{pmatrix} & \cdots & 0 \\
\vdots & \vdots & & \vdots \\
\begin{pmatrix} r \\ n-1 \end{pmatrix} & \begin{pmatrix} r \\ n-2 \end{pmatrix} & \cdots & \begin{pmatrix} r \\ 0 \end{pmatrix}
\end{pmatrix} \cdot \begin{pmatrix} x^{(0)}(1) \\ x^{(0)}(2) \\ \vdots \\ x^{(0)}(n) \end{pmatrix}
$$

其中

$$
\begin{pmatrix} x^{(0)}(1) \\ x^{(0)}(2) \\ \vdots \\ x^{(0)}(n) \end{pmatrix} = \left(\begin{array}{ccccc} \dfrac{t(2) - t_n(1)}{t(2) - t(1)} & \dfrac{t_n(1) - t(1)}{t(2) - t(1)} & 0 & \cdots \\[3mm] 0 & \dfrac{t(3) - t_n(2)}{t(3) - \iota(2)} & \dfrac{t_n(2) - t(2)}{t(3) - t(2)} & \cdots \\[3mm] \vdots & \vdots & \vdots & \\ 0 & 0 & 0 & \cdots \end{array} \right.
$$

$$
\left. \begin{array}{cc} 0 & 0 \\ 0 & 0 \\ \vdots & \vdots \\ \dfrac{t(n+1) - t_n(n)}{t(n+1) - t(n)} & \dfrac{t_n(n) - t(n)}{t(n+1) - t(n)} \end{array} \right) \cdot \begin{pmatrix} y^{(0)}(t_1) \\ y^{(0)}(t_2) \\ \vdots \\ y^{(0)}(t_{n+1}) \end{pmatrix}
$$

且 $t_n(i) = b_0 + b_1 \times i$ 为等间隔时序, 满足 $\displaystyle\sum_{i=1}^{n+1}(t(i) - t_n(i))$, b_0, b_1 由最小二乘法获得[22], 即

$$
b_1 = \frac{(n+1)\sum i \cdot t_n(i) - \sum i \cdot \sum t_n(i)}{(n+1)\sum i^2 - \left(\sum i\right)^2}, \quad b_0 = \frac{\sum t_n(i)}{n+1} - b_1 \times \frac{\sum i}{n+1}
$$

显然, 当 $\Delta t_k = t_k - t_{k-1} = \text{const}$ 时, 非等间隔序列化为等间隔序列, 其为一般的分数阶灰色模型. 不管灰色模型是一阶或多阶微分方程, 数据矩阵 B 不变, 求导的阶数只影响差分矩阵 X^* 的分解, 且由于 $(a,b)^{\mathrm{T}} = (B^{\mathrm{T}}B)^{-1}B^{\mathrm{T}}X^*$, 即导数阶数通过影响差分矩阵 X^* 来影响参数 (a,b).

因此, 通过不同算子的引入, 我们可将特殊的原始数据转换成适合建模的数据, 并建立合适的分数阶灰色模型, 接着通过本节得到的不同算子作用下的 X^* 和 B 的矩阵分解, 简化对模型参数 $(a,b)^{\mathrm{T}}$ 的估计.

3.3.3 初始值变换对模型的影响

关于在给定参数 a,b 下 $\hat{x}^{(r)}(k)$ 的估计涉及初始点的迭代, 因此以下考虑若初始点发生改变 t, 模型参数会发生的改变, 从而简化对 $\hat{x}^{(r)}(k)$ 的计算.

定理 3.13 设初始点 $x^{(0)}(1) \to x_t^{(0)}(1) = x^{(0)}(1) + t$, $x_t^{(0)}(k) = x^{(0)}(k)$, $k = 2,3,\cdots,n$, 则参数满足 $(a_t,b_t)^{\mathrm{T}} = C^{-1}(B^{\mathrm{T}}B)^{-1}B^{\mathrm{T}}(X^* + tF)$, 其中 $C^{-1} = \begin{pmatrix} 1 & 0 \\ t & 1 \end{pmatrix}$, $F = \left(\begin{pmatrix} r-q \\ 1 \end{pmatrix}, \begin{pmatrix} r-q \\ 2 \end{pmatrix}, \cdots, \begin{pmatrix} r-q \\ n-1 \end{pmatrix} \right)^{\mathrm{T}}$.

证明　原始数列的初始点发生平移 t, 则有

$$
x_t^{(r)} = \begin{pmatrix} \begin{pmatrix} r \\ 0 \end{pmatrix} & 0 & 0 & \cdots & 0 \\ \begin{pmatrix} r \\ 1 \end{pmatrix} & \begin{pmatrix} r \\ 0 \end{pmatrix} & 0 & \cdots & 0 \\ \vdots & \vdots & \vdots & & \vdots \\ \begin{pmatrix} r \\ n-1 \end{pmatrix} & \begin{pmatrix} r \\ n-2 \end{pmatrix} & \begin{pmatrix} r \\ n-3 \end{pmatrix} & \cdots & \begin{pmatrix} r \\ 0 \end{pmatrix} \end{pmatrix} \cdot \begin{pmatrix} x_t^{(0)}(1) \\ x_t^{(0)}(2) \\ \vdots \\ x_t^{(0)}(n) \end{pmatrix}
$$

$$
= \begin{pmatrix} \begin{pmatrix} r \\ 0 \end{pmatrix} & 0 & 0 & \cdots & 0 \\ \begin{pmatrix} r \\ 1 \end{pmatrix} & \begin{pmatrix} r \\ 0 \end{pmatrix} & 0 & \cdots & 0 \\ \vdots & \vdots & \vdots & & \vdots \\ \begin{pmatrix} r \\ n-1 \end{pmatrix} & \begin{pmatrix} r \\ n-2 \end{pmatrix} & \begin{pmatrix} r \\ n-3 \end{pmatrix} & \cdots & \begin{pmatrix} r \\ 0 \end{pmatrix} \end{pmatrix}
$$

$$
\cdot \begin{pmatrix} x^{(0)}(1)+t \\ x^{(0)}(2) \\ \vdots \\ x^{(0)}(n) \end{pmatrix} = \begin{pmatrix} x^{(r)}(1) + t\begin{pmatrix} r \\ 0 \end{pmatrix} \\ x^{(r)}(2) + t\begin{pmatrix} r \\ 1 \end{pmatrix} \\ \vdots \\ x^{(r)}(n) + t\begin{pmatrix} r \\ n-1 \end{pmatrix} \end{pmatrix}
$$

所以累加数据差分矩阵变为

$$
X_t^* = \begin{pmatrix} \begin{pmatrix} -q \\ 1 \end{pmatrix} & \begin{pmatrix} -q \\ 0 \end{pmatrix} & 0 & \cdots & 0 \\ \begin{pmatrix} -q \\ 2 \end{pmatrix} & \begin{pmatrix} -q \\ 1 \end{pmatrix} & \begin{pmatrix} -q \\ 0 \end{pmatrix} & \cdots & 0 \\ \vdots & \vdots & \vdots & & \vdots \\ \begin{pmatrix} -q \\ n-1 \end{pmatrix} & \begin{pmatrix} -q \\ n-2 \end{pmatrix} & \begin{pmatrix} -q \\ n-3 \end{pmatrix} & \cdots & \begin{pmatrix} -q \\ 0 \end{pmatrix} \end{pmatrix} \begin{pmatrix} x_t^{(r)}(1) \\ x_t^{(r)}(2) \\ \vdots \\ x_t^{(r)}(n) \end{pmatrix}
$$

$$
=\begin{pmatrix}
\binom{-q}{1} & \binom{-q}{0} & 0 & \cdots & 0 \\
\binom{-q}{2} & \binom{-q}{1} & \binom{-q}{0} & \cdots & 0 \\
\vdots & \vdots & \vdots & & \vdots \\
\binom{-q}{n-1} & \binom{-q}{n-2} & \binom{-q}{n-3} & \cdots & \binom{-q}{0}
\end{pmatrix}
\begin{pmatrix}
x^{(r)}(1)+t\binom{r}{0} \\
x^{(r)}(2)+t\binom{r}{1} \\
\vdots \\
x^{(r)}(n)+t\binom{r}{n-1}
\end{pmatrix}
$$

$$
=\begin{pmatrix}
\binom{-q}{1} & \binom{-q}{0} & 0 & \cdots & 0 \\
\binom{-q}{2} & \binom{-q}{1} & \binom{-q}{0} & \cdots & 0 \\
\vdots & \vdots & \vdots & & \vdots \\
\binom{-q}{n-1} & \binom{-q}{n-2} & \binom{-q}{n-3} & \cdots & \binom{-q}{0}
\end{pmatrix}
\begin{pmatrix}
x^{(r)}(1) \\
x^{(r)}(2) \\
\vdots \\
x^{(r)}(n)
\end{pmatrix}
$$

$$
+t\begin{pmatrix}
\binom{-q}{1} & \binom{-q}{0} & 0 & \cdots & 0 \\
\binom{-q}{2} & \binom{-q}{1} & \binom{-q}{0} & \cdots & 0 \\
\vdots & \vdots & \vdots & & \vdots \\
\binom{-q}{n-1} & \binom{-q}{n-2} & \binom{-q}{n-3} & \cdots & \binom{-q}{0}
\end{pmatrix}
$$

$$
\times\begin{pmatrix}
\binom{r}{0} \\
\binom{r}{1} \\
\vdots \\
\binom{r}{n-1}
\end{pmatrix}
=\begin{pmatrix}
x^{(r-q)}(2) \\
x^{(r-q)}(3) \\
\vdots \\
x^{(r-q)}(n)
\end{pmatrix}
+t\begin{pmatrix}
\binom{r-q}{1} \\
\binom{r-q}{2} \\
\vdots \\
\binom{r-q}{n-1}
\end{pmatrix}
=X^*+tF
$$

且数据矩阵为

$$
\begin{aligned}
B_t &= \begin{pmatrix}
-\alpha & -(1-\alpha) & 0 & \cdots & 0 \\
0 & \alpha & -(1-\alpha) & \cdots & 0 \\
\vdots & \vdots & \vdots & & \vdots \\
0 & 0 & 0 & \cdots & -(1-\alpha)
\end{pmatrix} \cdot \begin{pmatrix}
x_t^{(r)}(1) & -1 \\
x_t^{(r)}(2) & -1 \\
\vdots & \vdots \\
x_t^{(r)}(n) & -1
\end{pmatrix} \\
&= \begin{pmatrix}
-\dfrac{1}{2} & -\dfrac{1}{2} & 0 & \cdots & 0 & 0 \\
0 & -\dfrac{1}{2} & -\dfrac{1}{2} & \cdots & 0 & 0 \\
\vdots & \vdots & \vdots & & \vdots & \vdots \\
0 & 0 & 0 & \cdots & -\dfrac{1}{2} & -\dfrac{1}{2}
\end{pmatrix} \cdot \begin{pmatrix}
x^{(r)}(1) + t\begin{pmatrix} r \\ 0 \end{pmatrix} & -1 \\
x^{(r)}(2) + t\begin{pmatrix} r \\ 1 \end{pmatrix} & -1 \\
\vdots & \vdots \\
x^{(r)}(n) + t\begin{pmatrix} r \\ n-1 \end{pmatrix} & -1
\end{pmatrix} \\
&= \begin{pmatrix}
-\alpha & -(1-\alpha) & 0 & \cdots & 0 \\
0 & \alpha & -(1-\alpha) & \cdots & 0 \\
\vdots & \vdots & \vdots & & \vdots \\
0 & 0 & 0 & \cdots & -(1-\alpha)
\end{pmatrix} \\
&\quad \cdot \begin{pmatrix}
\begin{pmatrix} r \\ 0 \end{pmatrix} & 0 & 0 & \cdots & 0 \\
\begin{pmatrix} r \\ 1 \end{pmatrix} & \begin{pmatrix} r \\ 0 \end{pmatrix} & 0 & \cdots & 0 \\
\vdots & \vdots & \vdots & & \vdots \\
\begin{pmatrix} r \\ n-1 \end{pmatrix} & \begin{pmatrix} r \\ n-2 \end{pmatrix} & \begin{pmatrix} r \\ n-3 \end{pmatrix} & \cdots & \begin{pmatrix} r \\ 0 \end{pmatrix}
\end{pmatrix} \\
&\quad \cdot \begin{pmatrix}
x^{(0)}(1) + t & -\begin{pmatrix} 1-r \\ 0 \end{pmatrix} \\
x^{(0)}(2) & -\begin{pmatrix} 1-r \\ 1 \end{pmatrix} \\
\vdots & \vdots \\
x^{(0)}(n) & -\begin{pmatrix} 1-r \\ n-1 \end{pmatrix}
\end{pmatrix}
\end{aligned}
$$

$$= \begin{pmatrix} -\alpha & -(1-\alpha) & 0 & \cdots & 0 \\ 0 & \alpha & -(1-\alpha) & \cdots & 0 \\ \vdots & \vdots & \vdots & & \vdots \\ 0 & 0 & 0 & \cdots & -(1-\alpha) \end{pmatrix}$$

$$\cdot \begin{pmatrix} \begin{pmatrix} r \\ 0 \end{pmatrix} & 0 & 0 & \cdots & 0 \\ \begin{pmatrix} r \\ 1 \end{pmatrix} & \begin{pmatrix} r \\ 0 \end{pmatrix} & 0 & \cdots & 0 \\ \vdots & \vdots & \vdots & & \vdots \\ \begin{pmatrix} r \\ n-1 \end{pmatrix} & \begin{pmatrix} r \\ n-2 \end{pmatrix} & \begin{pmatrix} r \\ n-3 \end{pmatrix} & \cdots & \begin{pmatrix} r \\ 0 \end{pmatrix} \end{pmatrix}$$

$$\cdot \begin{pmatrix} x^{(0)}(1) & -\begin{pmatrix} 1-r \\ 0 \end{pmatrix} \\ x^{(0)}(2) & -\begin{pmatrix} 1-r \\ 1 \end{pmatrix} \\ \vdots & \vdots \\ x^{(0)}(n) & -\begin{pmatrix} 1-r \\ n-1 \end{pmatrix} \end{pmatrix} \cdot \begin{pmatrix} \dfrac{1}{t} & 0 \\ -\begin{pmatrix} 1-r \\ 0 \end{pmatrix} & 1 \end{pmatrix}$$

$$= BC$$

其中 $C = \begin{pmatrix} \dfrac{1}{t} & 0 \\ -\begin{pmatrix} 1-r \\ 0 \end{pmatrix} & 1 \end{pmatrix}$, 又 $\begin{pmatrix} 1-r \\ 0 \end{pmatrix} = 1$, 则 $C = \begin{pmatrix} 1 & 0 \\ -t & 1 \end{pmatrix}$, 且

$C^{-1} = \begin{pmatrix} 1 & 0 \\ t & 1 \end{pmatrix}$, $F = \left(\begin{pmatrix} r-q \\ 1 \end{pmatrix}, \cdots, \begin{pmatrix} r-q \\ n-1 \end{pmatrix} \right)^{\mathrm{T}}$, 则此时

$$(a_t, b_t)^{\mathrm{T}} = (B_t^{\mathrm{T}} B_t)^{-1} B_t^{\mathrm{T}} X_t^* = ((BC)^{\mathrm{T}}(BC))^{-1}(BC)^{\mathrm{T}}(X^* + tF)$$

$$= C^{-1}(B^{\mathrm{T}}B)^{-1} B^{\mathrm{T}}(X^* + tF)$$

由定理 3.13 知, 若初始点发生平移 t, 对变化后的数据建立 FGM$(q,1)$ 模型, 此时模型的参数可分解为矩阵 C^{-1}, B, F 和 X^*, 由各矩阵的成分可以将

t 对参数的影响理解为, 先将 X^* 的第 i 个元素平移 $t \cdot \begin{pmatrix} r-q \\ i+1 \end{pmatrix}$ 个单位得到
的 $X^* + tF$ 看成整体, 构造 $(B^{\mathrm{T}}B)^{-1}B^{\mathrm{T}}(X^* + tF)$ 为参数 $(a_t^*, b_t^*)^{\mathrm{T}}$, 左乘 C^{-1},
$(a_t, b_t)^{\mathrm{T}} = (a_t^*, t \cdot a_t^* + b_t^*)^{\mathrm{T}}$, 可见发展系数 a_t 只受导数阶数 q、平移值 t 和累加
阶数 r 的影响, 控制系数 b_t 则是受影响后的 b_t^* 与 $t \cdot a_t^*$ 的线性组合.

3.3.4　分数阶导数灰色模型的定阶方法

上面已经论述了 FGM$(q, 1)$ 模型及主要建模步骤. 相比经典的 GM$(1, 1)$ 模
型, 本章主要做了以下两个方面的改进: 其一, 在序列的累加生成方式上, 采用分
数阶累加生成代替了原模型的经典一次累加生成; 其二, 在模型的微分方程阶数
上, 采用分数阶微分方程代替经典的一阶微分方程. 对于这个新的拓展模型, 需要
确定累加生成阶数 r 及微分方程阶数 q.

模型的平均绝对误差百分比 (简记 MAPE) 值往往用来判断建模的优劣, 所
以可选择使得模型 MAPE 值最小的 r, q 值作为模型的最优参数. 于是, 以 MAPE
值最小为优化目标, 建立 MAPE 关于 r, q 的优化模型, 表述如下

$$\min \mathrm{MAPE}(r, q) = \frac{1}{n-1} \sum_{k=2}^{n} \frac{|\hat{x}^{(0)}(k) - x^{(0)}(k)|}{x^{(0)}(k)} \times 100\% \qquad (3.36)$$

由于 MAPE 的计算过程中, 涉及绝对值符号运算, MAPE 关于 r 和 q 是不
可导的, 难以利用公式分析出模型的最优解表达式. 本节采用粒子群算法确定 r,
q 的最优解, 其具体操作流程如下:

由于 MAPE 是只与 r, q 有关的二维函数, 则在二维搜索空间中, 随机投放 N
个粒子, 进行 T 次循环运算.

在第 i 个粒子的第 $k(k = 1, 2, \cdots, T)$ 次循环中, 设 $V_{i,j}^k$ 是在 $j(j = 1, 2)$ 维
度上的速度, $X_{i,1}^k$ 表示累加生成矩阵阶数 r 的取值, $X_{i,2}^k$ 表示微分方程的阶数 q;
$\mathrm{pbest}_{i,1}^k$ 和 $\mathrm{pbest}_{i,2}^k$ 分别是第 i 个粒子截止到第 k 次循环搜索到的最小 MAPE 对
应的 r 和 q 的取值, 也就是个体极值; gbest_1^k, gbest_2^k 分别是粒子群截止到第 k 次
循环搜索到的最小 MAPE 对应的 r 和 q 的取值, 也就是全体极值; 每个粒子更新
自己的位置和速度最初的公式为

$$V_{i,j}^{k+1} = V_{i,j}^k + c_1\lambda_1(\mathrm{pbest}_{i,j}^k - X_{i,j}^k) + c_2\lambda_2(\mathrm{gbest}_j^k - X_{i,j}^k) \qquad (3.37)$$

$$X_{i,j}^{k+1} = X_{i,j}^k + V_{i,j}^{k+1}, \quad i = 1, 2, \cdots, N, \quad j = 1, 2, \quad k = 1, 2, \cdots, T-1 \qquad (3.38)$$

其中 c_1 和 c_2 是常数, 称为加速系数并且 $c_1 = c_2 = 1.4962$; λ_1 和 λ_2 是在 $[0, 1]$
范围内的随机数. 执行该循环 T 次, 输出搜索得到的最小 MAPE 值及其对应的 r
和 q 值.

综上所述, FGM(q,1) 的详细建模步骤可表述如下:

第 1 步 结合实际应用背景, 确定原始序列数据序列 $x^{(0)} = (x^{(0)}(1), x^{(0)}(2), \cdots, x^{(0)}(n))^{\mathrm{T}}$.

第 2 步 将 r 和 q 视为参数, 给出分数阶累加生成矩阵 A^r, A^{-q} 及分数阶累加生成序列 $x^{(r)}$, 均值生成序列 $z^{(r)}$ 及分数阶差分序列 $x^{(r-q)}$.

第 3 步 基于最小二乘法, 即式 (3.23), 完成模型参数估计 $\hat{P} = (a,b)$.

第 4 步 结合式 (3.24) 给出模型预测值序列 $\hat{x}^{(r)}$; 结合式 (3.3) 给出模型还原值序列 $\hat{x}^{(0)}$.

第 5 步 结合式 (3.36) 和粒子群算法, 确定 MAPE 最小时的参数 r.

第 6 步 将 r 值代入累加生成矩阵 A^r, A^{-q} 中, 并计算序列 $x^{(r)}$, $z^{(r)}$ 及 $x^{(r-q)}$, 重复第 3 步和第 4 步, 计算模型的预测值和还原值, 完成模型.

3.3.5 矩阵分解及模型关系综述

定理 3.14 对于定理 3.10 中的参数矩阵, 可作如下形式分解

$$B = B_1 A^r M \tag{3.39}$$

其中

$$B_1 = \begin{pmatrix} -\dfrac{1}{2} & -\dfrac{1}{2} & 0 & \cdots & 0 & 0 \\ 0 & -\dfrac{1}{2} & -\dfrac{1}{2} & \cdots & 0 & 0 \\ \vdots & \vdots & \vdots & & \vdots & \vdots \\ 0 & 0 & 0 & \cdots & -\dfrac{1}{2} & -\dfrac{1}{2} \end{pmatrix}_{(n-1)\times n}$$

$$M = \begin{pmatrix} x^{(0)}(1) & -\begin{pmatrix} 1-r \\ 0 \end{pmatrix} \\ x^{(0)}(2) & -\begin{pmatrix} 1-r \\ 1 \end{pmatrix} \\ x^{(0)}(3) & -\begin{pmatrix} 1-r \\ 2 \end{pmatrix} \\ \vdots & \vdots \\ x^{(0)}(n) & -\begin{pmatrix} 1-r \\ n-1 \end{pmatrix} \end{pmatrix}_{n\times 2}$$

$$
Y = \begin{pmatrix} x^{(r-q)}(2) \\ x^{(r-q)}(3) \\ \vdots \\ x^{(r-q)}(n) \end{pmatrix}
$$

$$
= \begin{pmatrix}
\begin{pmatrix} -q \\ 1 \end{pmatrix} & \begin{pmatrix} -q \\ 0 \end{pmatrix} & 0 & \cdots & 0 \\
\begin{pmatrix} -q \\ 2 \end{pmatrix} & \begin{pmatrix} -q \\ 1 \end{pmatrix} & \begin{pmatrix} -q \\ 0 \end{pmatrix} & \cdots & 0 \\
\vdots & \vdots & \vdots & & \vdots \\
\begin{pmatrix} -q \\ n-1 \end{pmatrix} & \begin{pmatrix} -q \\ n-2 \end{pmatrix} & \begin{pmatrix} -q \\ n-4 \end{pmatrix} & \cdots & \begin{pmatrix} -q \\ 0 \end{pmatrix}
\end{pmatrix}_{(n-1) \times n}
$$

$$
\times \begin{pmatrix}
\begin{pmatrix} r \\ 0 \end{pmatrix} & 0 & 0 & \cdots & 0 \\
\begin{pmatrix} r \\ 1 \end{pmatrix} & \begin{pmatrix} r \\ 0 \end{pmatrix} & 0 & \cdots & 0 \\
\begin{pmatrix} r \\ 2 \end{pmatrix} & \begin{pmatrix} r \\ 1 \end{pmatrix} & \begin{pmatrix} r \\ 0 \end{pmatrix} & \cdots & 0 \\
\vdots & \vdots & \vdots & & \vdots \\
\begin{pmatrix} r \\ n-1 \end{pmatrix} & \begin{pmatrix} r \\ n-2 \end{pmatrix} & \begin{pmatrix} r \\ n-3 \end{pmatrix} & \cdots & \begin{pmatrix} r \\ 0 \end{pmatrix}
\end{pmatrix}_{n \times n}
$$

$$
\times \begin{pmatrix} x^{(0)}(1) \\ x^{(0)}(2) \\ x^{(0)}(3) \\ \vdots \\ x^{(0)}(n) \end{pmatrix}_{n \times 1}
$$

$$
= Q A^r x^{(0)}
$$

证明 记向量

$$e_1 = \begin{pmatrix} \begin{pmatrix} 1-r \\ 0 \end{pmatrix} \\ \begin{pmatrix} 1-r \\ 1 \end{pmatrix} \\ \vdots \\ \begin{pmatrix} 1-r \\ n-1 \end{pmatrix} \end{pmatrix}_{n\times 1}, \quad I = \begin{pmatrix} 1 \\ 1 \\ \vdots \\ 1 \end{pmatrix}_{(n-1)\times 1}, \quad I^* = \begin{pmatrix} 1 \\ 1 \\ \vdots \\ 1 \end{pmatrix}_{n\times 1}$$

$$x^{(0)} = \begin{pmatrix} x^{(0)}(1) \\ x^{(0)}(2) \\ \vdots \\ x^{(0)}(n) \end{pmatrix}, \quad z^{(r)} = \begin{pmatrix} z^{(r)}(2) \\ z^{(r)}(3) \\ \vdots \\ z^{(r)}(n) \end{pmatrix}$$

则原始数据矩阵 M 可记为

$$M = \left(x^{(0)}, -e_1 \right)$$

根据上述定义, 显然可得

$$-z^{(r)} = B_1 A^r x^{(0)}$$

下面只需证 $I = B_1 A^r(-e_1)$, $I^* = A^r e_1$. 又根据定理 2.3, A^r 的逆矩阵为 A^{-r}, 故只需证 $e_1 = A^{-r} I^*$. 于是只需证

$$\binom{1-r}{k-1} = \sum_{i=1}^{k} \binom{-r}{k-1}, \quad k = 1, 2, \cdots, n \tag{3.40}$$

(1) 当 $k=1$, 显然 $\binom{1-r}{0} = 1 = \binom{-r}{0}$;

(2) 假设当 $k=m$ 时, (3.40) 式成立, 则当 $k=m+1$ 时,

$$\sum_{i=1}^{m+1} \binom{-r}{m} = \sum_{i=1}^{m} \binom{-r}{m-1} + \binom{-r}{m} = \binom{-r+1}{m-1} + \binom{-r}{m} \tag{3.41}$$

又

$$\binom{-r+1}{m-1} + \binom{-r}{m} = \binom{-r+1}{m}$$

于是式 (3.40) 即为

$$\sum_{i=1}^{m+1}\begin{pmatrix} -r \\ m \end{pmatrix} = \begin{pmatrix} 1-r \\ (m+1)-1 \end{pmatrix}$$

即当 $k = m+1$ 时, 等式成立.

综上所述, (3.40) 式成立, 即关于参数矩阵 B 的分解得证.

同理根据定义可完成参数矩阵 Y 的分解.

定理 3.14 中关于参数矩阵的分解, 一方面提供了模型中参数矩阵的计算方法, 从而可以通过公式 (3.38) 完成模型参数. 另一方面, 矩阵分解向我们展示了模型的建模机制, 数据矩阵 B 可以分解为三个矩阵 B_1, A^r, M, 其中 B_1 表示为紧邻均值生成矩阵, A^r 表示 r 次累加生成矩阵, M 表示原始数据矩阵. B_1 代表背景值的选取方式, 是常数矩阵. 这里的背景值实质是采用拟梯形公式近似计算出 $x^{(r)}(t)$ 在区间 $[k-1, k]$ 上的 q 阶积分. A^r 代表的是 r 次累加生成矩阵, 累加生成的目的是弱化序列的随机性, 使数据序列的可建模规律性加强, 从而才能更好地采用灰分数阶微分方程进行拟合, 这是灰色系统方法的重要原创思想的延伸和拓展. M 是与原始序列及累加生成阶数相关的数据矩阵. 同时 Y 也可以分解为三个矩阵 Q, A^r, $x^{(0)}$ 的乘积形式, 其中 Q 表示 q 阶差分矩阵, $x^{(0)}$ 表示原始数据矩阵. Q 表示了微分方程转换为差分方程的差分格式, 它是由白化微分方程阶数确定的数据矩阵, 也是分数阶灰色模型的核心.

分数阶灰色模型是分数阶累加灰色模型及经典 GM(1, 1) 模型的推广. 它与分数阶累加灰色模型及经典 GM(1, 1) 模型的关系如图 3.4 所示.

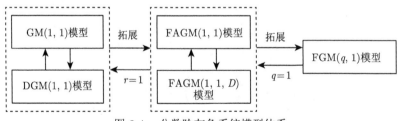

图 3.4　分数阶灰色系统模型体系

用分数阶累加生成代替原来的一阶累加生成, 可以将 GM(1, 1) 模型及 DGM(1, 1) 模型拓展为分数阶累加 GM(1, 1) 模型及其离散模型, 进一步考虑将一阶白化微分方程拓展为分数阶白化微分方程, 即可建立分数阶 GM(1, 1) 模型. FAGM(1, 1) 模型是 FGM(q,1) 模型的一种特殊形式, 当白化微分方程的阶数, 即 q 取值为 1 时, FGM(q,1) 模型即退化为 FAGM(1, 1) 模型. 而 GM(1, 1) 模型又是 FAGM(1, 1) 模型的一种特殊形式, 当累加生成矩阵的阶数, 即 r 取值为 1 时, FAGM(1, 1)

模型退化为 GM(1, 1).

分数阶灰微分方程是整数阶灰微分方程的一个延拓. 本节总结了整数阶导数公式, 并推广到分数阶导数, 基于分数阶导数建立了分数阶灰微分方程. 分数阶灰微分方程是将灰微分方程阶数由整数阶向有理数 (分数) 阶的一个延拓. 同时再基于分数阶累加生成矩阵, 可将连续的分数阶微分方程转换为离散的分数阶灰差分方程, 并通过分数阶灰差分方程求解分数阶灰微分方程的解. 发现 FAGM(1, 1, D) 模型是 FGM(q,1) 的一种特例: 当微分方程的阶数 q 取值为 1 时, FGM(q,1) 退化为 FAGM(1, 1) 模型. 而 DGM(1, 1) 则是 FAGM(1, 1, D) 的一种特殊形式, 当原始序列累加生成次数 r 取值为 1 时, FAGM(1, 1, D) 模型则退化为 DGM(1, 1) 模型.

例 3.3 分数阶灰色预测模型在船舶机械故障诊断中的应用

在船舶传动系统中机械的磨损会导致润滑油中的颗粒逐渐增多. 因此, 通过测定润滑油中磨损颗粒浓度的变化, 就可以分析摩擦部件的磨损程度. 将灰色预测模型应用于某船综合传动装置的可靠性实验分析中: 首先运用光谱分析法测定传动装置运行不同时间后润滑油中 Fe 的质量浓度; 然后建立灰色预测模型, 通过模型预测结果预测出润滑油中 Fe 质量浓度的变化; 再根据工程界限值确定摩擦部件发生磨损故障的时刻, 从而在设备发生故障前对设备进行维护, 避免故障发生. 表 3.8[①] 是采用 Bruker VERTEX 70 傅里叶变换红外光谱分析仪分析获得的某船舶综合传动系统润滑油中前 8 个月的 Fe 的质量浓度.

表 3.8 油样中 Fe 的质量浓度光谱分析结果

采样时间/月	1	2	3	4
质量浓度/(μg·mm^{-3})	47.1	59.4	64.2	72.9
采样时间/月	5	6	7	8
质量浓度/(μg·mm^{-3})	97.3	114.5	125.6	166.7

第一步: 计算分数阶灰色模型阶数.

以模型相对拟合误差 MAPE 最小为优化目标, 设计粒子群算法, 搜索得到的最优的分数阶参数为 $q = 0.5885$, $r = 1.0215$, 其中

$$\text{MAPE} = \frac{1}{N} \sum_{k=1}^{N} \left| \frac{x_k^{(0)} - \hat{x}_k^{(0)}}{x_k^{(0)}} \right|$$

第二步: 分数阶累加 FGM(q,1) 建模.

---

① 表中数据来源于文献: 李华兵, 黄进明, 荣礼. 灰色预测理论在船舶机械故障诊断中的应用. 上海海事大学学报, 2017, 38(3): 87-89.

(1) 构建 r 阶累加生成矩阵 A^r 及分数阶微分矩阵.

$$A^r = \begin{pmatrix} 1 & 0 & 0 & 0 & 0 & 0 & 0 & 0 \\ 1.0215 & 1 & 0 & 0 & 0 & 0 & 0 & 0 \\ 1.0325 & 1.0215 & 1 & 0 & 0 & 0 & 0 & 0 \\ 1.0399 & 1.0325 & 1.0215 & 1 & 0 & 0 & 0 & 0 \\ 1.0455 & 1.0399 & 1.0325 & 1.0215 & 1 & 0 & 0 & 0 \\ 1.0500 & 1.0455 & 1.0399 & 1.0325 & 1.0215 & 1 & 0 & 0 \\ 1.0537 & 1.0500 & 1.0455 & 1.0399 & 1.0325 & 1.0215 & 1 & 0 \\ 1.057 & 1.0537 & 1.05 & 1.0455 & 1.0399 & 1.0325 & 1.0215 & 1 \end{pmatrix}$$

$$Q = \begin{pmatrix} \begin{pmatrix} -q \\ 1 \end{pmatrix} & \begin{pmatrix} -q \\ 0 \end{pmatrix} & 0 & \cdots & 0 \\ \begin{pmatrix} -q \\ 2 \end{pmatrix} & \begin{pmatrix} -q \\ 1 \end{pmatrix} & \begin{pmatrix} -q \\ 0 \end{pmatrix} & \cdots & 0 \\ \vdots & \vdots & \vdots & & \vdots \\ \begin{pmatrix} -q \\ 7 \end{pmatrix} & \begin{pmatrix} -q \\ 6 \end{pmatrix} & \begin{pmatrix} -q \\ 5 \end{pmatrix} & \cdots & \begin{pmatrix} -q \\ 0 \end{pmatrix} \end{pmatrix}_{7\times 8}$$

$$= \begin{pmatrix} -0.5885 & 1 & 0 & 0 & 0 & 0 & 0 & 0 \\ -0.1211 & -0.5885 & 1 & 0 & 0 & 0 & 0 & 0 \\ -0.0570 & -0.1211 & -0.5885 & 1 & 0 & 0 & 0 & 0 \\ -0.0343 & -0.0570 & -0.1211 & -0.5885 & 1 & 0 & 0 & 0 \\ -0.0234 & -0.0343 & -0.0570 & -0.1211 & -0.5885 & 1 & 0 & 0 \\ -0.0172 & -0.0234 & -0.0343 & -0.0570 & -0.1211 & -0.5885 & 1 & 0 \\ -0.0133 & -0.0172 & -0.0234 & -0.0343 & -0.0570 & -0.1211 & -0.5885 & 1 \end{pmatrix}$$

(2) 构造数据矩阵 B 及数据向量 Y.

$$B = B_1 A^r M = \begin{pmatrix} -\dfrac{1}{2} & -\dfrac{1}{2} & 0 & \cdots & 0 & 0 \\ 0 & -\dfrac{1}{2} & -\dfrac{1}{2} & \cdots & 0 & 0 \\ \vdots & \vdots & \vdots & & \vdots & \vdots \\ 0 & 0 & 0 & \cdots & -\dfrac{1}{2} & -\dfrac{1}{2} \end{pmatrix}_{7\times 8}$$

$$A^r \begin{pmatrix} x^{(0)}(1) & - \begin{pmatrix} 1-r \\ 0 \end{pmatrix} \\ x^{(0)}(2) & - \begin{pmatrix} 1-r \\ 1 \end{pmatrix} \\ x^{(0)}(3) & - \begin{pmatrix} 1-r \\ 2 \end{pmatrix} \\ \vdots & \vdots \\ x^{(0)}(8) & - \begin{pmatrix} 1-r \\ 7 \end{pmatrix} \end{pmatrix}_{8\times2}$$

$$= \begin{pmatrix} -z^{(r)}(2) & 1 \\ -z^{(r)}(3) & 1 \\ \vdots & \vdots \\ -z^{(r)}(7) & 1 \end{pmatrix} = \begin{pmatrix} -77.3063 & 1 \\ -140.5098 & 1 \\ -211.1475 & 1 \\ -298.9256 & 1 \\ -408.2688 & 1 \\ -532.7108 & 1 \\ -684.1720 & 1 \end{pmatrix}$$

$$Y = QA^r x^{(0)} = \begin{pmatrix} x^{(r-q)}(2) \\ x^{(r-q)}(3) \\ \vdots \\ x^{(r-q)}(n) \end{pmatrix} = \begin{pmatrix} 79.7943 \\ 104.5327 \\ 130.9779 \\ 173.8998 \\ 217.2455 \\ 257.1089 \\ 326.9246 \end{pmatrix}$$

(3) 计算参数 $P = (a,b)^{\mathrm{T}}$.

$$P = \left(B^{\mathrm{T}}B\right)^{-1} B^{\mathrm{T}}Y = \begin{pmatrix} -0.4040 \\ 48.5665 \end{pmatrix}$$

于是得到 $a = -0.4040,\ b = 48.5665$.

(4) 建立模型.

$$x^{(r-q)}(k) + 0.4040z^{(r)}(k) = 48.5656$$

给定初值点 $x^{(r)}(1)$ 满足 $x^{(r)}(1) = x^{(0)}(1)$, 关于序列 $\hat{x}^{(r)}$ 的数值解满足

$$\hat{x}^{(r)}(k) = \frac{2b - 2\sum_{i=1}^{k-1} \begin{pmatrix} -q \\ k-i \end{pmatrix} x^{(r)}(i) - ax^{(r)}(k-1)}{a+2}, \quad k = 2, 3, \cdots, n$$

(5) 求生成序列值 $\hat{x}^{(1)}(k)$ 及模型还原值 $\hat{x}^{(0)}(k)$.

令 $k = 1, 2, \cdots, 8$, 根据上面公式, 可以得到预测的生成序列为

$$\hat{x}^{(r)} = (47.1, 107.5, 174.5, \cdots, 770.9)^{\mathrm{T}}$$

对于模型还原值有

$$\hat{x}^{(0)} = \begin{pmatrix} \hat{x}^{(0)}(1) \\ \hat{x}^{(0)}(2) \\ \vdots \\ \hat{x}^{(0)}(8) \end{pmatrix} = A^{-r} \begin{pmatrix} \hat{x}^{(1)}(1) \\ \hat{x}^{(1)}(2) \\ \vdots \\ \hat{x}^{(1)}(8) \end{pmatrix} = \begin{pmatrix} 47.1 \\ 59.4 \\ 65.2 \\ \vdots \\ 163.5 \end{pmatrix}$$

第三步: 模型检验.

GM(1, 1) 模型的精度分析如表 3.9 所示.

表 3.9　GM(1, 1) 模型的精度分析

序号	原始值	模拟值	残差	相对误差	精度
1	47.1	—	—	—	—
2	59.4	59.4	0.0	0%	100%
3	64.2	65.2	−1.0	1.56%	98.44%
4	72.9	76.5	−3.6	4.94%	95.06%
5	97.3	91.6	5.7	5.86%	94.14%
6	114.5	110.6	3.9	3.41%	96.59%
7	125.6	134.3	−8.7	6.93%	93.07%
8	166.7	163.5	3.2	1.92%	98.08%
平均精度		$p^0 = 96.48\%$			
后检验差比值		$C = 0.0739$			
小误差概率		$P = 1.000$			
关联度检验		$R = 0.9934$			

经验证, 该模型的精度较高, 不需作残差修正, 可进行预测和预报.

3.4 分数阶导数多项式灰色模型

3.4.1 分数阶导数非线性灰色模型

3.3 节中模型主要是灰输入为常数的分数阶导数灰色模型, 考虑到实际问题的复杂性, 常数性灰输入模型具有局限性, 本节设计了函数型灰输入模型, 即分数阶非线性灰色模型[16,17,116], 模型的具体形式定义如下:

定义 3.6 称

$$x^{(r-q)}(k) + az^{(r)}(k) = bH(k) \tag{3.42}$$

为分数阶导数非线性灰色模型定义式.

定义 3.7 称

$$\frac{d^q x^{(r)}}{dt^q} + ax^{(r)}(t) = bH(t) \tag{3.43}$$

为分数阶导数非线性灰色模型白化微分方程.

定理 3.15 模型 (3.42) 的参数列 $P = (a,b)^{\mathrm{T}}$ 的最小二乘参数估计满足

$$P = \left(B^{\mathrm{T}}B\right)^{-1} B^{\mathrm{T}} Y \tag{3.44}$$

其中

$$B = \begin{pmatrix} -z^{(r)}(2) & H(2) \\ -z^{(r)}(3) & H(3) \\ \vdots & \vdots \\ -z^{(r)}(n) & H(n) \end{pmatrix}, \quad Y = \begin{pmatrix} x^{(r-q)}(2) \\ x^{(r-q)}(3) \\ \vdots \\ x^{(r-q)}(n) \end{pmatrix}$$

证明 略.

定理 3.16 对于如 (3.42) 所示差分方程, 若给定初值点 $x^{(r)}(1)$ 满足 $x^{(r)}(1) = x^{(0)}(1)$, 关于序列 $x^{(1)}$ 的数值解满足

$$\hat{x}^{(r)}(k) = \frac{2bH(k) - 2\sum_{i=1}^{k-1}\begin{pmatrix} -q \\ k-i \end{pmatrix} x^{(r)}(i) + ax^{(r)}(k-1)}{2-a} \tag{3.45}$$

证明 类似常数变易法.

根据式 (3.45) 可得到模型 (3.42) 的预测值, 类似可得到模型的还原值

$$\hat{x}^{(0)} = A^{-r}\hat{x}^{(r)}$$

3.4.2 分数阶导数多项式灰色模型的建立

对于模型中另一个重点在于完成 (3.43) 中非线性灰输入函数 $H(t)$ 估计. 考虑到实际问题背景, 由于 $H(t)$ 函数形式多样, 假设 $H(t)$ 为高阶可导函数, 根据泰勒中值定理, 可使用多项式函数 $P_n(t)$ 对 $H(t)$ 进行逼近, 即

$$H(t) = P_n(t) + \varepsilon \tag{3.46}$$

使用多项式函数替代 (3.43) 中灰输入函数 $H(t)$, 于是该模型可以转换为分数阶导数多项式灰色模型.

定义 3.8 称

$$x^{(r-q)}(k) + az^{(r)}(k) = b\sum_{i=0}^{m} c_i t^i \tag{3.47}$$

为多项式 FGM$(q, 1)$ 模型定义式. 其中 $z^{(r)} = \left(z^{(r)}(2), z^{(r)}(3), \cdots, z^{(r)}(n)\right)^{\mathrm{T}}$, 且 $z^{(r)}(k) = \dfrac{1}{2}\left(x^{(r)}(k-1) + x^{(r)}(k)\right)$, $x^{(r-q)} = A^{-q}x^{(r)}$.

称分数阶微分方程

$$\frac{d^q x^{(r)}}{dt^q} + ax^{(r)}(t) = b\sum_{i=0}^{m} c_i t^i \tag{3.48}$$

为 FGM$(q, 1)$ 模型的白化微分方程.

对于模型 (3.47) 的参数估计, 类似公式 (3.44) 可以得到最小二乘参数估计 $P = (a, b)^{\mathrm{T}}$. 关于模型累加生成次数和微分方程阶数, 设计以 MAPE 值最小为优化目标, 设计粒子群算法, 求得最优的 (r, q).

定理 3.17 模型 (3.47) 的预测解和还原值如下

$$\hat{x}^{(r)}(k) = \frac{2b\sum\limits_{i=0}^{m} c_i k^i - 2\sum\limits_{i=1}^{k-1}\begin{pmatrix} -q \\ k-i \end{pmatrix} x^{(r)}(i) + ax^{(r)}(k-1)}{2-a} \tag{3.49}$$

$$\hat{x}^{(0)} = A^{-r}\hat{x}^{(r)} \tag{3.50}$$

证明 由 $x^{(r-q)} = A^{-q}x^{(r)}$ 得

$$x^{(r-q)}(k) = \sum_{i-1}^{k} f_{k-i}(-q) \cdot x^{(r)}(i) = x^{(r)}(k) + \sum_{i=1}^{k-1} f_{k-i}(-q) \cdot x^{(r)}(i)$$

其均值生成序列为

$$Z^{(r)}(k) = \frac{1}{2}(x^{(r)}(k-1) + x^{(r)}(k))$$

代入 (3.47) 得

$$x^{(r)}(k) + \sum_{i=1}^{k-1} f_{k-i}(-q) \cdot x^{(r)}(i) - \frac{a}{2}(x^{(r)}(k-1) + x^{(r)}(k)) = b \sum_{i=0}^{m} c_i k^i$$

整理得

$$\left(1 - \frac{a}{2}\right) x^{(r)}(k) + \sum_{i=1}^{k-1} f_{k-i}(-q) \cdot x^{(r)}(i) - \frac{a}{2} x^{(r)}(k-1) = b \sum_{i=0}^{m} c_i k^i$$

化简得

$$(2-a)x^{(r)}(k) + 2\sum_{i=1}^{k-1} f_{k-i}(-q) \cdot x^{(r)}(i) - ax^{(r)}(k-1) = 2b \sum_{i=0}^{m} c_i k^i$$

所以

$$x^{(r)}(k) = \frac{2b \sum_{i=0}^{m} c_i k^i - 2\sum_{i=1}^{k-1} f_{k-i}(-q) \cdot x^{(r)}(i) + ax^{(r)}(k-1)}{2-a}$$

证明完毕.

定理 3.17 提供了模型 (3.47) 的数值解, 根据该解可以完成模型预测值计算. 本节主要基于泰勒中值定理, 使用多项式函数逼近非线性的灰输入函数. 然而本节使用逼近公式 (3.46) 时, 忽略了残差因子 ε. 若将残差因子 ε 视为系统扰动变量, 在历史样本量较大时, 则可采用先验分布对残差因子进行统计描述. 在实际建模中, 根据上述先验分布进行抽样估计残差 ε, 则可完成上述模型的区间估计.

3.4.3 分数阶导数多项式灰色模型的区间估计

假设残差 $\varepsilon \sim N(0, \sigma_e^2)$, 其中 σ_e 的先验分布 $\Gamma(\alpha, \beta)$. 基于该先验分布对 ε 进行 N 次马尔可夫链蒙特卡罗模拟 (MCMC 方法) 抽样, 则每次抽样中 ε_i 为定值, $H(t)$ 为固定函数, 即

$$H_i(t) = P_n(t) + \varepsilon_i \tag{3.51}$$

于是通过对 ε 进行 N 次抽样, 最终可得交通流预测结果 $\hat{x}_i^{(0)}$ 的 N 次抽样. 计算抽样结果均值, 则可得到模型的期望预测结果, 即

$$\hat{x}^{(0)}(k) = \frac{1}{N} \sum_{i=1}^{N} \hat{x}_i^{(0)}(k) \tag{3.52}$$

同时, 可完成置信度 α_0 下区间估计

$$\hat{x}^{(0)}(k) \in \left(\hat{x}_L^{(0)}(k), \ \hat{x}_R^{(0)}(k) \right) \tag{3.53}$$

对于区间端点 $\hat{x}_L^{(0)}(k)$, $\hat{x}_R^{(0)}(k)$ 的计算, 本节采用优化算法.

以区间长度最小为优化目标. 同时需要满足实际值落入预测区间的置信度达到 α_0, 整个问题可用优化模型表述如下:

$$\min Z = \hat{x}_R^{(0)}(k) - \hat{x}_L^{(0)}(k) \tag{3.54}$$

$$\text{s.t.} \int_{\hat{x}_L^{(0)}(k)}^{\hat{x}_R^{(0)}(k)} f_{X_k}(\theta, x)\, dx = \alpha_0$$

其中, $f_{X_k}(\theta, x)$ 为变量 $\hat{x}^{(0)}(k)$ 的概率密度函数, θ 为分布参数. 本节主要依据格里文科 (Glivenko-Cantelli) 定理: 当样本量足够大时, 样本的经验分布函数依概率收敛于总体分布函数. 于是可利用 $\hat{x}^{(0)}(k)$ 的大样本抽样, 计算经验分布函数, 完成对概率密度函数逼近. 由于上述优化模型中, 约束条件不是初等函数, 本节同样采用粒子群优化算法进行求解.

3.4.4　分数阶导数多项式灰色模型应用

例 3.4　城市道路早高峰交通流预测

城市道路早高峰交通流预测对于指导市民合理规划出行道路、缓解城市拥堵、节省上班时间具有重要意义; 同时对于交管部门, 提前知晓交通流发展趋势, 有利于做到合理调配管控资源, 减少城市拥堵事故发生, 肖新平教授等将灰色模型成功应用于城市道路交通流、高速公路交通流和航空流预测[15,113,141,154,164,174,238,285,286], 交通事故预测[96,105,134]. 本节主要以长沙市营盘路/紫薇路 (路段情况如图 3.5 中箭头标注所示) 为例, 完成交通流信息融合的分数阶灰色模型实例验证. 该路段为典型双向四车道路段.

从长沙市 SCATS (悉尼自适应交通控制系统) 数据库中, 采集该路段 2015 年 10 月 21 日前连续 30 个工作日交通流数据 (每天上午 6:00—8:45 共计 1020 个数据), 基于 MATLAB 对数据进行灰输入做多项式回归分析, 得到结果如表 3.10 所示.

观察表 3.10 中检验系数, 可以发现, 五次项系数不显著, 去掉五次项, 采用四次项回归, 可以发现表 3.10 中, 所有四次多项式回归系数均显著 (P 值均小于 0.05), 故可以采用四次多项式对交通流历史趋势项回归. 基于回归结果残差, 对先验分布参数完成极大似然估计, 得到

$$\alpha = 54.5125, \quad \beta = 0.5031$$

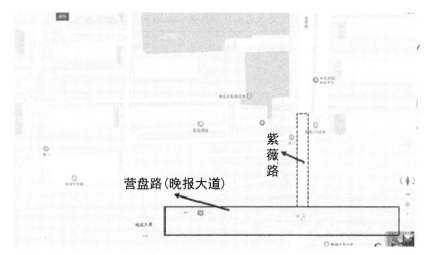

图 3.5   长沙市营盘路/紫薇路路段显示 (图片来源: 百度地图)

表 3.10   历史趋势项多项式回归分析

变量名	五次多项式回归			四次多项式回归		
	系数	T 统计量	检验 p 值	系数	T 统计量	检验 p 值
常数项	52.2383	9.9127	0.0000	52.8216	13.2030	0
t	-11.1766	-3.8739	0.0001	-11.5922	-7.5534	0
t^2	3.0282	6.1459	0.0000	3.1066	17.7805	0
t^3	-0.1387	-3.9494	0.0001	-0.1445	-19.3961	0
t^4	0.0018	1.6332	0.1026	1.982E-3	18.7580	0
t^5	2.00E$-$06	0.1701	0.8649			
R^2		0.8547			0.8547	
R^2 修正值		0.8543			0.8543	
方差		748.945			748.516	
德宾-沃森检验量		1.6816			1.6818	

  下面基于上述历史数据, 完成先验估计与历史趋势项估计. 采集 10 月 22 日上午 (6:50—7:25) 8 个数据, 根据上文估计先验信息 $\Gamma(54.5125, 0.5031)$, 利用 MATLAB 对 σ_e 完成 1000 次抽样, 针对每次抽样值 σ_e, 做 1000 次 ε 的抽样, 最终得到 100 万组 ε 抽样值, 基于 (3.47) 可构建 100 万组分数阶导数多项式 FGM(q, 1) 模型, 完成对上午 7:30—7:45 交通流量预测. 基于 (3.52), (3.53) 完成模型点预测和区间预测, 结果如表 3.11 所示.

  观察表 3.11 中结果可以发现, 融入历史信息的交通流预测模型精度相当高. 模型对于上午 7:30—7:45 时刻四个交通流数据的点预测结果精度相当高 (最大预测偏差仅为 4.83%). 此外相比传统的预测模型, 本模型通过对先验分布进行模拟抽样, 完成了对预测值的抽样, 并基于预测值抽样分布提供了预测结果的区间估计.

表 3.11   融入交通流历史信息的分数阶灰色模型预测

时间	真实值	估计期望	残差	相对误差	95%置信区间	
					左端点	右端点
6:50	91	91	—	—		
6:55	103	101.54	1.46	1.42%	99.13	103.95
7:00	122	118.84	3.16	2.59%	114.51	123.17
7:05	144	135.79	8.21	5.70%	128.91	142.67
7:10	157	153.11	3.89	2.48%	143.73	162.48
7:15	161	169.55	−8.55	5.31%	157.46	181.64
7:20	190	185.44	4.56	2.40%	170.6	200.27
7:25	206	199.71	6.29	3.05%	182.47	216.95
7:30	217	213.96	3.04	1.40%	191.98	233.93
7:35	237	225.55	11.45	4.83%	201.88	249.21
7:40	237	237.72	−0.72	0.30%	212.09	263.34
7:45	254	247.01	6.99	2.75%	218.05	275.95

观察上午 7:30—7:45 四个时刻的预测区间, 基本上都覆盖了这四个时刻交通流真实值. 上述结果表明交通流预测的分数阶非线性灰色模型预测对于该路段该时段的预测精度高, 结果可靠.

类似上述建模方法, 依次采用前 40 分钟数据, 预测后 20 分钟数据, 累计滚动预测未来 15 天 (每天 33 组数据, 共计 495 组数据, 每组数据包含 4 个预测结果), 最终得到 1980 个预测结果, 发现有 1874 个数据落入估计区间内, 预测准确度为 94.65%. 并将预测结果相对误差展示如图 3.6 所示. 可以发现大部分预测值与真

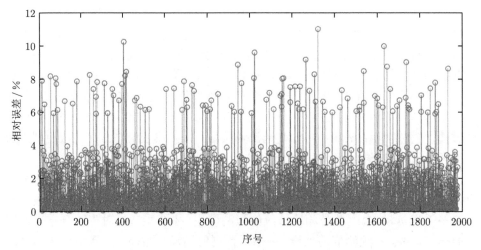

图 3.6   融入交通流历史信息的分数阶导数多项式灰色预测模型

实值的误差都在 5% 以内, 这表明该模型的实用性强.

本节将历史趋势项和残差项等非线性项融入分数阶导数灰色模型, 提出了分数阶非线性灰色模型, 并基于常数变易法, 完成模型求解, 并基于 MCMC 方法模拟先验残差抽样, 完成模型点预测与区间预测.

第 4 章　分数阶多变量灰色模型

在灰预测领域, GM(1, 1) 模型是基本的预测模型, 具有全信息性, 主要处理单变量的预测问题. 在现实生活中, 存在大量复杂多变的不确定系统, 如生态环境 [23,118,140,152]、经济系统 [20,39,58]、能源消费 [6,110,112,114,161-163]、煤矿安全系统 [61,79]、风险预测 [61,67,69-71,199,200] 等均含有多个不同的影响变量. 如何对这些少信息多因子不确定系统作整体的、全局的、动态的分析是我们面临的一个现实问题. 如果将这些因子看成资质不同的资源, 将不同资质的资源进行序化, 使之提高总体效能, 显然是很有实际意义的工作. 本章将介绍几类多维灰色模型.

4.1　GM(1, N) 模型

影响城市规模变化的因素主要为市域总人口、市区人口、城市人均居住面积、城市人均公共绿地面积, 此外还有全市人均国内生产总值、全市固定资产投资额、全市客运量、城市人均可支配收入、农村人均纯收入、全市工业总产值和全市农业总产值等. 要分析城市规模发展态势需要确定一个主要特征因子以及影响该因子的 $N-1$ 个与之关系密切的作用因素. 建模时称这个主要特征因子为被解释变量, $N-1$ 个作用因素为解释变量. 又如影响海洋经济产值的因素主要包括生产和需求两个方面, 其中需求拉动因素主要有国内生产总值、净出口商品总值、消费品零售总额、商品价格零售指数等; 决定生产的要素主要有资本、劳动和技术进步等. 要对某地海洋经济的产值进行分析与建模, 就需要建立多维灰色模型.

GM(1, N) 模型为 N 个变量的一阶线性动态模型, 以多个变量的时间序列为基础, 主要用于事物的状态分析和决策 [306,311,315,318,319].

定义 4.1　设 $x_1^{(0)} = (x_1^{(0)}(1), x_1^{(0)}(2), \cdots, x_1^{(0)}(n))$ 为系统特征数据序列, 也称为行为变量; $x_i^{(0)} = (x_i^{(0)}(1), x_i^{(0)}(2), \cdots, x_i^{(0)}(n))$, $i = 2, 3, \cdots, N$ 为与系统特征数据序列相关性较高的因素序列, 也称为因子变量; $x_i^{(1)}$ 为原始序列 $x_i^{(0)}(i = 1, 2, \cdots, N)$ 的一次累加生成序列, $z_1^{(1)}$ 为 $x_1^{(1)}$ 的紧邻均值生成序列, 则 GM(1, N) 模型定义为

$$x_1^{(0)}(k) + az_1^{(1)}(k) = \sum_{i=2}^{N} b_i x_i^{(1)}(k)$$

如果从社会资源的角度看, $x_1^{(0)}(k)$ 为系统行为, $x_i^{(1)}(k), i = 2, 3, \cdots, N$ 为行

为资源, $\sum_{i=2}^{N} b_i x_i^{(1)}(k)$ 为资源整合. a 称为系统的发展系数, 反映主因素和各子因素之间的协调程度. 当 $a < 0$ 时, 表明系统各子因素与主因素是协调的; 反之若 $a > 0$, 表示系统不协调. a 值越大, 不协调程度越大. b_i 称为系统的协调系数 (或者资源影响系数), 反映该因素对主因素的动态变化影响. 当 $b_i > 0$ 时, 表示该因素对主因素有促进作用; 反之当 $b_i < 0$ 时, 表示该因素对主因素起阻碍作用. 模型 GM(1, N) 揭示了系统内各因素间相互作用而产生的综合动态效果, 为高阶系统建模提供了基础. 以下给出 GM(1, N) 模型的参数包表示及时间响应式.

(1) GM(1, N) 模型的一级参数包 $(a, b_2, \cdots, b_N)$, 记为 P_{I}

$$P_{\mathrm{I}} = \begin{pmatrix} a \\ b_2 \\ \vdots \\ b_N \end{pmatrix}, \quad B = \begin{pmatrix} -z_1^{(1)}(2) & x_2^{(1)}(2) & \cdots & x_N^{(1)}(2) \\ -z_1^{(1)}(3) & x_2^{(1)}(3) & \cdots & x_N^{(1)}(3) \\ \vdots & \vdots & & \vdots \\ -z_1^{(1)}(n) & x_2^{(1)}(n) & \cdots & x_N^{(1)}(n) \end{pmatrix}, \quad Y = \begin{pmatrix} x_1^{(0)}(2) \\ x_1^{(0)}(3) \\ \vdots \\ x_1^{(0)}(n) \end{pmatrix}$$

当 $n > N + 1$ 时, 则 P_{I} 在最小二乘准则下有

$$P_{\mathrm{I}} = (B^{\mathrm{T}} B)^{-1} B^{\mathrm{T}} Y$$

(2) GM(1, N) 模型的二级参数包为 $P_{\mathrm{II}} = (T, C, S(1), S(2), \cdots, S(N))$, 令

$$C = \sum_{k=2}^{n} z_1^{(1)}(k) x_1^{(0)}(k) S(j) = \sum_{i=2}^{N} \left(x_1^{(0)}(i) \sum_{k=2}^{N} t_{jk} x_k^{(1)}(i) \right), \quad j = 1, 2, \cdots, N$$

$$T = (B^{\mathrm{T}} B)^{-1} = \begin{pmatrix} t_{11} & t_{12} & \cdots & t_{1N} \\ t_{21} & t_{22} & \cdots & t_{2N} \\ \vdots & \vdots & & \vdots \\ t_{N1} & t_{N2} & \cdots & t_{NN} \end{pmatrix}$$

则有

$$P_{\mathrm{II}} = \begin{pmatrix} -t_{11} C + S(1) \\ -t_{21} C + S(2) \\ \vdots \\ -t_{N1} C + S(N) \end{pmatrix}$$

即

$$a = -t_{11} C + S(1), \quad b_i = -t_{i1} C + S(i), \quad i = 2, \cdots, N$$

(3) GM(1, N) 模型的白化模型为

$$\frac{dx_1^{(1)}}{dt} + ax_1^{(1)} = \sum_{i=2}^{N} b_i x_i^{(1)}$$

且白化模型的解为

$$x^{(0)}(t) = e^{-at}\left[\sum_{i=2}^{N}\int b_i x_i^{(1)}(t)e^{at}dt + x^{(1)}(0) - \sum_{i=2}^{N}\int b_i x_i^{(1)}(0)dt\right]$$

$$= e^{-at}\left[x_1^{(1)}(0) - t\sum_{i=2}^{N} b_i x_i^{(1)}(0) + \sum_{i=2}^{N}\int b_i x_i^{(1)}(t)e^{at}dt\right]$$

当 $x_i^{(1)}$ $(i = 1, 2, \cdots, N)$ 变化幅度很小时, 可视 $\sum_{i=2}^{N} b_i x_i^{(1)}(k)$ 为灰变量, 则 GM(1, N) 模型的近似时间响应式为

$$\hat{x}_1^{(1)}(k+1) = \left(x_1^{(1)}(1) - \frac{1}{a}\sum_{i=2}^{N} b_i x_i^{(1)}(k+1)\right)e^{-ak} + \frac{1}{a}\sum_{i=2}^{N} b_i x_i^{(1)}(k+1)$$

累减还原式为

$$\hat{x}_1^{(0)}(k+1) = \hat{x}_1^{(1)}(k+1) - \hat{x}_1^{(1)}(k)$$

(4) GM(1, N) 差分模拟式为

$$\hat{x}_1^{(0)}(k) = -az_1^{(1)}(k) + \sum_{i=2}^{N} b_i \hat{x}_i^{(1)}(k)$$

其中 $\hat{x}_1$ 代表 N 种资源的整合效能 (行为).

(5) GM(1, N) 派生模型有三种

$$\text{GM}(1, N, x^{(1)}) : x_1^{(0)}(k) = \sum_{i=2}^{N} \beta_i x_i^{(1)}(k) - \alpha x_1^{(1)}(k-1)$$

$$\beta_i = \frac{b_i}{1 + 0.5a}, \quad \alpha = \frac{a}{1 + 0.5a}$$

$$\text{GM}(1, N, x^{(0)}) : x_1^{(0)}(k) = \sum_{i=2}^{N} \beta_i x_i^{(0)}(k) + (1 - \alpha) x_1^{(0)}(k-1)$$

$$x_1^{(0)}(2) = \sum_{i=2}^{N} \beta_i x_i^{(1)}(k) - \alpha x_1^{(0)}(1)$$

$$\mathrm{GM}(1, N, \exp) : x_1^{(0)}(k) = \sum_{m=2}^{k} \sum_{i=2}^{N} \beta_i x_i^{(0)}(m) \, e^{(k-m)\ln(1-\alpha)} + x_1^{(0)}(1) \, e^{(k-1)\ln(1-\alpha)}$$

下面介绍数乘变换对 GM$(1, N)$ 模型参数和模型值的影响, 其主要结果如下:

定理 4.1 设 $(a, b_2, b_3, \cdots, b_N)^{\mathrm{T}}$, $(a_y, b_{y2}, b_{y3}, \cdots, b_{yN})^{\mathrm{T}}$ 是分别建立在原始序列 $x_i^{(0)}$ 和数乘变换序列 $y_i^{(0)}$ 上的 GM$(1, N)$ 模型的参数向量, 即 $y_i^{(0)}(k) = \rho_i x_i^{(0)}(k)$, $\hat{x}_1^{(0)}(k), \hat{y}_1^{(0)}(k)$ 分别为序列 $x_i^{(0)}, y_i^{(0)}$ 的 GM$(1, N)$ 模型值 (预测值), $q(k)$ 与 $\bar{q}(k)$ 分别为序列 $x_i^{(0)}, y_i^{(0)}$ 的 GM$(1, N)$ 模型值的相对误差:

$$q(k) = \frac{x_1^{(0)}(k) - \hat{x}_1^{(0)}(k)}{x_1^{(0)}(k)} \times 100\%, \quad \bar{q}(k) = \frac{y_1^{(0)}(k) - \hat{y}_1^{(0)}(k)}{y_1^{(0)}(k)} \times 100\%$$

当初始条件取新的初始点时, 则有

$$a = a_y, \quad b_{yi} = \frac{\rho_1}{\rho_i} b_i; \quad \hat{x}_1^{(0)}(k) = \rho_1 \hat{y}_1^{(0)}(k); \quad q(k) = \bar{q}(k)$$

该定理表明: 当初始条件取新的初始点时, GM$(1, N)$ 模型值 (输出值) 只与系统主行为原始序列的数乘变换值有关, 而与其他行为因子的数乘变换值无关, 而且系统的相对误差也不受数乘变换的影响. 结果的理论和实际意义主要表现在以下两个方面:

(1) 无论原始序列数据的单位 (或量纲)、数量级是否相同, 都不会影响系统的预测精度和误差, 这样在 GM 建模过程中, 是否需要对原始序列做初值化或均值化等处理完全可由其他的因素, 如建模条件、计算量的大小、数据的实际意义等来决定.

(2) 可将 GM$(1, N)$ 模型的建模条件从传统的 "非负" 序列拓广到负序列, 事实上如果原始序列 $y^{(0)}$ 为负序列, 则只需对数乘变换 $x^{(0)} = \rho \, y^{(0)}$, 其中取 $\rho < 0$ 后建模即可.

4.2 时滞 GM$(1, N, \tau)$ 模型

GM$(1, N, \tau)$ 是多变量时滞灰色模型的符号. GM$(1, N, \tau)$ 中包括一个行为变量, 记为 y; $N - 1$ 个因子变量, 记为 x_i, $i = 1, 2, \cdots, N - 1$; 以及因子变量与行为变量的时间差, 即时滞值 τ.

定义 4.2 设数据序列 $y^{(0)} = (y^{(0)}(1), \; y^{(0)}(2), \; \cdots, y^{(0)}(n))$ 为系统行为序列, 序列 $x_i^{(0)} = (x_i^{(0)}(1), \; x_i^{(0)}(2), \; \cdots, x_i^{(0)}(n))$ 为相关因素序列, $i = 1, 2, \cdots,$ $N - 1$. $y^{(1)}$ 为 $y^{(0)}$ 的一次累加生成序列, 即 $y^{(1)}(k) = \sum_{j=1}^{k} y^{(0)}(j)$; $x_i^{(1)}$ 为 $x_i^{(0)}$ 的

一次累加生成序列, 即 $x_i^{(1)}(k) = \sum_{j=1}^{k} x_i^{(0)}(j)$; $z_y^{(1)}$ 为 $y^{(1)}$ 的紧邻均值生成序列, 即

$z_y^{(1)}(k) = 0.5 \left(y^{(1)}(k) + y^{(1)}(k-1) \right)$, 则称

$$y^{(0)}(k) + az_y^{(1)}(k) = \sum_{i=1}^{N-1} b_i x_i^{(1)}(k-\tau) \tag{4.1}$$

为 GM$(1, N, \tau)$ 模型.

定理 4.2　设 $y^{(0)}$ 为系统行为序列, $x_i^{(0)}(i = 1, 2, \cdots, N-1)$ 为系统因子数据序列, $y^{(1)}$, $x_i^{(1)}$ 分别为 $y^{(0)}$, $x_i^{(0)}$ 的一次累加生成序列, $z_y^{(1)}$ 为 $y^{(1)}$ 的紧邻均值生成序列,

$$B = \begin{pmatrix} z_y^{(1)}(\tau+2) & x_1^{(1)}(2) & \cdots & x_{N-1}^{(1)}(2) \\ z_y^{(1)}(\tau+3) & x_1^{(1)}(3) & \cdots & x_{N-1}^{(1)}(3) \\ \vdots & \vdots & & \vdots \\ z_y^{(1)}(n) & x_1^{(1)}(n-\tau) & \cdots & x_{N-1}^{(1)}(n-\tau) \end{pmatrix}, \quad Y = \begin{pmatrix} y^{(0)}(\tau+2) \\ y^{(0)}(\tau+3) \\ \vdots \\ y^{(0)}(n) \end{pmatrix}$$

则参数列 $\widehat{a} = (a, b_1, b_2, \cdots, b_{N-1})^{\mathrm{T}}$ 的最小二乘估计满足

$$\widehat{a} = \left(B^{\mathrm{T}} B \right)^{-1} B^{\mathrm{T}} Y \tag{4.2}$$

证明　将数据代入模型 (4.1) 中得到

$$y^{(0)}(\tau+2) = \sum_{i=1}^{N-1} b_i x_i^{(1)}(2) - az_y^{(1)}(\tau+2)$$

$$y^{(0)}(\tau+3) = \sum_{i=1}^{N-1} b_i x_i^{(1)}(3) - az_y^{(1)}(\tau+3)$$

$$\cdots\cdots$$

$$y^{(0)}(n) = \sum_{i=1}^{N-1} b_i x_i^{(1)}(n-\tau) - az_y^{(1)}(n)$$

此即 $Y = B\widehat{a}$, 对于 $\widehat{a} = (a, b_1, b_2, \cdots, b_{N-1})^{\mathrm{T}}$ 的一对估计值, 以 $\sum_{i=1}^{N-1} b_i x_i^{(1)}(k-\tau) - az_y^{(1)}(k)$ 代替 $y^{(0)}(k)(k = \tau+1, \tau+2, \cdots, n)$ 可得误差序列 $\varepsilon = Y - B\widehat{a}$, 设

$$s = \varepsilon^{\mathrm{T}} \varepsilon = (Y - B\widehat{a})^{\mathrm{T}} (Y - B\widehat{a})$$

$$= \sum_{k=\tau+2}^{n} \left(y^{(0)}(k) - \sum_{i=1}^{N-1} b_i x_i^{(1)}(k-\tau) + a z_y^{(1)}(k) \right)^2$$

使 s 最小的 $a, b_i (i = 1, 2, \cdots, N-1)$ 应满足

$$\begin{cases} \dfrac{\partial s}{\partial a} = 2 \sum_{k=\tau+2}^{n} \left(y^{(0)}(k) - \sum_{i=1}^{N-1} b_i x_i^{(1)}(k-\tau) + a z_y^{(1)}(k) \right) \cdot z_y^{(1)}(k) = 0 \\[4mm] \dfrac{\partial s}{\partial b_1} = -2 \sum_{k=\tau+2}^{n} \left(y^{(0)}(k) - \sum_{i=1}^{N-1} b_i x_i^{(1)}(k-\tau) + a z_y^{(1)}(k) \right) \cdot x_1^{(1)}(k-\tau) = 0 \\[4mm] \qquad\qquad\qquad\qquad \cdots\cdots \\[2mm] \dfrac{\partial s}{\partial b_{N-1}} = -2 \sum_{k=\tau+2}^{n} \left(y^{(0)}(k) - \sum_{i=1}^{N-1} b_i x_i^{(1)}(k-\tau) + a z_y^{(1)}(k) \right) \cdot x_{N-1}^{(1)}(k-\tau) = 0 \end{cases}$$

即

$$\begin{cases} \sum_{k=\tau+2}^{n} \left(y^{(0)}(k) - \sum_{i=1}^{N-1} b_i x_i^{(1)}(k-\tau) + a z_y^{(1)}(k) \right) \cdot \left(-z_y^{(1)}(k) \right) = 0 \\[4mm] \sum_{k=\tau+2}^{n} \left(y^{(0)}(k) - \sum_{i=1}^{N-1} b_i x_i^{(1)}(k-\tau) + a z_y^{(1)}(k) \right) \cdot x_1^{(1)}(k-\tau) = 0 \\[4mm] \qquad\qquad\qquad\qquad \cdots\cdots \\[2mm] \sum_{k=\tau+2}^{n} \left(y^{(0)}(k) - \sum_{i=1}^{N-1} b_i x_i^{(1)}(k-\tau) + a z_y^{(1)}(k) \right) \cdot x_{N-1}^{(1)}(k-\tau) = 0 \end{cases}$$

即 $B^{\mathrm{T}} \varepsilon = 0$, 于是 $B^{\mathrm{T}}(Y - B\hat{a}) = 0$, 或 $B^{\mathrm{T}} Y - B^{\mathrm{T}} B \hat{a} = 0$, 即 $B^{\mathrm{T}} B \hat{a} = B^{\mathrm{T}} Y$, 所以

$$\hat{a} = \left(B^{\mathrm{T}} B \right)^{-1} B^{\mathrm{T}} Y$$

GM$(1, N, \tau)$ 模型的白化形式如下

$$\frac{dy^{(1)}}{dt} + a_1 y^{(1)}(t) = \sum_{i=1}^{N-1} b_i x_i^{(1)}(t-\tau) \tag{4.3}$$

定理 4.3 如 (4.3) 所示微分方程的解为

$$y^{(1)}(t+1) = \left(y^{(1)}(\tau+1) - \sum_{i=1}^{N-1} b_i x_i^{(1)}(t+1) \right) e^{-a(t-\tau)}$$

$$+\frac{1}{a}\sum_{i=1}^{N-1}b_i x_i^{(1)}(t+1),\quad t\geqslant \tau+1 \tag{4.4}$$

证明
$$\frac{dy^{(1)}}{dt}+a_1 y^{(1)}(t)=\sum_{i=1}^{N-1}b_i x_i^{(1)}(t-\tau)$$

$$\frac{dy^{(1)}}{ay^{(1)}+\displaystyle\sum_{i=1}^{N-1}b_i x_i^{(1)}(t-\tau)}=dt$$

即

$$\int\frac{dy^{(1)}}{ay^{(1)}+\displaystyle\sum_{i=1}^{N-1}b_i x_i^{(1)}(t-\tau)}=\int dt$$

因此

$$\ln\left(ay^{(1)}+\frac{1}{a}\sum_{i=1}^{N-1}b_i x_i^{(1)}(t-\tau)\right)=a(t+C)$$

其中 C 为未知常数. 于是

$$ay^{(1)}+\frac{1}{a}\sum_{i=1}^{N-1}b_i x_i^{(1)}(t-\tau)=C_1\exp(at)$$

其中 $C_1=\exp(aC)$.

　　由于 $y(\tau+1)$ 和 $x(1)$ 已知, 可以求得

$$C_1=\left(ay^{(1)}(\tau+1)+\frac{1}{a}\sum_{i=1}^{N-1}b_i x_i^{(1)}(1)\right)e^{-a\tau}$$

所以 (4.4) 式得证, 故模型预测值为

$$\hat{y}^{(1)}(t+1)=\left(y^{(1)}(\tau+1)-\sum_{i=1}^{N-1}b_i x_i^{(1)}(t+1)\right)e^{-a(t-\tau)}+\frac{1}{a}\sum_{i=1}^{N-1}b_i x_i^{(1)}(t+1)$$

模型还原值

$$\hat{y}^{(0)}(t+1)=\hat{y}^{(1)}(t+1)-\hat{y}^{(1)}(t),\quad t\geqslant \tau+1 \tag{4.5}$$

4.3 分数阶累加 GM(1, N, τ) 模型

4.3.1 分数阶累加 GM(1, N, τ) 模型的建立

当我们采用分数阶累加生成矩阵 A^r 代替原模型中的一次累加生成, 我们称所得到的模型为分数阶累加 GM(1, N, τ), 此时模型白化方程

$$\frac{dy^{(1)}}{dt} + ay^{(r)} = \sum b_i x_i^{(r)} (t - \tau)$$

灰色方程

$$y^{(r-1)} (k) + a z_y^{(r)} (k) = \sum_{i=1}^{N-1} b_i x_i^{(r)} (k - \tau), \quad k = \tau + 2, \tau + 3, \cdots, n$$

参数列 $\hat{a} = (a, b_1, b_2, \cdots, b_{N-1})^{\mathrm{T}}$ 的最小二乘估计满足

$$\hat{a} = \left(B^{*\mathrm{T}} B^*\right)^{-1} B^{*\mathrm{T}} Y^* \tag{4.6}$$

其中

$$B^* = \begin{pmatrix} z_y^{(r)} (\tau + 2) & x_1^{(r)} (2) & \cdots & x_{N-1}^{(r)} (2) \\ z_y^{(r)} (\tau + 3) & x_1^{(r)} (3) & \cdots & x_{N-1}^{(r)} (3) \\ \vdots & \vdots & & \vdots \\ z_y^{(r)} (n) & x_1^{(r)} (n - \tau) & \cdots & x_{N-1}^{(r)} (n - \tau) \end{pmatrix}$$

$$Y^* = \begin{pmatrix} y^{(r)}(\tau + 2) - y^{(r)}(\tau + 1) \\ y^{(r)}(\tau + 3) - y^{(r)}(\tau + 2) \\ \vdots \\ y^{(r)}(n) - y^{(r)}(n - 1) \end{pmatrix}$$

类似 (4.5), 模型的 r 次累加生成序列的预测值为

$$\hat{y}^{(r)} (t + 1) = \left(y^{(r)} (\tau + 1) - \sum_{i=1}^{N-1} b_i x_i^{(r)} (t + 1) \right) e^{-a(t-\tau)} + \frac{1}{a} \sum_{i=1}^{N-1} b_i x_i^{(r)} (t + 1)$$

$$\tag{4.7}$$

同时我们可以得到序列的还原值

$$\hat{y}^{(0)} = A^{-r} \hat{y}^{(r)} \tag{4.8}$$

4.3.2 非整数时滞值下模型完善

上述模型主要是针对整数时滞值情景. 由于现实中的时滞值往往是非整数的, 此时 $x^{(r)}(t - \tau)$, 数据不存在. 为解决这一种问题, 本章提出一种相邻整数点加权构造法进行完善. 假设 $x = \{x(1), x(2), \cdots, x(n)\}$ 为一个原始数据序列, $k = 1, 2, \cdots, n$ 为序列序号, 显然针对该序列, 序号和序列数据存在一个一一映射关系, 即针对每一个 k 值, 有且仅有一个数据 $x(k)$ 与之对应. 设实数 $p \in [1, n]$, 函数 $q = [p]$ 表示向下取整运算. 那么序列中, 序号 p 对应数据 $x(p)$ 的计算定义如下

$$x(p) = (q + 1 - p)\, x(q) + (p - q)x(q + 1)$$

例如, 时滞值为 1.8 时, 则数据 $x(1.8)$ 的线性加权构造公式为

$$x(1.8) = (2 - 1.8)x(1) + (1.8 - 1)x(2) = 0.2x(1) + 0.8x(2)$$

结合 (4.8), 可将预测模型 (4.7) 改写为

$$\hat{y}^{(r)}\,(t + 1) = \left(y^{(r)}(\tau + 1) - \sum_{i=1}^{N-1} b_i \left(k_1 x_i^{(r)}\,(t - [\tau]) + k_2 x_i^{(r)}\,(t - [\tau] + 1) \right) \right) e^{-a(t-\tau)}$$

$$+ \frac{1}{a} \sum_{i=1}^{N-1} b_i \left(k_1 x_i^{(r)}\,(t - [\tau]) + k_2 x_i^{(r)}\,(t - [\tau] + 1) \right) \tag{4.9}$$

其中 $k_1 = \tau - [\tau]$, $k_2 = [\tau] + 1 - \tau$, $t \geqslant [\tau] + 1$.

4.3.3 模型阶数的确定

分数阶累加 $\mathrm{GM}(1, N, \tau)$ 模型实际上是 $\mathrm{GM}(1, N, \tau)$ 模型的一种拓展和补充, 当 $r = 1$ 时, 该模型退化为 $\mathrm{GM}(1, N, \tau)$ 模型, 当 $\tau = 0$ 时, 模型即为 $\mathrm{GM}(1, N)$ 模型. 对于模型阶数的确定, 本章选取使模型 MAPE 值最小的 r, 作为建模阶数. 这里以 MAPE 值最小为优化目标, 建立关于 r 的优化模型, 表述如下

$$\min \mathrm{MAPE}(r)$$
$$\mathrm{s.t.} \quad r > 0$$

由于 MAPE 的计算过程中, 涉及绝对值符号运算, MAPE 关于 r 是不可导的, 难以给出模型的解析式. 所以采用群体智能优化算法, 如遗传算法、粒子群算法等搜索出模型最优解. 事实上, 关于分数阶累加 $\mathrm{GM}(1, N, \tau)$ 模型其实可以理解为, 将原始序列, 如 $x^{(0)}, y^{(0)}$, 通过广义累加生成矩阵, 如 A^{r-1} 作用, 得到序列 $x^{(r-1)}$, $y^{(r-1)}$, 然后对作用后的序列, 进行传统的 $\mathrm{GM}(1, N, \tau)$ 模型建模. 另一方面, 分数阶广义累加是对传统的灰色建模做以下两个方面的推广: 首先是对累加生成方式

的推广, 由原来的一阶累加推广到分数阶累加; 其次也是对白化微分方程阶数的推广, 由一阶微分方程推广到分数阶微分方程. 而传统的 $\mathrm{GM}(1, N, \tau)$ 模型也可看成是一种特殊的分数阶累加生成模型, 其特殊性既表现在累加生成方式的特殊, 也表现在微分方程阶数的特殊.

4.4 多变量分数阶灰色模型

灰色系统理论经过发展后得到了不同的形式, 其对于处理小样本的序列体现了明显的优势. 灰色模型能充分利用已知数据信息, 提取出隐藏的数据特点, 尤其当模型的阶数不再局限于整数阶时, 灰色模型应用更加广泛. 当模型的累加阶数拓展到有理数 r 时, 可得到原始序列的 r 次累加生成序列, 再将导数的阶数拓展到分数阶 q, 则得到 $\mathrm{FGM}(q, N)$ 模型.

定义 4.3 微分方程

$$\frac{d^q y^{(r)}}{dt^q} + ay^{(r)}(t) = \sum_{i=1}^{N-1} b_i x_i^{(r)}(t) \tag{4.10}$$

为 $\mathrm{FGM}(q, N)$ 模型的白化形式.

由于 $h \to 0$ 时, n 阶可导函数 $x(t)$ 在 $t = kh$ 处的 n 阶导数 x_k^{-q} 满足

$$x_k^{-q} = \frac{1}{h^q} \sum_{i=1}^{k} \begin{pmatrix} -q \\ k-i \end{pmatrix} x_i$$

因此, 对于 $h = 1$, 将 x^r 的 q 阶导数用 q 阶差分估计, 可得模型的定义式.

定义 4.4 称

$$y^{(r-q)}(k) + aZ_y^{(r)}(k) = \sum_{i=1}^{N-1} b_i x_i^{(r)}(k)$$

为 $\mathrm{FGM}(q, N)$ 模型的定义式, 其中 $y^{(r-q)} = A^{-q} y^{(r)}$ 及

$$A^{-r} = \begin{pmatrix} 1 & 0 & \cdots & 0 \\ -r & 1 & \cdots & 0 \\ \dfrac{-r(-r+1)}{2!} & -r & \cdots & 0 \\ \vdots & \vdots & & \vdots \\ \dfrac{-r(-r+1)\cdots(-r+n-2)}{(n-1)!} & \dfrac{-r(-r+1)\cdots(-r+n-3)}{(n-2)!} & \cdots & 1 \end{pmatrix}$$

若给定初始值点 $y^{(r)}(1) = y^{(0)}(1)$, 则序列 $y^{(r)}$ 的数值解满足

$$\hat{y}^{(r)}(k) = \frac{2\sum_{i=1}^{N-1} b_i x_i^{(r)}(k) - 2\sum_{i=1}^{k-1} f_{k-i}(-q) \cdot y^{(r)}(i) - ay^{(r)}(k-1)}{a+2}$$

且模型的还原值如下

$$\hat{y}^{(0)} = A^{-r}\hat{y}^{(r)}$$

通过前面给出的分数阶矩阵的计算, 我们可以得到模型的还原值. 此外, 由于具体之间存在滞后效应[223,282,308,317], 那么在 FGM(q, N) 模型的基础上, 还需要考虑到变量的滞后性, 模型中还需要添加滞后项, 这样才能使得模型更加适用于实际情况.

4.4.1　FGM(q, N, τ) 模型的建立

定义 4.5　设数据序列 $y^{(0)} = (y^{(0)}(1), y^{(0)}(2), \cdots, y^{(0)}(n))^{\mathrm{T}}$ 为系统行为序列, 序列 $x_1^{(0)} = (x_1^{(0)}(1), x_1^{(0)}(2), \cdots, x_1^{(0)}(n))^{\mathrm{T}}$ 为相关因素序列, $i = 1, 2, \cdots, N-1$, $x_i^{(r)}$ 为 $x_i^{(0)}$ 的 r 次累加生成序列. $y^{(r-q)} = (y^{(r-q)}(1), y^{(r-q)}(2), \cdots, y^{(r-q)}(n))^{\mathrm{T}}$ 为系统行为序列的 $r - q$ 次累加生成序列, 则分数阶 GM(q, N, τ) 模型的定义式如下

$$y^{(r-q)}(k) + aZ_y^{(r)}(k) = \sum_{i=1}^{N-1} b_i x_i^{(r)}(k - \tau)$$

其中 $Z_y^{(r)}(k) = 0.5y^{(r)}(k-1) + 0.5y^{(r)}(k)$.

该模型中 r 为累加生成次数, q 为微分方程的阶数, N 为变量的个数, a 为发展系数, τ 为滞后数.

4.4.2　FGM(q, N, τ) 模型的求解

定理 4.4　设 $y^{(0)}$ 为系统行为序列, $x_i^{(0)}(i = 1, 2, \cdots, N-1)$ 为系统因子数据序列. $y^{(r)}$, $x_i^{(r)}$ 分别为 $y^{(0)}$, $x_i^{(0)}$ 的 r 阶累加生成序列, $Z_y^{(r)}$ 为 $y^{(r)}$ 的紧邻均值生成序列[55]. 建立 FGM(q, N, τ) 模型, 则模型的最小二乘估计参数列 $\hat{P} = (a, b_1, b_2, \cdots, b_{N-1})^{\mathrm{T}}$ 满足

$$\hat{P} = (B^{\mathrm{T}}B)^{-1}B^{\mathrm{T}}Y \tag{4.11}$$

其中

$$Y = \begin{pmatrix} y^{(r-q)}(\tau+2) \\ y^{(r-q)}(\tau+3) \\ \vdots \\ y^{(r-q)}(n) \end{pmatrix}$$

$$B = \begin{pmatrix} -Z_y^{(r)}(\tau + 2) & x_1^{(r)}(2) & \cdots & x_{N-1}^{(r)}(2) \\ -Z_y^{(r)}(\tau + 3) & x_1^{(r)}(3) & \cdots & x_{N-1}^{(r)}(3) \\ \vdots & \vdots & & \vdots \\ -Z_y^{(r)}(n) & x_1^{(r)}(n - \tau) & \cdots & x_{N-1}^{(r)}(n - \tau) \end{pmatrix}$$

证明 首先根据 $\mathrm{FGM}(q, N, \tau)$ 模型定义 (定义 4.5), 写出序列满足的关系如下

$$y^{(r-q)}(\tau + 2) = \sum_{i=1}^{N-1} b_i x_i^{(r)}(2) - aZ_y^{(r)}(\tau + 2)$$

$$y^{(r-q)}(\tau + 3) = \sum_{i=1}^{N-1} b_i x_i^{(r)}(3) - aZ_y^{(r)}(\tau + 3)$$

$$\cdots\cdots$$

$$y^{(r-q)}(n) = \sum_{i=1}^{N-1} b_i x_i^{(r)}(n - \tau) - aZ_y^{(r)}(n).$$

为了对参数进行求解, 把上述方程组写成矩阵形式为 $Y = B\hat{P}$, 对于 $\hat{P} = (a, b_1, b_2, \cdots, b_{N-1})^{\mathrm{T}}$ 的一组参数估计列, 可得误差序列 $\varepsilon = Y - B\hat{P}$.

设

$$\begin{aligned} \omega &= \varepsilon^{\mathrm{T}}\varepsilon \\ &= (Y - B\hat{P})^{\mathrm{T}}(Y - B\hat{P}) \\ &= \sum_{k=\tau+2}^{n} \left(y^{(r-q)}(k) - \sum_{i=1}^{N-1} b_i x_i^{(r)}(k - \tau) + aZ_y^{(r)}(k) \right)^2 \end{aligned}$$

为了求出使 ω 最小的 $a, b_1, b_2, \cdots, b_{N-1}$, 我们分别对参数进行求导后:

$$\frac{\partial \omega}{\partial a} = 2 \sum_{k=\tau+2}^{n} \left(y^{(r-q)}(k) - \sum_{i=1}^{N-1} b_i x_i^{(r)}(k - \tau) + aZ_y^{(r)}(k) \right) \cdot Z_y^{(r)}(k) = 0$$

$$\frac{\partial \omega}{\partial b_1} = -2 \sum_{k=\tau+2}^{n} \left(y^{(r-q)}(k) - \sum_{i=1}^{N-1} b_i x_i^{(r)}(k - \tau) + aZ_y^{(r)}(k) \right) \cdot x_1^{(r)}(k - \tau) = 0$$

$$\cdots\cdots$$

$$\frac{\partial \omega}{\partial b_{N-1}} = -2 \sum_{k=\tau+2}^{n} \left(y^{(r-q)}(k) - \sum_{i=1}^{N-1} b_i x_i^{(r)}(k - \tau) + aZ_y^{(r)}(k) \right) \cdot x_{N-1}^{(r)}(k - \tau) = 0$$

对上述方程组, 结合给出的误差序列的表示形式, 可得到矩阵的表示:

$$B^{\mathrm{T}} \cdot \varepsilon = 0$$

对上述矩阵形式, 把 $\varepsilon = Y - B\hat{P}$ 代入其中可得

$$B^{\mathrm{T}}(Y - B\hat{P}) = 0$$

接着, 对矩阵进行运算变形后:

$$B^{\mathrm{T}}Y = B^{\mathrm{T}}B\hat{P}$$

根据矩阵的运算性质, 对上述的矩阵参数列求解可得到参数列的形式如下:

$$\hat{P} = \left(B^{\mathrm{T}}B\right)^{-1} B^{\mathrm{T}}Y$$

为了得到 $\mathrm{FGM}(q, N, \tau)$ 模型的解, 现给出其白化形式如下:

$$\frac{d^q y^{(r)}}{dt^q} + ay^{(r)}(t) = \sum_{i=1}^{N-1} b_i x_i^{(r)}(t - \tau) \tag{4.12}$$

对于如 (4.12) 所示的微分方程, 特别是当 $q \neq 1$ 时, 难以给出解析解. 一般可根据 $\mathrm{FGM}(q, N, \tau)$ 模型定义计算数值解.

定理 4.5　微分方程 (4.12) 的解为

$$\hat{y}^{(r)}(k) = \frac{2\sum_{i=1}^{N-1} b_i x_i^{(r)}(k-\tau) - 2\sum_{i=1}^{k-1} f_{k-i}(-q) \cdot y^{(r)}(i) - ay^{(r)}(k-1)}{a+2}$$

同时得到序列的还原值

$$\hat{y}^{(0)} = A^{-r}\hat{y}^{(r)}$$

证明　求解分数阶微分方程首先需要对分数阶矩阵进行处理:

$$y^{(r-q)} = A^{-q}y^{(r)}$$

通过变形可得到

$$y^{(r-q)}(k) = \sum_{i=1}^{k} f_{k-i}(-q) \cdot y^{(r)}(i) = y^{(r)}(k) + \sum_{i=1}^{k-1} f_{k-i}(-q) \cdot y^{(r)}(i)$$

在求解中紧邻均值生成系数为 0.5, 形式如下:

$$Z_y^{(r)}(k) = \frac{1}{2}(y^{(r)}(k-1) + y^{(r)}(k))$$

根据以上的处理后, 将分数阶微分方程写成

$$y^{(r)}(k) + \sum_{i=1}^{k-1} f_{k-i}(-q) \cdot y^{(r)}(i) + \frac{a}{2}(y^{(r)}(k-1) + y^{(r)}(k)) = \sum_{i=1}^{N-1} b_i x_i^{(r)}(k-\tau)$$

经过变形后:

$$\left(\frac{a}{2} + 1\right) y^{(r)}(k) = \sum_{i=1}^{N-1} b_i x_i^{(r)}(k-\tau) - \sum_{i=1}^{k-1} f_{k-i}(-q) \cdot y^{(r)}(i) - \frac{a}{2} y^{(r)}(k-1)$$

因此可得出模型的数值解如下:

$$y^{(r)}(k) = \frac{2\sum_{i=1}^{N-1} b_i x_i^{(r)}(k-\tau) - 2\sum_{i=1}^{k-1} f_{k-i}(-q) \cdot y^{(r)}(i) - ay^{(r)}(k-1)}{a+2}$$

最后得到模型的还原值

$$\hat{y}^{(0)} = A^{-r} \hat{y}^{(r)}$$

这个模型中的时滞值 τ 的确定是采用灰关联分析方法, 具体流程如图 4.1.

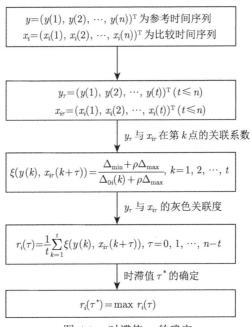

图 4.1 时滞值 τ 的确定

本章中的多变量时滞分数阶灰色模型的求解中, 用时滞灰关联方法确定时滞后进行模型的求解, 具体的建模步骤如图 4.2.

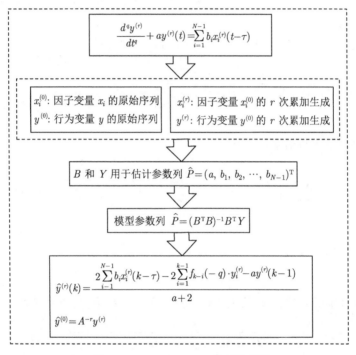

图 4.2 FGM(q, N, τ) 模型流程图

4.5 灰色时滞 Lotka-Volterra 模型

作为一个经典种群生态学模型, Lotka-Volterra(LV) 最初由数学家 Lotka 和 Volterra 提出, 主要用来研究呈 Logistic 曲线增长的并且相互影响的两个物种的发展趋势. 目前该模型已经逐步应用于经济系统中. 模型的经典形式如下

$$\begin{cases} \dfrac{dx}{dt} = x(t)\left(a_1 + b_1 x(t) + c_1 y(t)\right) \\ \dfrac{dy}{dt} = y(t)\left(a_2 + b_2 y(t) + c_2 x(t)\right) \end{cases} \tag{4.13}$$

这一模型可以很好地解释生态系统中两个生物种群间的捕食 (当 $c_1 > 0, c_2 < 0$ 时, 物种 x 捕食 y)、互利共生 (此时 $c_1 > 0, c_2 > 0$) 或竞争 (此时 $c_1 < 0, c_2 < 0$) 关系.

本章中, 我们仅考虑变量 x 对变量 y 的单一时滞作用, 在方程 (4.13) 中引入一个时滞因子 τ 时, 我们可以得到如下模型

$$
\begin{cases}
\dfrac{dx}{dt} = a_1 x(t) + b_1 x(t)^2 + c_1 x(t)y(t) \\[2mm]
\dfrac{dy}{dt} = a_2 y(t) + b_2 y(t)^2 + c_2 x(t-\tau)y(t)
\end{cases}
\tag{4.14}
$$

对于形如 (4.13), (4.14) 的微分方程中的参数估计, 当掌握的数据量有限时, 经典的参数估计方法往往存在较大误差. 通过灰变换思想, 可将 (4.14) 式变换成如下方程组

$$
G\left(\begin{cases}
\dfrac{dx}{dt} = a_1 x(t) + b_1 x(t)^2 + c_1 x(t)y(t) \\[2mm]
\dfrac{dy}{dt} = a_2 y(t) + b_2 y(t)^2 + c_2 x(t-\tau)y(t)
\end{cases}\right)
$$

$$
\Rightarrow \left(\begin{cases}
x^{(0)}(k) = a_1 z_x^{(1)}(k) + b_1 z_x^{(1)}(k)^2 + c_1 z_x^{(1)}(k)z_y^{(1)}(k) \\[2mm]
y^{(0)}(k) = a_2 z_y^{(1)}(k) + b_2 z_y^{(1)}(k)^2 + c_2 z_x^{(1)}(k-\tau)z_y^{(1)}(k)
\end{cases}\right)
$$

于是可以得到离散的灰色时滞 Lotka-Volterra 模型表达式如下

$$
\begin{cases}
x^{(0)}(k) = a_1 z_x^{(1)}(k) + b_1 z_x^{(1)}(k)^2 + c_1 z_x^{(1)}(k)z_y^{(1)}(k) \\[2mm]
y^{(0)}(k) = a_2 z_y^{(1)}(k) + b_2 z_y^{(1)}(k)^2 + c_2 z_x^{(1)}(k-\tau)z_y^{(1)}(k)
\end{cases}
\tag{4.15}
$$

结合已知的数据, 利用最小二乘法, 可以求出式 (4.15) 相应的 6 个系统参数:

$$
\begin{cases}
(a_1, b_1, c_1)^{\mathrm{T}} = \left(B_1^{\mathrm{T}} B_1\right)^{-1} B_1^{\mathrm{T}} X \\[2mm]
(a_2, b_2, c_2)^{\mathrm{T}} = \left(B_2^{\mathrm{T}} B_2\right)^{-1} B_2^{\mathrm{T}} Y
\end{cases}
$$

其中

$$
B_1 = \begin{pmatrix}
z_x^{(1)}(\tau+2) & z_x^{(1)}(\tau+2)^2 & z_x^{(1)}(\tau+2)z_y^{(1)}(\tau+2) \\
z_x^{(1)}(\tau+3) & z_x^{(1)}(\tau+3)^2 & z_x^{(1)}(\tau+3)z_y^{(1)}(\tau+3) \\
\vdots & \vdots & \vdots \\
z_x^{(1)}(n) & z_x^{(1)}(n)^2 & z_x^{(1)}(n)z_y^{(1)}(n)
\end{pmatrix}, \quad
X = \begin{pmatrix}
x^{(0)}(\tau+2) \\
x^{(0)}(\tau+3) \\
\vdots \\
x^{(0)}(n)
\end{pmatrix}
$$

$$
B_2 = \begin{pmatrix}
z_y^{(1)}(\tau+2) & z_y^{(1)}(\tau+2)^2 & z_x^{(1)}(2)z_y^{(1)}(\tau+2) \\
z_y^{(1)}(\tau+3) & z_y^{(1)}(\tau+3)^2 & z_x^{(1)}(3)z_y^{(1)}(\tau+3) \\
\vdots & \vdots & \vdots \\
z_y^{(1)}(n) & z_y^{(1)}(n) & z_x^{(1)}(n-\tau)z_y^{(1)}(n)
\end{pmatrix}, \quad
Y = \begin{pmatrix}
y^{(0)}(\tau+2) \\
y^{(0)}(\tau+3) \\
\vdots \\
y^{(0)}(n)
\end{pmatrix}
$$

这样我们利用所求得的模型, 就可以进行下一步的预测及计算. 求解这个方程解析解比较复杂, 而由参考文献 [12], 可以类似地得到如下定理:

定理 4.6　如果对于任一时间间隔 h, 方程 (4.14) 中参数满足 $\alpha_1(h) = \alpha_1^h$ 且 $\alpha_2(h) = \alpha_2^h$. 那么方程 (4.14) 的离散解可以表示如下

$$\begin{cases} x(t+1) = \dfrac{\alpha_1 x(t)}{1 + \beta_1 x(t) + \gamma_1 y(t)} \\[3mm] y(t+1) = \dfrac{\alpha_2 y(t)}{1 + \beta_2 y(t) + \gamma_2 x(t-\tau)} \end{cases} \tag{4.16}$$

其中 $\alpha_i = \exp(a_i), \beta_i = \dfrac{b_i(\alpha_i - 1)}{a_i}, \gamma_i = \dfrac{c_i(\alpha_i - 1)}{a_i}, i = 1, 2.$

证明　只需证明离散形式解 (4.16) 满足方程 (4.14). 证明如下: 令 $K_2 = -a_2/b_2$, 由于

$$\alpha_2 = \exp(a_2), \quad \beta_2 = \frac{b_2(\alpha_2 - 1)}{a_2}, \quad \gamma_2 = \frac{c_2(\alpha_2 - 1)}{a_2}$$

于是

$$\beta_2 = (\alpha_2 - 1)/K_2, \quad \gamma_2 = k\alpha_2, \quad y(t+1) = \frac{\alpha_2 y(t)}{1 + \{(\alpha_2 - 1)/K_2\}[y(t) + kx(t-\tau)]}$$

由于 $\alpha_2(h) = \alpha_2^h$, 于是

$$y(t+h) = \frac{\alpha_2^h y(t)}{1 + \{(\alpha_2^h - 1)/K_2\}[y(t) + kx(t-\tau)]}$$

$$\frac{y(t+h) - y(t)}{h} = \left(\frac{\alpha_2^h - 1}{h}\right) y(t) \left[\frac{1 - \{y(t) + k(x(t-\tau))\}/K_2}{1 + (\alpha_2^h - 1)\{y(t) + kx(t-\tau)\}/K_2}\right]$$

当 $h \to 0$, 可得

$$\frac{dy}{dt} = y(t) \ln \alpha_2 \left[1 - \frac{y(t) + kx(t-\tau)}{K_2}\right]$$

又由于

$$\alpha_2 = \exp(a_2), \quad \beta_2 = \frac{b_2(\alpha_2 - 1)}{a_2}, \quad \gamma_i = \frac{c_2(\alpha_2 - 1)}{a_2}$$

于是

$$\frac{dy}{dt} = y(t)(a_2 + b_2 y(t) + c_2 x(t-\tau))$$

同样, 类似地可以证明

$$\frac{dx}{dt} = x(t)\left(a_1 + b_1 x(t) + c_1 y(t)\right)$$

通过这个定理, 我们可以得到方程 (4.14) 的离散时间解形式.

当时滞不是整数时, 公式 (4.16) 将难以成立, 因为缺少像 $x(\tau+2)$, $z_x^{(1)}(n-\tau)$ 这样的数据. 下面补充对这样数据的构造方法, 使上述公式成立.

假设 $x = \{x(1),\, x(2),\, \cdots ,x(n)\}$ 为一个原始数据序列, $k = 1,2,\cdots,n$ 为序列序号, 显然针对该序列, 序号和序列数据存在一个一一映射关系, 即针对每一个 k 值, 都有唯一一个数据 $x(k)$ 与之对应. 设实数 $p \in [1,n]$. 函数 $q = [p]$ 表示向下取整运算. 当序号 p 不是整数时, 数据 $x(p)$ 显然不存在. 找出与 p 相邻的两个整数点为序号的数据, 利用这两个数据进行加权构造序列数据 $x(p)$, 计算公式定义如下

$$x\,(p) = w_1 x\,(q) + w_2 x\,(q+1)\,, \quad 其中\ w_1 + w_2 = 1 \tag{4.17}$$

关于权重的确定, 本章主要是序号之间的间隔. 例如, 显然 $x\,(1.8)$ 在其序列中时是不存在的, 我们可以利用相邻的两个数据 $x\,(1)$ 和 $x\,(2)$ 进行线性加权组合. 考虑到数轴上 1, 1.8 和 2 的位置, 我们可以利用整数点 1 和 2 进行线性加权组合, 构造数据 1.8. 比如

$$1.8 = 1 \times 0.2 + 2 \times 0.8$$

于是, 我们可以提出数据 $x(1.8)$ 线性加权构造公式:

$$x(1.8) = (2 - 1.8)x(1) + (1.8 - 1)x(2) = 0.2x(1) + 0.8x(2)$$

而其通用公式如下

$$x(p) = (q + 1 - p)\,x(q) + (p - q)x(q+1) \tag{4.18}$$

公式 (4.17) 实际上与分段线性插值公式类似. 于是 (4.17) 式进一步可转换为

$$\begin{cases} \hat{x}^{(1)}(t+1) = \dfrac{\alpha_1 x^{(1)}(t)}{1 + \beta_1 x^{(1)}(t) + \gamma_1 y^{(1)}(t)} \\[3mm] \hat{y}^{(1)}(t+1) = \dfrac{\alpha_2 y^{(1)}(t)}{1 + \beta_2 y^{(1)}(t) + \gamma_2 \left(k_1 x^{(1)}(t - [\tau]) + k_2 x^{(1)}(t - [\tau] + 1)\right)} \end{cases} \tag{4.19}$$

其中

$$k_1 = \tau - [\tau], \quad k_2 = [\tau] + 1 - \tau, \quad t \geqslant [\tau] + 1$$

根据这两个公式, 实际上当时滞系数τ为整数时, 模型 (4.19) 就退化为公式 (4.16).

综上所述, 结合实际数据, 完成科技投入与经济产出预测的实际建模步骤如图 4.3 所述.

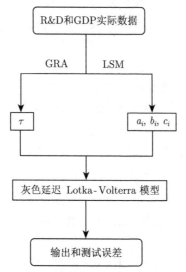

图 4.3　灰色时滞 Lotka-Volterra 模型流程图

Step 1: 基于实际数据, 结合灰关联分析 (Grey Relationship Analysis, GRA) 估算模型的时滞值 τ.

Step 2: 结合最小二乘法估计模型参数 a_i, b_i, c_i.

Step 3: 基于上述参数建立灰色时滞 Lotka-Volterra 模型并完成模型求解.

Step 4: 计算模型的预测值, 并完成模型误差检验.

4.6　分数阶导数灰色 Lotka-Volterra 模型

4.6.1　分数阶导数灰色 Lotka-Volterra 模型的建立

前面介绍了整数阶两种群的灰色 Lotka-Volterra 模型[172,173,233,277], 但清洁能源种群以及传统能源种群, 前期数量会对后期数量有一定影响, 存在明显的记忆性. 故需要将整数阶导数扩展到分数阶导数. 另外, 为了弱化原始序列的随机性, 提高建模精度, 还利用分数阶累加生成算子对原始数据进行预处理.

Caputo 型分数阶导数定义如下:

$$
{}_0^C D_t^p x(t) = \frac{1}{\Gamma(n-p)} \int_0^t \frac{x^{(n)}(t)}{(t-\tau)^{1+p-n}} d_\tau \quad (0 < n-1 < p < n, n \notin N)
$$

故可以建立如下分数阶导数 LV 模型

$$
\begin{cases}
{}^C D_t^{p_1} x_1(t) = x_1(t)\left(a_1 + b_1 x_1(t) + c_1 x_2(t)\right) \\
{}^C D_t^{p_2} x_2(t) = x_2(t)\left(a_2 + b_2 x_2(t) + c_2 x_1(t)\right)
\end{cases} \tag{4.20}
$$

其中, $p_i(i=1,2)$ 是分数阶导数阶数, $a_i(i=1,2)$ 表示各种群的内禀增长率, $b_i(i=1,2)$ 是种群 i 的种内作用系数, 代表当前数量对自身的影响作用, $c_i(i=1,2)$ 是两种群间的竞争系数. 若 $c_i > 0$, 则说明其中一种群对另一种群起促进作用. 若 $c_i < 0$, 则说明其中一种群对另一种群起抑制作用.

引入分数阶累加生成算子至式 (4.20) 中, 并对其离散化得到 FDGLV:

$$
\begin{cases}
\nabla^{(p_1)} x_1^{(r_1)}(k) = z_1^{(r_1)}(k)\left(a_1 + b_1 z_1^{(r_1)}(k) + c_1 z_2^{(r_1)}(k)\right) \\
\nabla^{(p_2)} x_2^{(r_2)}(k) = z_2^{(r_2)}(k)\left(a_2 + b_2 z_2^{(r_2)}(k) + c_2 z_1^{(r_2)}(k)\right)
\end{cases} \tag{4.21}
$$

其中 $\{x^{(r_i)}(k), k=1,2,\cdots,n\}$ 是指第 $i(i=1,2)$ 个种群序列 $\{x_i^{(0)}(k), k=1,2, \cdots, n\}$ 的 r_i 累加生成序列, 且 $x_i^{(r_i)}(k) = \sum_{j=1}^{k} C_{k-j+r_i-1}^{k-j} x_i^{(0)}(j)$, 其矩阵表示见式 (4.22). $\nabla^{p_i} x_i^{(r_i)}(k)$ 是指对 $x_i^{(r_i)}(k)$ 做 Caputo 分数阶差分, 具体通过对 $x_i^{(r_i)}(t)$ 先做 1 阶差分, 然后再做 $1-p_i$ 阶累加得到. $z_i^{(r_i)}(k) = 0.5 x_i^{(r_i)}(k) + 0.5 x^{(r_i)}(k+1)$ 是白化背景值. 分数阶灰色系数 $a_i, b_i, c_i(i=1,2)$ 通过最小二乘法估计获得.

$$
\begin{pmatrix} a_i \\ b_i \\ c_i \end{pmatrix} = (B_i^{\mathrm{T}} B_i)^{-1} B_i^{\mathrm{T}} Y_i
$$

其中

$$
B_1 = \begin{pmatrix}
z_1^{(r_1)}(1) & \left(z_1^{(r_1)}(1)\right)^2 & z_1^{(r_1)}(1) z_2^{(r_1)}(1) \\
z_1^{(r_1)}(2) & \left(z_1^{(r_1)}(2)\right)^2 & z_1^{(r_1)}(2) z_2^{(r_1)}(2) \\
\vdots & \vdots & \vdots \\
z_1^{(r_1)}(n-1) & \left(z_1^{(r_1)}(n-1)\right)^2 & z_1^{(r_1)}(n-1) z_2^{(r_1)}(n-1)
\end{pmatrix}
$$

$$B_2 = \begin{pmatrix} z_2^{(r_2)}(1) & (z_2^{(r_2)}(1))^2 & z_2^{(r_2)}(1)z_1^{(r_2)}(1) \\ z_2^{(r_2)}(2) & \left(z_2^{(r_2)}(2)\right)^2 & z_2^{(r_2)}(2)z_1^{(r_2)}(2) \\ \vdots & \vdots & \vdots \\ z_2^{(r_2)}(n-1) & \left(z_2^{(r_2)}(n-1)\right)^2 & z_2^{(r_2)}(n-1)z_1^{(r_2)}(n-1) \end{pmatrix}$$

$$Y_i = \begin{pmatrix} \nabla^{p_i} x_i^{(r_i)}(1) \\ \nabla^{p_i} x_i^{(r_i)}(2) \\ \vdots \\ \nabla^{p_i} x_i^{(r_i)}(n-1) \end{pmatrix}$$

$$= \begin{pmatrix} 1 & 0 & \cdots & 0 \\ C_{1-p_i}^1 & 1 & \cdots & 0 \\ \vdots & \vdots & & \vdots \\ C_{n-p_i-2}^{n-2} & C_{n-p_i-3}^{n-3} & \cdots & 1 \end{pmatrix} \begin{pmatrix} x_i^{(r_i)}(2) - x_i^{(r_i)}(1) \\ x_i^{(r_i)}(3) - x_i^{(r_i)}(2) \\ \vdots \\ x_i^{(r_i)}(n) - x_i^{(r_i)}(n-1) \end{pmatrix}$$

$$\begin{pmatrix} x_i^{(r_i)}(1) \\ x_i^{(r_i)}(2) \\ \vdots \\ x_i^{(r_i)}(n) \end{pmatrix} = \begin{pmatrix} 1 & 0 & \cdots & 0 & 0 \\ C_{r_i}^1 & 1 & \cdots & 0 & 0 \\ \vdots & \vdots & & \vdots & \vdots \\ C_{n+r_i-3}^{n-2} & C_{n+r_i-4}^{n-3} & \cdots & 1 & 0 \\ C_{n+r_i-2}^{n-1} & C_{n+r_i-3}^{n-2} & \cdots & C_{r_i}^1 & 1 \end{pmatrix} \begin{pmatrix} x_i^{(0)}(1) \\ x_i^{(0)}(2) \\ \vdots \\ x_i^{(0)}(n) \end{pmatrix}$$

$$= A_i \begin{pmatrix} x_i^{(0)}(1) \\ x_i^{(0)}(2) \\ \vdots \\ x_i^{(0)}(n) \end{pmatrix} \tag{4.22}$$

当 $p_i = 1, r_i = 0$ 时, FDGLV 模型变为 GLV(灰色 Lotka-Volterra) 模型.

方程组 (4.20) 是一个分数阶非线性方程组. 接下来可以用 Adams-Bashforth-Moulton 预估校正算法得到数值解.

4.6.2　Adams-Bashforth-Moulton 预估校正算法

Adams-Bashforth-Moulton 预估校正算法被广泛应用于整数阶微分方程以及分数阶微分方程的求解. 首先介绍 Adams-Bashforth-Moulton 预估校正算法在整数阶微分方程的应用.

一般整数阶微分方程的形式为

$$y'(t) = f(t, y(t)), \quad y(0) = y_0$$

假设时间区间为 $t \in (0, t_n)$, 则可以选择步长 h, 以步长 h 来设置等间距点 $0, h, 2h, \cdots$, 将时间区间分割成若干子区间. 若已经知道节点 $i = 0, 1, \cdots, k$ 处的方程的解 $y_i = y(ih)$, 则其在下一个节点处的解 y_{k+1} 可以直接由以下式子得到:

$$y_{k+1} = y_k + \int_{t_k}^{t_{k+1}} f(\tau, y(\tau)) d\tau \tag{4.23}$$

如果步长 h 取很小, 则式子 (4.23) 中的积分项可以由两点梯形面积公式来近似:

$$y_{k+1} = y_k + \frac{h}{2}[f(t_k, y_k) + f(t_{k+1}, y_{k+1})]$$

将等式右边 y_{k+1} 项用 y_{k+1}^{pred} 代替, 这样就可以用迭代的方法求出 y_{k+1} 项. 那么一阶微分方程的解可以重新写成

$$y_{k+1} = y_k + \frac{h}{2}[f(t_k, y_k) + f(t_{k+1}, y_{k+1}^{\text{pred}})]$$

其中预估值 $y_{k+1}^{\text{pred}} = y_k + hf(t_k, y_k)$.

同样可以利用 Adams-Bashforth-Moulton 分数阶预估校正算法对分数阶非线性微分方程进行求解. Caputo 型分数阶微分方程的一般表达式为

$$^C D_t^\alpha y(t) = f(t, y(t)) \tag{4.24}$$

此方程的初值问题等价于下列 Volterra 积分方程[65]

$$y(t) = \sum_{k=0}^{q-1} \frac{t^k}{k!} y^{(k)}(0) + \frac{1}{\Gamma(p)} \int_0^t \frac{f(\varsigma, y(\varsigma))}{(t-\varsigma)^{1-p}} d\tau q = [p] + 1$$

对于式 (4.24) 这样的分数阶非线性微分方程, 它的解可以用以下 Adams-Bashforth-Moulton 预估校正算法公式得到:

$$y_{k+1} = \sum_{i=0}^{q-1} \frac{t_{k+1}^i}{i!} y^{(i)}(0) + \frac{1}{\Gamma(p)} \left[a_{k+1,k+1} f(t_{k+1}, y_{k+1}^{\text{pred}}) + \sum_{i=0}^{k} a_{i,k+1} f(t_i, y_i) \right]$$

式中, 对于不均匀分割的时间轴网格, 系数 a_{ij} 可由以下式子得出

$$a_{0,k+1} = \frac{(t_{k+1} - t_1)^{p+1} + t_{t+1}^p[(p+1)t_1 - t_{k+1}]}{t_1 p(p+1)}$$

$$a_{i,k+1} = \frac{(t_{k+1} - t_{i-1})^{p+1} + (t_{k+1} - t_i)^p [p(t_{i-1} - t_i) + t_{i-1} - t_{k+1}]}{(t_{i-1} - t_i)p(p+1)}$$

$$+ \frac{(t_{k+1} - t_{i-1})^{p+1} - (t_{k+1} - t_i)^p [p(t_i - t_{i+1}) - t_{i+1} + t_{k+1}]}{(t_{i+1} - t_i)p(p+1)}$$

其中, $1 \leqslant i \leqslant k$, 且 $a_{k+1,k+1} = \dfrac{(t_{k+1} - t_k)^p}{p(p+1)}$, y_{k+1}^{pred} 是预估值.

令初始值为 $x^{(r_i)}(1)$, 预估值 y_k^{pred} 可用 $x_i^{(r)}(k-1)$ 代替, FDGLV 模型的预估校正公式为

$$\widehat{x}_i^{(r_i)}(k) = x^{(r_i)}(1) + \frac{1}{\Gamma(p_i)} \left\{ a_{i,k,k} f[k-1, x_i^{(r)}(k-1)] + \sum_{l=0}^{k-1} a_{i,l,k+1} f[k, x_i^{(r)}(l)] \right\}$$

$$i = 1, 2 \quad (0 < p_i < 1)$$

其中

$$a_{i,l,k+1} = \begin{cases} \dfrac{1}{p_i(p_i+1)} [k^{p_i+1} - (k - p_i)(k+1)^{p_i}], & l = 0 \\ \dfrac{1}{p_i(p_i+1)} [(k-l+2)^{p_i+1} + (k-l)^{p_i+1} - 2(k-l+1)^{p_i+1}], & 1 \leqslant l \leqslant k \\ \dfrac{1}{p_i(p_i+1)}, & l = k+1 \end{cases}$$

$$f[k, x_i^{(r_i)}(k)] = \begin{cases} x_1^{(r_1)}(k) \left(a_1 + b_1 x_1^{(r_1)}(k) + c_1 x_2^{(r_2)}(k)\right), & i = 1 \\ x_2^{(r_2)}(k) \left(a_2 + b_2 x_2^{(r_2)}(k) + c_2 x_1^{(r_1)}(k)\right), & i = 2 \end{cases}$$

4.6.3　分数阶导数灰色 Lotka-Volterra 模型的参数优化

影响 FDGLV 预测模型的参数主要有累加阶数 r_i、分数阶导数 p_i, 本章利用鲸鱼算法确定 FDGLV 模型的最优参数. 鲸鱼算法 (Whale Optimization Algorithm, WOA) 是由 Mirjalili 等[66] 提出的一种模拟海洋中座头鲸捕食行为的新型群智能优化算法. 鲸鱼算法解决优化问题的思想是将每条鲸鱼的位置看作问题的可行解, 模仿鲸鱼的泡泡网捕食过程, 逼近猎物的位置逐步得到算法的最优解. 该算法具有结构简单、参数少、搜索能力强且易于实现等特点, 被广泛应用于各种优化问题中. 其主要算法如下.

(1) 包围猎物.

$$\begin{cases} D = |CX^*(t) - X(t)| \\ X(t+1) - X^*(t) \quad AD \end{cases} \tag{4.25}$$

其中, t 为当前迭代次数; $X(t)$ 表示鲸鱼当前位置向量; $X^*(t)$ 表示当前最好的鲸鱼位置向量; A 和 C 为系数向量, 定义如下:

$$\begin{cases} A = 2ar_1 - a \\ C = 2r_2 \end{cases} \tag{4.26}$$

其中, r_1 和 r_2 为模在 $[0,1]$ 区间内的随机数; $a = 2 - 2t/T_{\max}$, $T_{\max}$ 为最大迭代次数.

(2) 狩猎行为.

引入概率 0.5 来确定鲸鱼位置更新方法, 鲸鱼位置的变化公式如下:

$$X(t+1) = \begin{cases} X^*(t) - AD, & q < 0.5 \\ X^*(t) + D_P \cdot e^{\beta l} \cdot \cos(2\pi l), & q \geqslant 0.5 \end{cases} \tag{4.27}$$

其中, $D_P = |X^*(t) - X(t)|$ 表示鲸鱼和猎物之间的距离; β 是常数; l 为 $[0,1]$ 区间内的随机数; $\cdot$ 表示逐个元素相乘.

(3) 搜索猎物.

搜索猎物的数学模型如下:

$$D = |C \cdot X_{\text{rand}} - X| \tag{4.28}$$

$$X(t+1) = X_{\text{rand}} - A \cdot D \tag{4.29}$$

其中, X_{rand} 是从当前鲸群中随机选择的向量位置 (随机鲸群个体).

本章以平均绝对百分比误差 (MAPE) 为目标函数, 用鲸鱼算法确定最优解 p_i 和 r_i. 目标函数定义如下:

$$\text{MAPE} = \frac{1}{n} \sum_{i=1}^{n} \left| \frac{x^{(0)}(k_i) - \hat{x}^{(0)}(k_i)}{x^{(0)}(k_i)} \right| \times 100\% \tag{4.30}$$

利用鲸鱼算法对 FDGLV 模型参数优化步骤如下:

Step1: 初始化 WOA 参数. 将 FDGLV 的参数 p_i, r_i 看作是个体鲸鱼在二维决策空间中的位置. 随机初始化解空间中的鲸鱼位置, 设置 WOA 参数, 包括种群数 (N)、最大迭代次数 (M)、对数螺旋形状常数 (β)、当前迭代次数 (j) 和算法终止条件.

Step2: 利用式 (4.30) 适应度函数计算每个鲸群个体适应度值, 找到并保存当前群体中最佳鲸群个体 X^*.

Step3: 更新 a, A, C 和 q.

Step4: 当 $q < 0.5$ 时, 若 $|A| < 1$, 利用式 (4.25) 更新当前鲸群个体的空间位置, 若 $|A| \geqslant 1$, 利用式 (4.29) 更新当前鲸群个体的空间位置.

Step5: 当 $q > 0.5$ 时, 利用式 (4.27) 更新当前鲸群个体的空间位置.

Step6: 利用适应度函数 (4.30) 计算每个鲸群个体的适应度值, 检查是否超出搜索范围并修正. 找到并保存当前群体中最佳鲸群个体 X^*.

Step7: 如果满足迭代终止条件, 则输出最优解; 否则, 返回 Step3.

4.6.4　三种群分数阶灰色延迟 Lotka-Volterra 模型

4.5 节介绍了两个群体的 LV 模型. LV 模型也可以推广到三个种群. 如果一个生态系统中有三个种群, 不同种群之间存在竞争关系. 同时, 前期种群数量对后期种群数量有一定影响, 具有明显的记忆特征. 因此, 将 Caputo 型的分数导数引入到 LV 模型中, 得到分数阶 Lotka-Volterra 模型.

$$\begin{cases} D_*^{p_1} x_1(t) = x_1(t) \left(a_1 + b_1 x_1(t) + c_1 x_2(t) + d_1 x_3(t) \right) \\ D_*^{p_2} x_2(t) = x_2(t) \left(a_2 + b_2 x_2(t) + c_2 x_1(t) + d_2 x_3(t) \right) \\ D_*^{p_3} x_3(t) = x_3(t) \left(a_2 + b_3 x_3(t) + c_3 x_1(t) + d_3 x_2(t) \right) \end{cases} \tag{4.31}$$

其中, $a_i(i = 1, 2)$ 表示各种群的内生增长率, $b_i(i = 1, 2, 3)$ 是种群的种内作用系数, 代表当前数量对自身的影响, $c_i, d_i(i = 1, 2, 3)$ 是各种群之间的竞争系数. 如果 $c_i > 0$ 或 $d_i > 0(i = 1, 2, 3)$, 则表明一个种群促进了另一个种群的生长. 如果 $c_i < 0$ 或 $d_i < 0(i = 1, 2, 3)$, 则表明一个种群对另一个种群有抑制作用.

为了更好地研究不同种群之间的共生关系, 本章采用分数阶累加法对各种群的原始序列进行预处理, 并引入分数阶导数建立 FDGLV 模型. 原始序列的随机性可以通过分数阶累加降低. 由于分数阶导数的记忆特性, 它可以很好地捕捉种群数量的变化趋势. 考虑到种群间相互作用存在延迟效应, 在式 (4.31) 的基础上增加了一个延迟因子 $\tau_{i,j}(i = 1, 2, 3; j = 1, 2, 3)$. $\tau_{i,j}$ 是种群 j 影响种群 i 的时间延迟的阶数, 令 $\tau_i = \max(\tau_{i,j})$, 建立 FDGLV 模型:

$$\begin{cases} \nabla^{p_1} x_1^{(r_1)}(k) = z_1^{(r_1)}(k) \left(a_1 + b_1 z_1^{(r_1)}(k) + c_1 z_2^{(r_1)}(k - \tau_{1,2}) + d_1 z_3^{(r_1)}(k - \tau_{1,3}) \right) \\ \nabla^{p_2} x_2^{(r_2)}(k) = z_2^{(r_2)}(k) \left(a_2 + b_2 z_2^{(r_2)}(k) + c_2 z_1^{(r_2)}(k - \tau_{2,1}) + d_2 z_3^{(r_2)}(k - \tau_{2,3}) \right) \\ \nabla^{p_3} x_3^{(r_3)}(k) = z_3^{(r_3)}(k) \left(a_3 + b_3 z_3^{(r_3)}(k) + c_3 z_1^{(r_3)}(k - \tau_{3,1}) + d_3 z_2^{(r_3)}(k - \tau_{3,2}) \right) \end{cases}$$

其中 $x_i^{(r_i)}(k)$ 是第 i 个种群序列的第 r 阶分数阶累加. $\nabla^{p_i} x_i^{(r_i)}(k)$ 是序列 $x_i^{(r_i)}(k)$ 的 Caputo 分数差分, $z_i^{(r_i)}(k) = 0.5 x_i^{(r_i)}(k) + 0.5 x^{(r_i)}(k+1)$ 是背景值. 系数 $a_i, b_i, c_i, d_i(i = 1, 2, 3)$ 由 Lotka-Volterra 通过最小二乘估计获得:

$$\begin{pmatrix} a_i \\ b_i \\ c_i \\ d_i \end{pmatrix} = (B_i^{\mathrm{T}} B_i)^{-1} B_i^{\mathrm{T}} Y_i$$

其中

$$
B_1 = \begin{pmatrix}
z_1^{(r_1)}(1+\tau_1) & (z_1^{(r_1)}(1+\tau_1))^2 & z_1^{(r_1)}(1+\tau_1)z_2^{(r_1)}(1+\tau_1-\tau_{1,2}) \\
z_1^{(r_1)}(2+\tau_1) & \left(z_1^{(r_1)}(2+\tau_1)\right)^2 & z_1^{(r_1)}(2+\tau_1)z_2^{(r_1)}(1+\tau_1-\tau_{1,2}) \\
\vdots & \vdots & \vdots \\
z_1^{(r)}(n-1+\tau_1) & \left(z_1^{(r_1)}(n-1+\tau_1)\right)^2 & z_1^{(r_1)}(n-1+\tau_1)z_2^{(r_1)}(n-1+\tau_1-\tau_{1,2})
\end{pmatrix}
$$

$$
\begin{pmatrix}
z_1^{(r_1)}(1+\tau_1)z_3^{(r_1)}(\tau_1-\tau_{1,3}) \\
z_1^{(r_1)}(2+\tau_1)z_3^{(r_1)}(\tau_1-\tau_{1,3}+1) \\
\vdots \\
z_1^{(r_1)}(n-1+\tau_1)z_3^{(r_1)}(n-1+\tau_1-\tau_{1,3})
\end{pmatrix}
$$

$$
B_2 = \begin{pmatrix}
z_2^{(r)}(1+\tau_2) & (z_2^{(r)}(1+\tau_2))^2 & z_2^{(r_2)}(1+\tau_2)z_1^{(r_2)}(1+\tau_2-\tau_{2,1}) \\
z_2^{(r)}(2+\tau_2) & \left(z_2^{(r)}(2+\tau_2)\right)^2 & z_2^{(r_2)}(2+\tau_2)z_1^{(r_2)}(2+\tau_2-\tau_{2,1}) \\
\vdots & \vdots & \vdots \\
z_2^{(r)}(n-1+\tau_2) & \left(z_2^{(r)}(n-1+\tau_2)\right)^2 & z_2^{(r_2)}(n-1+\tau_2)z_1^{(r_2)}(n-1+\tau_2-\tau_{2,1})
\end{pmatrix}
$$

$$
\begin{pmatrix}
z_2^{(r_2)}(1+\tau_2)z_3^{(r_2)}(1+\tau_2-\tau_{3,1}) \\
z_2^{(r_2)}(2+\tau_2)z_3^{(r_2)}(1+\tau_2-\tau_{3,1}) \\
\vdots \\
z_2^{(r_2)}(n-1+\tau_2)z_3^{(r_2)}(1+\tau_2-\tau_{3,1})
\end{pmatrix}
$$

$$
B_3 = \begin{pmatrix}
z_3^{(r_3)}(1+\tau_3) & (z_3^{(r_3)}(1+\tau_3))^2 & z_3^{(r_3)}(1+\tau_3)z_1^{(r_3)}(1+\tau_3-\tau_{3,1}) \\
z_3^{(r_3)}(2+\tau_3) & \left(z_3^{(r_3)}(2+\tau_3)\right)^2 & z_3^{(r_3)}(2+\tau_3)z_1^{(r_3)}(2+\tau_3-\tau_{3,1}) \\
\vdots & \vdots & \vdots \\
z_3^{(r_3)}(n-1+\tau_3) & \left(z_3^{(r_3)}(n-1+\tau_3)\right)^2 & z_3^{(r_3)}(n-1+\tau_3)z_1^{(r_3)}(n-1+\tau_3-\tau_{3,1})
\end{pmatrix}
$$

$$
\begin{pmatrix}
z_3^{(r_3)}(1+\tau_3)z_2^{(r_3)}(1+\tau_3-\tau_{3,2}) \\
z_3^{(r_3)}(1+\tau_3)z_2^{(r_3)}(1+\tau_3-\tau_{3,2}) \\
\vdots \\
z_3^{(r_3)}(1+\tau_3)z_2^{(r_3)}(1+\tau_3-\tau_{3,2})
\end{pmatrix}
$$

$$Y_1 = \begin{pmatrix} \nabla^{p_1} x_1^{(r_1)}(1+\tau_1) \\ \nabla^{p_1} x_1^{(r_1)}(2+\tau_1) \\ \vdots \\ \nabla^{p_1} x_1^{(r_1)}(n-1+\tau_1) \end{pmatrix}, \quad Y_2 = \begin{pmatrix} \nabla^{p_2} x_2^{(r_2)}(1+\tau_2) \\ \nabla^{p_2} x_2^{(r_2)}(2+\tau_2) \\ \vdots \\ \nabla^{p_2} x_2^{(r_2)}(n-1+\tau_2) \end{pmatrix}$$

$$Y_3 = \begin{pmatrix} \nabla^{p_3} x_3^{(r_3)}(1+\tau_3) \\ \nabla^{p_3} x_3^{(r_3)}(2+\tau_3) \\ \vdots \\ \nabla^{p_3} x_3^{(r_i)}(n-1+\tau_3) \end{pmatrix}$$

$$\begin{pmatrix} x_i^{(r_i)}(1) \\ x_i^{(r_i)}(2) \\ \vdots \\ x_i^{(r_i)}(n) \end{pmatrix} = \begin{pmatrix} 1 & 0 & \cdots & 0 & 0 \\ C_{r_i}^1 & 1 & \cdots & 0 & 0 \\ \vdots & \vdots & & \vdots & \vdots \\ C_{n+r_i-3}^{n-2} & C_{n+r_i-4}^{n-3} & \cdots & 1 & 0 \\ C_{n+r_i-2}^{n-1} & C_{n+r_i-3}^{n-2} & \cdots & C_{r_i}^1 & 1 \end{pmatrix} \begin{pmatrix} x_i^{(0)}(1) \\ x_i^{(0)}(2) \\ \vdots \\ x_i^{(0)}(n) \end{pmatrix}$$

$$= A_i \begin{pmatrix} x_i^{(0)}(1) \\ x_i^{(0)}(2) \\ \vdots \\ x_i^{(0)}(n) \end{pmatrix}$$

当 $p_i = 1, r_i = 1, \tau_{i,j} = 0$ 时, FDGLV 模型是 GLV 模型.

方程 (4.31) 是一个分数阶非线性方程组. Caputo 型分数阶微分方程的一般表达式为

$$D_*^\alpha y(t) = f(t, y(t)) \tag{4.32}$$

(4.32) 的初值问题等价于以下 Volterra 积分方程

$$y(t) = \sum_{k=0}^{q-1} \frac{t^k}{k!} y^{(k)}(0) + \frac{1}{\Gamma(p)} \int_0^t \frac{f(\varsigma, y(\varsigma))}{(t-\varsigma)^{1-p}} d\tau, \quad q = [p]+1$$

方程 (4.32) 的数值解可以通过使用 Adams-Bashforth-Moulton 预估校正算法获得.

Volterra 积分方程的数值解也可用来求解分数阶微分方程. Adams-Bashforth-Moulton 预估校正算法是分数阶微分方程数值解中的一种算法. (4.32) 可以使用以下公式得到 Adams-Bashforth-Moulton 预估校正算法:

$$y_{k+1} = \sum_{i=0}^{q-1} \frac{t_{k+1}^i}{i!} y^{(i)}(0) + \frac{1}{\Gamma(p)} \left[a_{k+1,k+1} f(t_{k+1}, y_{k+1}^p) + \sum_{i=0}^{k} a_{i,k+1} f(t_i, y_i) \right] \tag{4.33}$$

在式 (4.33) 中, 对于非均匀分割的时间轴网格, 系数可以由以下公式导出

$$a_{0,k+1} = \frac{(t_{k+1} - t_1)^{p+1} + t_{t+1}^p[(p+1)t_1 - t_{k+1}]}{t_1 p(p+1)}$$

$$a_{i,k+1} = \frac{(t_{k+1} - t_{i-1})^{p+1} + (t_{k+1} - t_i)^p[p(t_{i-1} - t_i) + t_{i-1} - t_{k+1}]}{(t_{i-1} - t_i)p(p+1)}$$
$$+ \frac{(t_{k+1} - t_{i-1})^{p+1} - (t_{k+1} - t_i)^p[p(t_i - t_{i+1}) - t_{i+1} + t_{k+1}]}{(t_{i+1} - t_i)p(p+1)}$$

其中, $1 \leqslant i \leqslant k$, $a_{k+1,k+1} = \dfrac{(t_{k+1} - t_k)^p}{p(p+1)}$, y_{k+1}^p 为估计值, 取初始值 $x^{(r_i)}(1+\tau_i)$, 并用 $x_i^{(r)}(k-1)$ 代替估计值, FDGLV 模型的预测修正公式为

$$\hat{x}_i^{(r_i)}(k+1) = x^{(r_i)}(1+\tau_i) + \frac{1}{\Gamma(p_i)}[a_{i,k,k}f(k-1), x_i^{(r_i)}(k-1)]$$
$$+ \sum_{l=0}^{k-1} a_{i,l,k+1}f[k, x_i^{(r_i)}(l)]$$
$$k = 1+\tau_i, 3, \cdots, n; i = 1, 2, 3 \quad (0 < p_i < 1)$$

其中

$$a_{i,l,k+1}$$
$$= \begin{cases} \dfrac{1}{p_i(p_i+1)}[k^{p_i+1} - (k-p_i)(k+1)^{p_i}], & l = 0 \\[3mm] \dfrac{1}{p_i(p_i+1)}[(k-l+2)^{p_i+1} + (k-l)^{p_i+1} - 2(k-l+1)^{p_i+1}], & 1 \leqslant l \leqslant k \\[3mm] \dfrac{1}{p_i(p_i+1)}, & l = k+1 \end{cases}$$

$$f[k, x_i^{(r)}(k)]$$
$$= \begin{cases} x_1^{(r_1)}(k)\left(a_1^* + b_1^* x_1^{(r_1)}(k) + c_1^* x_2^{(r_1)}(k-\tau_{1,2}) + d_1^* x_3^{(r_1)}(k-\tau_{1,3})\right), & i = 1 \\[2mm] x_2^{(r_1)}(k)\left(a_2^* + b_2^* x_2^{(r_1)}(k) + c_2^* x_1^{(r_1)}(k-\tau_{2,1}) + d_2^* x_3^{(r_1)}(k-\tau_{2,1})\right), & i = 2 \\[2mm] x_3^{(r_1)}(k)\left(a_3^* + b_3^* x_3^{(r_1)}(k) + c_3^* x_1^{(r_1)}(k-\tau_{3,1}) + d_3^* x_2^{(r_1)}(k-\tau_{3,1})\right), & i = 3 \end{cases}$$

下面介绍时滞分数阶灰色 Lotka-Volterra 模型时滞阶数的确定, 考虑到种群间相互影响的时滞效应, 本章用灰色关联法选择时滞顺序. 若种群间时滞不同, 选取相关系数最大的时滞阶数作为 FDGLV 模型.

首先, 将数据转换如下

$$y_0(k) = x_0(k) - \bar{x}_0, \quad k = 1, 2, \cdots, n$$

$$y_i(k) = x_i(k) - \bar{x}_i, \quad k = 1, 2, \cdots, n$$

其中 $\bar{x}_0 = \dfrac{1}{n}\sum_{k=1}^{n} x_0(k), \bar{x}_i = \dfrac{1}{n}\sum_{k=1}^{n} x_i(k).$

其次, 参考序列与参考序列之间的差值由 $\nabla y_i(k) = |y_i(k-\tau) - y_0(k)|$ 计算, 相关度 $r_{i,\tau}$ 由以下公式计算

$$\varepsilon_i(k-\tau) = \frac{\min\limits_{k} \Delta y_i(k-\tau) + \rho \max\limits_{k} \Delta y_i(k-\tau)}{\Delta y_i(k-\tau) + \rho \max\limits_{k} \Delta y_i(k-\tau)}$$

$$r_{i,\tau} = \frac{1}{n}\sum_{k=1}^{n} \varepsilon_i(k)$$

最后比较相关系数 $r_{i,\tau}$, 选择相关度最高 τ 的延迟阶数.

4.7　多变量灰色模型及其应用案例

4.7.1　基于 FGM(q, N, τ) 模型油价与汇率的实证分析

对于短期油价与汇率的相关关系的研究, 本章建立多变量时滞分数阶灰色模型, 以 12 天油价与汇率的实际数据为样本. 本章收集的是 2015 年 6 月 1 日到 6 月 12 日的美元对人民币的汇率和 Brent 石油价格数据 (表 4.1), 进行归一化处理后见表 4.2.

表 4.1　汇率与石油价格

日期	1	2	3	4	5	6	7	8	9	10	11	12
汇率	620.0	619.9	619.81	620.1	620.35	620.35	620.35	620.67	620.55	620.5	620.65	620.8
油价	62.9	63.1	62.8	60.3	60.4	60.4	60.4	61.3	63.2	64.7	63.8	63.2

表 4.2　归一化处理后的油价与汇率数据

日期	1	2	3	4	5	6	7	8	9	10	11	12
汇率	0.192	0.091	0.000	0.293	0.545	0.545	0.545	0.869	0.747	0.697	0.848	1.000
油价	0.583	0.645	0.562	0.000	0.005	0.005	0.005	0.228	0.666	1.000	0.788	0.657

为了更加直观地研究油价与汇率的相关关系, 将数据绘图如图 4.4.

由表 4.2 和图 4.4 可知: 在这 12 天, 油价与汇率的波动很大, 油价先减小后增大, 而汇率的变化迟于油价的改变, 这体现了它们的不同步性. 一般地, 外在因

素对油价的影响会更大, 尤其对于短期情况, 因此在短期油价的波动会快于汇率的变化. 这也体现了油价与汇率之间存在滞后效应, 对于这种数据量少、具有滞后性的样本, 适合建立 FGM(q, N, τ) 模型进行分析. 具体的流程如图 4.5.

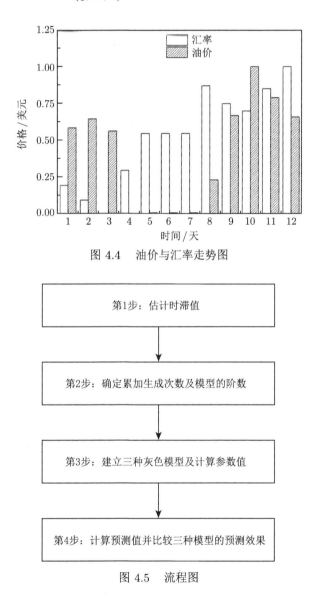

图 4.4　油价与汇率走势图

第1步: 估计时滞值

第2步: 确定累加生成次数及模型的阶数

第3步: 建立三种灰色模型及计算参数值

第4步: 计算预测值并比较三种模型的预测效果

图 4.5　流程图

第 1 步: 时滞值的估计.

对于汇率与石油价格之间时滞值的计算, 以汇率的数据为参考序列, 以 Brent 石油价格为比较序列, 利用时滞计算的方法, 得到时滞系数进行下面分析 (表 4.3).

表 4.3 汇率与石油价格灰关联度

时滞	时滞灰关联度			
0	0.523	0.423	0.370	0.474
1	0.631	0.554	0.529	0.573
2	0.705	0.651	0.598	0.682
3	0.762	0.723	0.606	0.713
4	**0.852**	**0.764**	**0.683**	**0.756**
5	0.673	0.586	0.523	
6	0.606	0.551		
7	0.610			

表 4.3 中用黑色加粗标示的数据是每一列的最大灰关联度, 得到各行的最大关联度对应的时滞数为 4 天, 所以测度石油价格相对于汇率的滞后期一般为 4 天, 即汇率变动的影响一般需要经过 4 天后才在石油价格的变动中得到体现. 从表 4.3 中可以看出, 随着油价与汇率序列的变化, 灰色关联度也在改变, 但是当时滞值为 4 时, 对应的值是最大的.

第 2 步: 确定累加生成次数及模型的阶数.

多变量时滞分数阶灰色模型是对传统 GM(1, 1) 模型的扩展, 其研究的是多变量之间的关系, 在模型中采用的是分数阶累加, 需要确定参数 r 和 q, 其值通过粒子群算法得到.

以 MAPE 值最小为优化目标如下:

$$\min \text{MAPE}(r, q) = \frac{1}{n} \sum_{k=1}^{n} \frac{|y^{(0)}(k) - \hat{y}^{(0)}(k)|}{y^{(0)}(k)} \times 100\%$$

第 3 步: 建立模型, 并计算参数值.

第 4 步: 代入第 2 步得到的时滞值 $\tau = 4$, 进一步计算预测值, 并进行建模效果对比.

FGM(q, 2, 4) 模型, 结合粒子群搜索算法, 以 MAPE 值最小为目标, 搜索得到模型的最优累加次数为 $r = 0.9372$, 最优的微分方程的阶数 $q = 1.9361$, 模型的参数为 $a = 0.0018, b = 0.0171$, 得到的预测模型为

$$y^{(-0.9989)}(k) + 0.0018 Z_y^{(0.9372)} = 0.0171 x^{(0.9372)}(k - 4)$$

该模型的相对误差百分比 MAPE $= 1.0827 \times 10^{-4}$.

GM(1, 2, 4) 模型的参数: $a = 1.8127, b = 18.0283$, 可知模型为

$$y^{(0)}(k) + 1.8127 Z_y^{(1)}(k) = 18.0283 x^{(1)}(k - 4)$$

该模型的相对误差百分比 MAPE $= 1.46 \times 10^{-2}$.

GM(1, 2) 模型的参数: $a = 1.8892$;　$b = 18.9891$, 因此模型的定义式为

$$y^{(0)}(k) + 1.8892Z_y^{(1)}(k) = 18.9891x^{(1)}(k)$$

该模型的相对误差百分比 MAPE $= 2.1 \times 10^{-2}$.

具体结果见表 4.4.

表 4.4　三个多变量灰色模型的模拟结果

真实数据	GM(1, 2)		GM(1, 2, 4)		FGM(q, 2, 4)	
	预测值	相对误差	预测值	相对误差	预测值	相对误差
620	620	0.000%	620	0.000%	620	0.000%
619.9	628.1707	1.334%	634.1636	2.301%	619.8145	0.014%
619.81	630.9555	1.798%	614.1588	0.912%	619.9286	0.019%
620.1	607.2079	2.079%	610.3393	1.574%	620.084	0.003%
620.35	606.7265	2.196%	598.5198	3.519%	620.2309	0.019%
620.35	606.7128	2.198%	626.6881	1.022%	620.35	0.000%
620.35	606.7124	2.198%	628.0715	1.245%	620.4321	0.013%
620.67	616.1845	0.723%	628.1394	1.203%	620.4888	0.029%
620.55	635.0082	2.330%	625.4003	0.782%	620.5488	0.000%
620.5	649.704	4.707%	627.8191	1.180%	620.6324	0.021%
620.65	641.1389	3.301%	624.5334	0.626%	620.7199	0.011%
620.8	635.3287	2.340%	601.2974	3.142%	620.8	0.000%

从表 4.4 得出 FGM(q, 2, 4) 模型的拟合效果最好, 从相对误差来看, FGM(q, 2, 4) 模型是最小的, 其得到的预测值与真实值是最接近的. GM(1, 2) 模型的最大的相对误差达到了 4.707%, GM(1, 2, 4) 模型的最大的相对误差为 3.519%, 对比这两个模型, 区别在于时滞的存在, 模型中加入时滞后, 拟合更精确. 对比 GM(1, 2, 4) 模型和 FGM(q, 2, 4) 模型, 明显可以看出这两个模型的区别在于微分方程的阶数, 分数阶微分方程的灰色模型的预测效果优于整数微分方程. 对比这三种灰色模型, 结果表明含时滞的分数阶灰色模型更加适用. 为了更加直观地对比这三种灰色模型, 画出模型拟合图如图 4.6.

a 反映了汇率与油价的协调程度, 本例第 4 步计算得到的结果显示, 三个模型中 $a > 0$, 表明汇率与油价是不协调发展的, 需要调整经济结构与提高风险管理; b 反映的是动态变化影响, 三个模型中, 油价对汇率有促进作用.

GM(1, 2) 和 GM(1, 2, 4) 模型的 a 值并不高, 反映汇率与油价的不协调程度还不够严重, 而 b 值较大, 表明油价对汇率有较大的促进作用, 这与实际情况不符, 但是, 含有滞后性的 GM(q, 2, 4) 模型的平均相对误差变小了, 说明汇率与油价之间存在滞后性, 时滞灰色模型能够改善传统模型对时滞因果关系的描述能力.

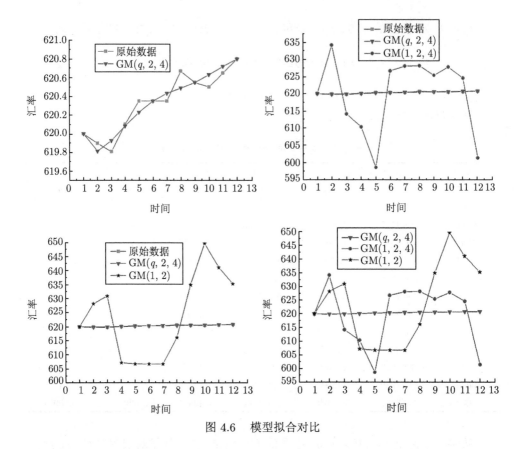

图 4.6　模型拟合对比

本章建立的 $\text{FGM}(q, N, \tau)$ 模型同时考虑了滞后性、波动性之后, 得到了更高的拟合精度, 平均相对误差是最小的, 从图 4.6 得出分数阶累加时滞的模型拟合值与真实值更为贴合, 并能显著地提高对经济序列的模拟和预测精度. 该模型中油价与汇率存在滞后效应, 滞后时间为 4 天, 即油价波动后经过 4 天汇率会发生改变. 该模型中 $a > 0$, 反映汇率与油价的发展呈不协调状态, 但 a 值较小, 表明不协调程度还不够严重, b 值有明显的减小, 表明在经济新常态下, 油价对汇率的上升是起到了一定的促进作用, 为了使汇率变化更加稳定, 还需要国家政策的支持和经济结构的调整, 这对于指导实际具有参考价值.

4.7.2　灰色时滞 Lotka-Volterra 模型的应用

基于武汉市科技投入完成经济产出预测, 对于政府宏观经济调控具有重要指导意义, 同时也可以帮助引导决策者进行产业结构优化和投资资产分配, 有助于帮助中国政府更好地完成中部崛起战略. 我们收集到了武汉市 1995—2008 年 14 年间的科技投入 R&D 和 GDP 数据 (表 4.5). 为避免通货膨胀因素对建模影响,本章将 GDP 和 R&D 资本额均以 1978 年不变价格进行调整, 得到的实际值记为 PGDP 和 PR&D, 然后分别进行了对数化运算, 得到 LNPGDP 和 LNPR&D. 可以发现变换后的数据实际变换更加平稳.

表 4.5 武汉市 1995—2008 年 14 年间科技投入 R&D 与 GDP 实际数据

年份	GDP	PGDP	LNPGDP	R&D	PR&D	LNPR&D
1995	606.91	1.3395	0.2923	3169	6.9940	1.9451
1996	782.13	1.5384	0.4308	5360	10.5429	2.3555
1997	912.33	1.7404	0.5541	5512	10.5151	2.3528
1998	1001.89	1.9622	0.6741	7415	14.5221	2.6757
1999	1085.68	2.2125	0.7941	8553	17.4302	2.8582
2000	1206.84	2.4450	0.8940	12297	24.9129	3.2154
2001	1335.4	2.7192	1.0003	14700	29.9328	3.3990
2002	1467.8	3.0314	1.1090	15254	31.5035	3.4501
2003	1622.18	3.2751	1.1864	24308	49.0773	3.8934
2004	1882.24	3.6791	1.3027	27255	53.2740	3.9754
2005	2261.17	4.3037	1.4595	29112	55.4092	4.0147
2006	2679.33	5.0288	1.6152	37270	69.9512	4.2478
2007	3209.47	5.7870	1.7556	72118	130.0361	4.8678
2008	4115.51	7.0207	1.9489	86071	146.8287	4.9893

结合 "五年规划" 是中国国民经济计划的一部分, 主要是对重大建设项目、生产力分布和国民经济重要比例关系等做出规划, 为国民经济发展远景规定目标和方向. 计算灰关联矩阵如表 4.6 所示.

表 4.6 武汉市科技投入与经济产出时滞关联系数表

年份 \ 滞后期	0	1	2	3	4	5	6	7	8	9	τ_i
1995—1999	0.5202	0.6098	0.7293	<u>0.9009</u>	0.9007	0.7570	0.6303	0.5354	0.4613	0.3962	3
1996—2000	0.4885	0.5794	0.7083	<u>0.8914</u>	0.8779	0.7045	0.5676	0.4729	0.3940	0	3
1997—2001	0.4822	0.5796	0.7126	<u>0.9253</u>	0.8211	0.6259	0.5004	0.4047	0	0	3
1998—2002	0.496	0.5922	0.7395	<u>0.8833</u>	0.7636	0.5799	0.4523	0	0	0	3
1999—2003	0.4199	0.5186	0.7134	<u>0.8210</u>	0.6446	0.4452	0	0	0	0	3
2000—2004	0.4500	0.5897	<u>0.7876</u>	0.7744	0.5914	0	0	0	0	0	2
2001—2005	0.5074	0.6665	<u>0.7684</u>	0.6787	0	0	0	0	0	0	2
2002—2006	0.6427	0.7580	<u>0.7798</u>	0	0	0	0	0	0	0	2
2003—2007	0.6736	0.8262	0	0	0	0	0	0	0	0	—
2004—2008	0.6139	0	0	0	0	0	0	0	0	0	

注: 表中加下划线的数字强调是这一行的最大值.

表 4.6 中, 列出了每 5 年的科技投入时段数据与未来不同时段的经济产出数据的灰色关联系数. 系数的大小可以有效表明影响程度. 如果不考虑最后两行数据 (最后两行的比较数据太少, 不具有参考价值), 可以发现, 武汉市科技投入对经济产出的滞后期约为 2—3 年, 同时滞后期也呈现缩短趋势, 1995—2008 年的平均

滞后期计算如下

$$\tau = \frac{1}{8}(3 + 3 + 3 + 3 + 3 + 2 + 2 + 2) = 2.625$$

为 2.625 年, 这个结果表明, 1995 年至 2008 年间, 武汉市的平均每年科技投入约在 2.625 年之后产生收益. 同时我们可以发现前 5 段的滞后期为 3 年, 后面 3 段的滞后期缩短为 2 年. 这表明武汉市科技投入与经济增长之间的滞后期不断缩小, 说明科技投入产生收益的时间正逐步缩短, 武汉市经济发展呈现上升趋势.

结合实际数据, 并考虑时滞值为 2.625. 结合公式 (4.15), 完成模型的参数估计式如下:

$$\begin{cases} a_1 = 0.1921, \\ b_1 = -0.0768, \\ c_1 = 0.1287, \end{cases} \quad \begin{cases} a_2 = 0.2287 \\ b_2 = 0.1172 \\ c_2 = -0.0844 \end{cases}$$

于是由定理 4.6 可得

$$\begin{cases} \alpha_1 = 1.2118, \\ \beta_1 = 0.0847, \\ \gamma_1 = -0.1419, \end{cases} \quad \begin{cases} \alpha_2 = 1.2569 \\ \beta_2 = -0.1317 \\ \gamma_2 = 0.0948 \end{cases}$$

则得到预测模型如下

$$\begin{cases} x(t+1) = \dfrac{1.2118x(t)}{1 + 0.0847x(t) - 0.1419y(t)} \\ y(t+1) = \dfrac{1.2569y(t)}{1 - 0.1317y(t) + 0.0356x(t-2) + 0.0593x(t-3)} \end{cases}$$

将预测结果绘制了图 4.7, 并分别计算绝对误差百分比 APE (Absolute Percentage Error) 值, 公式为

$$\text{APE}(k) = \left| \left(x^{(1)}(k) - \hat{x}^{(1)}(k) \right) / x^{(1)}(k) \right| \times 100\%$$

以及平均误差百分比 MAPE (Mean Absolute Percentage Error) 值, 公式为

$$\text{MAPE} = \frac{1}{n-4} \sum_{k=5}^{n} \left| \left(x^{(1)}(k) - \hat{x}^{(1)}(k) \right) / x^{(1)}(k) \right| \times 100\%$$

将计算结果列入表 4.7 中.

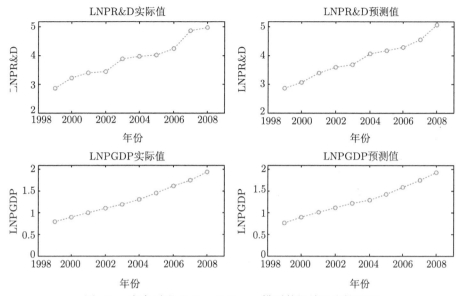

图 4.7 灰色时滞 Lotka-Volterra 模型数据结果比较预测

表 4.7 武汉市科技投入 R&D 与 GDP 预测数据建模

年份	LNPR&D	预测值	APE(k)	LNPGDP	预测值	APE(k)
1998	2.6757	—	—	0.6741	—	—
1999	2.8582	2.8666	0.29%	0.7941	0.7631	3.90%
2000	3.2154	3.0665	4.63%	0.8940	0.8923	0.19%
2001	3.3990	3.4012	0.06%	1.0003	1.0062	0.59%
2002	3.4501	3.5940	4.17%	1.1090	1.1143	0.48%
2003	3.8934	3.6837	5.39%	1.1864	1.2253	3.28%
2004	3.9754	4.0619	2.18%	1.3027	1.2909	0.91%
2005	4.0147	4.1818	4.16%	1.4595	1.4207	2.66%
2006	4.2478	4.2937	1.08%	1.6152	1.5943	1.29%
2007	4.8678	4.5524	6.48%	1.7556	1.7512	0.25%
2008	4.9893	5.0707	1.63%	1.9489	1.9237	1.29%
MAPE		3.01%			1.48%	
2009	—	—	—	2.0475	2.1294	4.00%
2010	—	—	—	2.2018	2.3389	6.23%
2011	—	—	—	2.3647	2.5392	7.38%
2012	—	—	—	2.5014	2.7636	10.48%

图 4.7 的四个子图中分别列出了 LNPR&D 与 LNPGDP 的预测值和真实值的走势曲线. 可以发现, LNPR&D 的真实值曲线和拟合值曲线发展趋势相同, 都是随时间的增长而逐步上升, 且拟合效果也较好. 但与 LNPR&D 的预测值比较, LNPR&D 的真实值具有一定波动性. 可以发现相比于 LNPR&D 数据, LNPGDP 的预测值与真实值的拟合效果更好, LNPGDP 的预测值与真实值的曲线发展趋

势相似度更高. 观察表 4.7 也可以发现 LNPGDP 的预测值与真实值间的 MAPE
仅为 1.48%, 也小于 LNPR&D 的 3.01%. 实际上相比 GDP 数据, R&D 更容易
受到政府决策者人为因素影响. 所以 GDP 的可预测性更强, 结合现有数据, 我们
利用灰色时滞 Lotka-Volterra 模型预测了武汉市 2009—2012 年 LNPGDP 数据.
与真实值比较, 可以发现我们模型的预测误差都在 10% 左右. 这说明模型的预测
效果比较理想. 同时通过与真实值对比发现, 模型的预测误差逐步增大. 说明模型
对于长期预测仍具有一定改善空间.

　　结合现有数据, 利用灰色时滞 Lotka-Volterra 模型, 预测未来 10 年科技投入
与经济产出数据如图 4.8 所示. 若按照当前模式发展, 武汉市科技投入与经济产
出都将不断上升, 武汉市将是一个非常具有活力的城市.

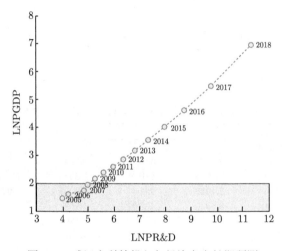

图 4.8　武汉市科技投入与经济产出长期预测

4.7.3　第三方互联网在线支付与网上银行的直接灰色 Lotka-Volterra 模型

　　将网上交易系统看成一个生物系统, 第三方互联网在线支付和网上银行分别
看作一个物种, 则其市场交易额变化反映了种群数量随时间的变化; 两者存在中间
业务、存款、客户等共同的竞争资源, 且两者互惠互利、相辅相成, 与生态系统中
生物之间的关系类似; 两者都主要受消费者可支配收入、所在内外部环境的影响,
在各因素较为稳定的情况下, 两者短期内不会剧烈变化; 在我国人均可支配收入
和人口较稳定的情况下, 第三方支付交易额和网上银行的交易额存在一定的上限.
因此利用生物系统模型来研究第三方支付和网上银行关系是合理的. 在整个网上
交易系统中, 还包括消费者和商户等, 为简化问题, 本章只利用 Lotka-Volterra 模
型考虑第三方支付行业和网上银行的竞合关系.

在互联网时代, 影响第三方互联网在线支付和网上银行的因素错综复杂, 从而在内外部环境下, 两者的竞争也相当复杂. 因此, 需要对模型进行适当的假定:

(1) 行业在无竞争情况下交易呈现 Logistic 增长趋势. 银行业在第三方支付出现前是一个垄断行业, 互联网时代下电子商务的发展带动了网上银行业务的繁荣. 如没有第三方支付的出现, 可以假定网上银行凭借其成熟的技术和垄断性行业属性, 其交易额在内外部环境稳定情况下能呈现 Logistic 增长趋势.

(2) 外部环境稳定. 由于第三方互联网在线支付的法律监管方面尚不成熟, 第三方互联网在线支付的交易受政策影响很大. 假定没有对第三方支付企业行业和银行业影响重大的政策变化, 使其交易额出现较大突增或突减现象.

(3) 市场需求稳定. 第三方互联网在线支付和商业银行网上银行的交易来源是当前现有业务市场及新开发市场中的消费者需求. 现假设用户的需求保持稳定增长, 则只需考虑行业自身的阻滞作用.

(4) 行业自身发展形势稳定. 由市场数据可见, 整个支付市场的交易主要集中于支付宝、财付通和银联商务. 假设当前行业龙头公司尤其支付宝等的运营不出现影响交易重大变化的事件, 则其行业自身增长率较为稳定.

通过考虑种群 1 的种群变化率 $\dfrac{dx(t)}{dt}$、种群 2 的种群变化率 $\dfrac{dy(t)}{dt}$、每个种群的自抑制效应、种群之间的竞争和互利, 可以建立一个经典的 Lotka-Volterra 模型:

$$\begin{cases} \dfrac{dx(t)}{dt} = r_1 x(t) \left(1 - \dfrac{x(t)}{K_1} + \dfrac{b_{1,2}y(t)}{K_2} - \dfrac{a_{1,2}y(t)}{K_2} \right) \\ \dfrac{dy(t)}{dt} = r_2 y(t) \left(1 - \dfrac{y(t)}{K_2} + \dfrac{b_{2,1}x(t)}{K_1} - \dfrac{a_{2,1}x(t)}{K_1} \right) \end{cases} \tag{4.34}$$

K_1 和 K_2 分别是种群 1 和种群 2 的上限, r_1 和 r_2 分别是两个种群的内在增长率.

在计算模型参数的过程中, 会出现 $r_1 > 0$ 但 $-r_1/K_1 > 0$ 的情况, K_1 是种群的数量上限, 应该为正值, 可见 $-r_1/K_1 > 0$ 实际是不合理的. 因此将第三方互联网在线支付行业及网上银行交易的自身增长影响系数 k_1, k_2 引入到经典 Lotka-Volterra 中, 建立更符合两者交易状态的模型:

$$\begin{cases} \dfrac{dx(t)}{dt} = r_1 x(t) \left(1 - \dfrac{k_1 x(t)}{K_1} + \dfrac{b_{1,2}y(t)}{K_2} - \dfrac{a_{1,2}y(t)}{K_2} \right) \\ \dfrac{dy(t)}{dt} = r_2 y(t) \left(1 - \dfrac{k_2 y(t)}{K_2} + \dfrac{b_{2,1}x(t)}{K_1} - \dfrac{a_{2,1}x(t)}{K_1} \right) \end{cases} \tag{4.35}$$

其中 $x(t)$ 为第三方支付第 t 季度的交易额, $y(t)$ 为网上银行第 t 季度的交易额, K_1 和 K_2 分别为第三方支付和网上银行的市场交易额上限; r_1, r_2 分别为第三方支付行业和网上银行交易额的内禀增长率, 一般为随时间变化的正值, 为简化问题, 本章认为其固定.

注意: 经典模型中没有系数 k_1 和 k_2. 因为它只考虑了种群对有限资源的消耗导致其增长受阻. 我们在使用经典模型对中国电子支付进行预测和模拟时发现, 效果并不理想. 究其原因, 是电子支付在一定程度上促进了自身发展. 因此, 通过添加两个系数来改进模型.

在式 (4.35) 中, $-r_1x(t)\dfrac{k_1x(t)}{K_1}$ 指第三方支付当前的交易状态对自身的交易影响, k_1 为第三方支付的自身影响协调系数, 若 $k_1>0$, 则第三方支付的交易受自身增长的限制, 若 $k_1<0$, 则自身的增长起着促进作用; $-r_2y(t)\dfrac{k_2y(t)}{K_2}$ 同理, 为网上银行因自身发展产生的影响, k_2 为网上银行的自身影响协调系数; $b_{1,2}, a_{1,2}$ 分别表示银行对第三方支付的合作系数和竞争系数, $\dfrac{r_1(b_{1,2}-a_{1,2})x(t)y(t)}{K_2}$ 则表示网上银行的交易额对第三方支付交易的交互作用, $\dfrac{r_2(b_{2,1}-a_{2,1})x(t)y(t)}{K_1}$ 为第三方支付行业的高速发展对网上银行交易的影响.

上述模型可简化为

$$\begin{cases} \dfrac{dx(t)}{dt}=x(t)\left(a_1+b_1x(t)+c_1y(t)\right) \\ \dfrac{dy(t)}{dt}=y(t)\left(a_2+b_2y(t)+c_2x(t)\right) \end{cases}$$

其中

$$a_1=r_1, \quad b_1=-r_1\frac{k_1}{K_1}, \quad c_1=\frac{r_1(b_{1,2}-a_{1,2})}{K_2}$$

$$a_2=r_2, \quad b_2=-r_2\frac{k_2}{K_2}, \quad c_2=\frac{r_2(b_{2,1}-a_{2,1})}{K_1}$$

不同参数下, 两竞争对象间的竞争合作作用类型如表 4.8.

表 4.8　竞争间的各种作用关系

c_1	c_2	种间关系
大于 0	大于 0	互利共生
大于 0	等于 0	共栖
大于 0	小于 0	种群 1 以种群 2 为食
小于 0	大于 0	种群 2 以种群 1 为食
小于 0	等于 0	偏害
小于 0	小于 0	相互竞争

将网上银行与第三方互联网在线支付的交易额数据序列, 记为

$$x = (x(k) \,|\, k \in K), \quad y = (y(k) \,|\, k \in K), \quad K = 1, 2, \cdots, n$$

其中 $x(k)$ 为第三方互联网在线支付第 k 季度的交易额, $y(k)$ 为网上银行第 k 季度的交易额. 建立模型并离散化为

$$\begin{cases} x(k+1) = \dfrac{\alpha_1 x(k)}{1 + \beta_1 x(k) + \gamma_1 y(k)} \\ y(k+1) = \dfrac{\alpha_2 y(k)}{1 + \beta_2 y(k) + \gamma_2 x(k)} \end{cases}$$

其中 $a_i = \ln \alpha_i, b_i = \dfrac{\beta_i \ln \alpha_i}{\alpha_i - 1}, c_i = \dfrac{\gamma_i \ln \alpha_i}{\alpha_i - 1}, i = 1, 2$, 即

$$\alpha_i = \exp(a_i), \quad \beta_i = \frac{b_i (\exp(a_i) - 1)}{a_i}, \quad \gamma_i = \frac{c_i (\exp(a_i) - 1)}{a_i}, \quad i = 1, 2 \quad (4.36)$$

由灰色模型的直接建模思想, 对于离散数据, 取 $\dfrac{dx(t)}{dt} \approx x(t+1) - x(t)$, 选择值系数 α 使 $z_1(k) = \alpha x(k+1) + (1-\alpha)x(k)$ 代替 $\dfrac{dx(t)}{dt} \approx x(t+1) - x(t)$ 中的 $x(t)$, 则模型变为

$$\begin{cases} x(k+1) - x(k) = a_1 \left(\alpha x(k) + (1-\alpha)x(k+1)\right) + b_1 \left(\alpha x(k) + (1-\alpha)x(k+1)\right)^2 \\ \qquad\qquad + c_1 \left(\alpha x(k) + (1-\alpha)x(k+1)\right)\left(\alpha y(k) + (1-\alpha)y(k+1)\right) \\ y(k+1) - y(k) = a_2 \left(\alpha y(k) + (1-\alpha)y(k+1)\right) + b_2 \left(\alpha y(k) + (1-\alpha)y(k+1)\right)^2 \\ \qquad\qquad + c_2 \left(\alpha x(k) + (1-\alpha)x(k+1)\right)\left(\alpha y(k) + (1-\alpha)y(k+1)\right) \end{cases}$$

若给定 α 值, 则 Lokta-Volterra 模型为

$$\begin{cases} x(2) - x(1) = a_1 \left(\alpha x(1) + (1-\alpha)x(2)\right) + b_1 \left(\alpha x(1) + (1-\alpha)x(2)\right)^2 \\ \qquad\qquad + c_1 \left(\alpha x(1) + (1-\alpha)x(2)\right)\left(\alpha y(1) + (1-\alpha)y(2)\right) \\ x(3) - x(2) = a_1 \left(\alpha x(2) + (1-\alpha)x(3)\right) + b_1 \left(\alpha x(2) + (1-\alpha)x(3)\right)^2 \\ \qquad\qquad + c_1 \left(\alpha x(2) + (1-\alpha)x(3)\right)\left(\alpha y(2) + (1-\alpha)y(3)\right) \\ \qquad\qquad\qquad \cdots\cdots \\ x(n) - x(n-1) = a_1 \left(\alpha x(n-1) + (1-\alpha)x(n)\right) + b_1 \left(\alpha x(n-1) + (1-\alpha)x(n)\right)^2 \\ \qquad\qquad + c_1 \left(\alpha x(n-1) + (1-\alpha)x(n)\right)\left(\alpha y(n-1) + (1-\alpha)y(n)\right) \end{cases}$$

Lokta-Volterra 模型的最小二乘估计参数列满足

$$(a_1, b_1, c_1) = \left(B^{\mathrm{T}} B\right)^{-1} B^{\mathrm{T}} X^*$$

其中

$$B = \begin{pmatrix} \alpha x(1) + (1-\alpha)x(2) & (\alpha x(1) + (1-\alpha)x(2))^2 \\ \alpha x(2) + (1-\alpha)x(3) & (\alpha x(2) + (1-\alpha)x(3))^2 \\ \vdots & \vdots \\ \alpha x(n-1) + (1-\alpha)x(n) & (\alpha x(n-1) + (1-\alpha)x(n))^2 \end{pmatrix}$$

$$\begin{pmatrix} (\alpha x(1) + (1-\alpha)x(2))\,(\alpha y(1) + (1-\alpha)y(2)) \\ (\alpha x(2) + (1-\alpha)x(3))\,(\alpha y(2) + (1-\alpha)y(3)) \\ \vdots \\ (\alpha x(n-1) + (1-\alpha)x(n))\,(\alpha y(n-1) + (1-\alpha)y(n)) \end{pmatrix}$$

$$X^* = \begin{pmatrix} x(2) - x(1) \\ x(3) - x(2) \\ \vdots \\ x(n) - x(n-1) \end{pmatrix}$$

上述对背景值系数与原始数据序列的分离, 可用于简化计算且直观背景值系数对参数的影响. 模型的平均绝对误差百分比 (i.e.MAPE) 值往往用来判断建模的优劣, 因此选择使 MAPE 值最小的 α 值作为最优参数:

$$\min \text{MAPE}(a_1(\alpha), b_1(\alpha), c_1(\alpha)) = \frac{1}{n-1} \sum_{k=2}^{n} \frac{|\hat{x}(k) - x(k)|}{x(k)} \times 100\%$$

即在给定的 α 值时, 可得到参数 $\hat{a}_1, \hat{b}_1, \hat{c}_1$, 从而得到参数 $\hat{\alpha}_1, \hat{\beta}_1, \hat{\gamma}_1$. 采取同样的方法可估计模型第二个式子的参数, 即得到 $\hat{\alpha}_2, \hat{\beta}_2, \hat{\gamma}_2$. 将参数代回到如下方程中则得到与 α 值有关的模型估计值:

$$\begin{cases} \hat{x}(k+1) = \dfrac{\hat{\alpha}_1 \hat{x}(k)}{1 + \hat{\beta}_1 \hat{x}(k) + \hat{\gamma}_1 \hat{y}(k)} \\ \hat{y}(k+1) = \dfrac{\hat{\alpha}_2 y(k)}{1 + \hat{\beta}_2 \hat{y}(k) + \hat{\gamma}_2 \hat{x}(k)} \end{cases}$$

再根据

$$\min \text{MAPE}(\alpha) = \frac{1}{n-1} \sum_{k=2}^{n} \frac{|\hat{x}(k) - x(k)|}{x(k)} \times 100\%$$

求得最优背景值系数 α 值对应的灰色 Lotka-Volterra 模型. 如果读者对背景值优化的灰色模型感兴趣, 可以阅读文献 [62,100,101,119].

由于银行数据缺失, 本章考虑网上银行和第三方互联网在线支付 2009 年第一季度到 2016 年第二季度的交易额, 数据来源于易观智库和东方财富网. 本章考虑的第三方互联网在线支付交易数据是包含支付宝、PayPal、财付通等第三方支付平台在内, 依靠互联网通过电脑终端实现的资金支付交易额; 网上银行的交易数据主要包含个人网上银行的转账和企业网上银行的账户查询与对账、转账、缴费、收款、代发工资的交易额. 为减小数量级的影响, 将原始数据转化为相对 2009 年第一季度的比值.

由中国人民银行网站消息可知, 2011 年发放了第一批第三方支付营业执照, 这时第三方互联网在线支付 2011 年前的交易额增长较为平稳, 2011 年后出现急速增长的态势. 那么以下以 2011 年为节点, 分段分析在该政策影响下, 2011 年前后第三方支付和网上银行的关系变化, 并理顺两个阶段中第三方互联网在线支付在 Lotka-Volterra 模型下, 如何受网上银行的影响并发展.

图 4.9 为分别对 2011 年前后的数据建立 Lotka-Volterra 模型, 并采用不同背景值系数, 结合灰色直接建模方法计算得到的平均绝对百分比误差 (MAPE) 图. 横坐标为背景值系数, 纵坐标为不同背景值系数对应的 MAPE 值. 对比两图可见, 由 Lotka-Volterra 模型对第三方支付两个阶段交易额的拟合, 产生的 MAPE 随背景值系数的增加单调递长, 网上银行则呈现很剧烈的变动, 可见背景值系数对于模型是否合适影响很大.

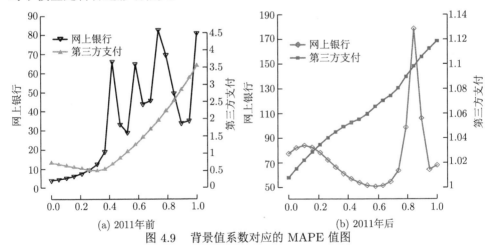

(a) 2011年前　　　　　　　　　　　(b) 2011年后
图 4.9　背景值系数对应的 MAPE 值图

下面分别对 2011 年前后第三方互联网在线支付和网上银行的交易额建立灰色 Lotka-Volterra 模型, 并选择使 MAPE 最小的背景值, 从而得到最优的竞合模型来分析两者的竞争合作关系. 将 Lotka-Volterra 模型的建模结果与最小二乘支持向量机 (LSSVR)、整合移动平均自回归模型 (ARIMA)、人工神经网络 (ANN) 等模型进行对比, 对比指标为 MAPE 和绝对百分比误差 (APE).

　　表 4.9—表 4.12 和图 4.10—图 4.13 中的拟合曲线比较和 MAPE 箱线图比较表明, 灰色 Lotka-Volterra 模型比其他模型具有更好的性能. 表 4.9 和图 4.10 显示了 2011 年之前第三方支付在与网银进行竞争状态下的发展趋势, 表 4.10 和图 4.11 显示了 2011 年网银在与第三方支付进行竞争状态下的发展趋势. 从表 4.11 和图 4.12 及表 4.12 和图 4.13 可以看出, 2011 年以后, 网银交易额一直高于第三方支付, 但第三方支付增长速度更快. 专门从事金融服务的银行有极其严格的监管控制. 因此, 银行比第三方支付更安全、更精通技术、更慷慨、更有信誉. 银行在金融市场具有天然垄断地位, 这说明其在网上支付市场的份额大于第三方支付系统. 但是, 第三方支付公司具有突出的技术和业务创新能力, 其保障功能是有效满足网购需求. 此外, 第三方支付系统更注重用户体验, 这让用户更愿意选择这些系统. 因此, 第三方支付的增长快于网上银行. 从增长的角度来看, 第三方支付系统更强大.

表 4.9　2011 年前第三方支付值不同模型拟合及模型误差　　　　　(单位: 亿元)

年份	实际值	GM(1, 1)		LSSVR		ARIMA		ANN		GLV	
		预测值	APE/%	预测值	APE/%	预测值	APE/%	预测值	APE/%	预测值	APE/%
2009Q1	1014.1	1014.1	0	1723.6	70.0	1741.0	71.7	—	—	1014.1	0
2009Q2	1214.4	1245.2	2.5	1857.2	52.9	2346.8	93.2	—	—	1195.3	1.6
2009Q3	1459.0	1490.7	2.2	1982.5	35.9	2028.5	39.0	—	—	1437.5	1.5
2009Q4	1739.0	1784.6	2.6	2206.9	26.9	2484.0	42.8	1710.5	1.6	1733.9	0.3
2010Q1	1962.0	2136.5	8.9	2296.6	17.1	2406.0	22.6	1779.1	9.3	2080.5	6.0
2010Q2	2317.6	2557.7	10.4	2592.6	11.9	2860.0	23.4	2060.8	11.1	2327.3	0.4
2010Q3	2843.3	3062.0	7.7	2943.1	3.5	3292.8	15.8	2507.3	11.8	2780.8	2.2
2010Q4	3547.4	3665.7	3.3	3412.5	3.8	3762.6	6.1	3263.2	8.0	3444.1	2.9
2011Q1	3921.9	4388.5	11.9	3662.2	6.6	3836.2	2.2	3416.7	12.9	4349.8	10.9
2011Q2	4557.3	5253.8	15.3	4085.8	10.3	4656.4	2.2	3929.3	13.8	4825.7	5.9
2011Q3	5559.0	6289.7	13.1	4753.6	14.5	5433.6	2.3	4922.1	11.5	5614.7	1.0
2011Q4	7287.7	7529.9	3.3	5906.0	19.0	7480.6	2.6	6082.6	16.5	6861.9	5.8
MAPE/%		6.8		22.7		27.0		8.0		3.2	

表 4.10　2011 年前网银支付值不同模型拟合及模型误差　　　　　(单位: 万亿元)

年份	实际值	GM(1, 1)		LSSVR		ARIMA		ANN		GLV	
		预测值	APE/%	预测值	APE/%	预测值	APE/%	预测值	APE/%	预测值	APE/%
2009Q1	86.8	86.8	0	—	—	116.8	34.6	—	—	86.8	0
2009Q2	95.8	100.2	4.6	—	—	131.7	37.5	—	—	89.8	6.3
2009Q3	104.5	108.8	4.1	112.9	8.0	126.0	20.6	110.6	5.8	99.2	5.1
2009Q4	118.2	118	0.2	115.9	1.9	139.3	17.9	119.2	0.8	108.2	8.5
2010Q1	104.9	128	22.0	127.2	21.3	119.2	13.6	132.5	26.3	122.5	16.8
2010Q2	127.4	138.9	9.0	126.8	0.5	151.2	18.7	126.2	0.9	108.8	14.6
2010Q3	147.7	150.7	2	135.1	8.5	142.3	3.7	141.9	3.9	132.3	10.4
2010Q4	173.7	163.6	5.8	164.5	5.3	169.1	2.6	161.6	7.0	173.5	0.1
2011Q1	182.3	177.5	2.6	185.0	1.5	155.1	14.9	187.2	2.7	180.8	0.8

续表

年份	实际值	GM(1, 1)		LSSVR		ARIMA		ANN		GLV	
		预测值	APE/%	预测值	APE/%	预测值	APE/%	预测值	APE/%	预测值	APE/%
2011Q2	189.1	192.5	1.8	194.2	2.7	171.2	9.5	194.8	3.0	189.9	0.4
2011Q3	199.6	208.9	4.7	197.0	1.3	166.9	16.4	201.8	1.1	197.3	1.2
2011Q4	209.9	226.7	8.0	198.7	5.4	178.3	15.1	211.8	0.9	208.9	0.5
MAPE/%		5.4		4.7		17.0		4.3		6.3	

表 4.11 2011 年后第三方支付值不同模型拟合及模型误差 （单位: 十亿元）

年份	实际值	GM(1, 1)		LSSVR		ARIMA		ANN		GLV	
		预测值	APE/%	预测值	APE/%	预测值	APE/%	预测值	APE/%	预测值	APE/%
2012Q1	7594	7594	0	—	—	7850.8	3.4	—	—	7594	0
2012Q2	8522	9417	10.5	—	—	9581.6	12.4	—	—	8989.3	5.5
2012Q3	9764	10498.5	7.5	12291.1	25.9	11012.7	12.8	10821.3	10.8	10120.5	3.7
2012Q4	12159	11704.1	3.7	12328.0	1.4	14153.5	16.4	12309.1	1.2	11620.6	4.4
2013Q1	12525	13048.3	4.2	13279.8	6.0	13098.4	4.6	14134.3	12.8	14385.4	14.9
2013Q2	13409	14546.8	8.5	14326.5	6.8	14322.0	6.8	15236.0	13.6	14764.2	10.1
2013Q3	15091	16217.4	7.5	14990.4	0.7	16519.6	9.5	16366.2	8.5	15943.2	5.6
2013Q4	18641	18079.8	3.0	16545.7	11.2	21285.7	14.2	18458.7	1.0	17906.9	3.9
2014Q1	19600	20156.2	2.8	20099.4	2.5	20418.2	4.2	21004.3	7.2	22006.4	12.3
2014Q2	19946	22471	12.7	22479.0	12.7	20329.3	1.9	23422.1	17.4	23067.9	15.7
2014Q3	22376	25051.6	12	23159.4	3.5	24152.3	7.9	23667.2	5.8	23752.0	6.1
2014Q4	28196	27928.6	0.9	24897.8	11.7	32194.1	14.2	26721.6	5.2	25745.0	8.7
2015Q1	28979	31136	7.4	29503.2	1.8	29452.1	1.6	30572.2	5.5	31714.9	9.4
2015Q2	32888.4	34711.7	5.5	33219.6	1.0	35445.1	7.8	34041.4	3.5	32483.8	1.2
2015Q3	36475	38698.1	6.1	36243.1	0.6	38721.8	6.2	38251.1	4.9	36482.1	0
2015Q4	41723.3	43142.3	3.4	38409.8	7.9	45002.3	7.9	42086.0	0.9	40691.6	2.5
MAPE/%		6.0		6.7		8.2		7.0		6.5	

表 4.12 2011 年后网银支付不同模型拟合及模型误差 （单位: 万亿元）

年份	实际值	GM(1, 1)		LSSVR		ARIMA		ANN		GLV	
		预测值	APE/%	预测值	APE/%	预测值	APE/%	预测值	APE/%	预测值	APE/%
2012Q1	218.6	218.6	0	275.3	25.9	280.6	28.4	—	—	218.6	0
2012Q2	237.2	252.7	6.5	284.6	20.0	308.6	30.1	—	—	220.3	7.1
2012Q3	257.2	263.8	2.6	294.6	14.5	301.4	17.2	238.7	7.2	239.1	7.0
2012Q4	273.1	275.3	0.8	302.6	10.8	315.5	15.5	246.4	9.8	259.3	5.0
2013Q1	269.3	287.3	6.7	300.7	11.7	303.3	12.6	263.0	2.3	275.6	2.3
2013Q2	299.5	299.9	0.1	315.8	5.4	331.6	10.7	271.9	9.2	271.8	9.3
2013Q3	315.5	313	0.8	323.8	2.6	323.3	2.5	285.3	9.6	302.3	4.2
2013Q4	347.3	326.6	6.0	339.7	2.2	350.3	0.9	314.0	9.6	318.5	8.3
2014Q1	352.1	340.9	3.2	342.1	2.8	335.4	4.7	317.9	9.7	351.0	0.3
2014Q2	382.7	355.8	7.0	357.4	6.6	366.1	4.3	345.1	9.8	356.0	7.0
2014Q3	334.1	371.3	11.1	333.1	0.3	312.6	6.4	374.6	12.1	386.8	15.8
2014Q4	352.1	387.5	10.1	342.1	2.9	360.8	2.5	320.8	8.9	338.2	3.9
2015Q1	353.5	404.4	14.4	342.8	3.0	329.3	6.8	328.3	7.1	357.2	1.0
2015Q2	376.2	422.1	12.2	354.1	5.9	365.8	2.8	356.7	5.2	358.7	4.7

续表

年份	实际值	GM(1, 1)		LSSVR		ARIMA		ANN		GLV	
		预测值	APE/%	预测值	APE/%	预测值	APE/%	预测值	APE/%	预测值	APE/%
2015Q3	433.6	440.5	1.6	382.8	11.7	379.9	12.4	378.7	12.7	382.2	11.9
2015Q4	510	459.8	9.8	421.0	17.5	421.9	17.3	452.4	11.3	440.8	13.6
MAPE/%		5.8		9.0		10.9		7.8		6.3	

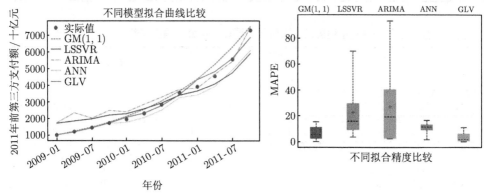

图 4.10　2011 年前第三方支付发展趋势不同模型拟合曲线对比 (文后附彩图)

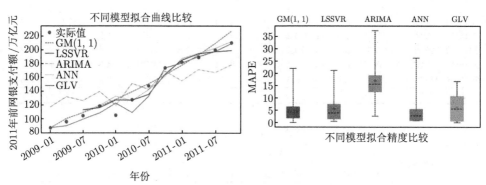

图 4.11　2011 年前网银支付发展趋势不同模型拟合曲线对比 (文后附彩图)

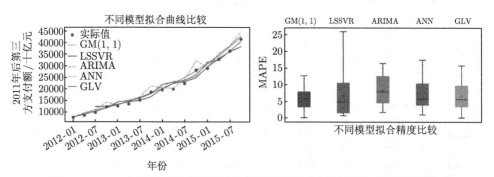

图 4.12　2011 年后第三方支付发展趋势不同模型拟合曲线对比 (文后附彩图)

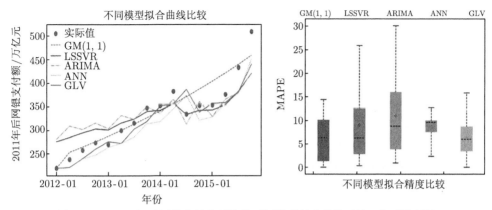

图 4.13 2011 年后网银支付发展趋势不同模型拟合曲线对比 (文后附彩图)

表 4.13 显示了使用本书中描述的方法估计的模型参数值. 从表中我们可以得到 2011 年之前网上银行和第三方支付交易量的竞争模型如下:

$$\begin{cases} \dfrac{dx(t)}{dt} = x(t)(0.366 + 0.080x(t) - 0.252y(t)) \\ \dfrac{dy(t)}{dt} = y(t)(0.122 - 0.011y(t) - 0.005x(t)) \end{cases}$$

其中 $x(t)$ 是第三方交易总额, $y(t)$ 是网上银行交易总额. 同样, 2011 年后网上银行和第三方支付系统交易量的竞争模型如下:

$$\begin{cases} \dfrac{dx(t)}{dt} = x(t)(0.206 + 0.003x(t) - 0.043y(t)) \\ \dfrac{dy(t)}{dt} = y(t)(0.008 + 0.003y(t) - 0.003x(t)) \end{cases}$$

表 4.13　2011 年前后的模型参数估计值

	2011 年前			2011 年后		
a_1	0.366	α_1	1.440	a_1	0.206	α_1	1.229
b_1	0.080	β_1	0.096	b_1	0.003	β_1	0.0034
c_1	-0.252	γ_1	-0.304	c_1	-0.043	γ_1	-0.046
a_2	0.122	α_2	1.130	a_2	0.008	α_2	1.008
b_2	-0.011	β_2	-0.011	b_2	0.003	β_2	0.003
c_2	-0.005	γ_2	-0.005	c_2	-0.003	γ_2	-0.003

根据两阶段模型的拟合结果, 第三方支付的内在增长率 a_1 从第一阶段的 0.366 下降到第二阶段的 0.206. 可见, 第三方营业执照的发放, 对第三方支付的乱象给出了一定的标准. 部分非标企业现阶段被淘汰, 整个行业的交易增速受到一

定影响. 第三方支付行业自身影响系数 b_1 从 0.080 下降到 0.003, 但仍大于 0, 而且第三方支付自身影响协调系数为负. 因此, 该模型意义重大, 说明在整个标准化的第三方支付行业中, 交易现状依然理想, 持续的业务创新将促进未来交易的增长. 但第一阶段银行自身系数 b_2 增加到了 0.003, 自身影响协调系数 k_2 由正变为负. 这说明, 在获得营业执照后, 该行的业务创新在自身发展的推动下得到了提升.

第一阶段, 网上银行对第三方支付行业的竞争系数 c_1 为 -0.252. 同时, 第三方支付行业对网上银行的竞争系数 c_2 为 -0.005, 银行自身趋势表现抑制系数为 -0.011. 这一发现表明, 在那个时间点, 银行与第三方支付行业的协同效应大于抑制的合作, 但网上银行的抑制大于第三方支付系统的抑制. 比如, 当时如果第三方支付加强了银行的抑制, 银行的营业额可能会下降. 但是, 由于第三方支付平台的支付服务由银行承担, 而第三方支付系统又依赖于银行, 银行不可能被挤出市场. 但是, 第三方支付系统有可能比银行抢占更大的市场份额.

在第二阶段, 两者的相互合作系数仍然为负, 表明双方的抑制作用仍大于合作, 但银行对第三方支付的抑制作用小于第一阶段. 2011 年以后, 很多客户选择第三方支付系统作为交易工具, 因为它们提供了人性化和便捷的服务. 但是, 银行更重视风控机制, 拥有非常稳健的风控文化. 它们倾向于较少关注用户体验, 从而减少对受监管的第三方支付系统的抑制. 抑制系数 c_1, c_2 的变化表明银行抑制系数对第三方的降低程度明显大于第三方. 可见, 为第三方支付行业颁发营业执照以提升竞争力, 利大于弊.

竞争关系下第三方支付系统的发展趋势

通过考虑整体交易数据的趋势, 我们使用处理后的数据建立模型, 如式 (4.35) 所示. 根据上述计算方法 (PSO), 第三方支付预测模型的背景值系数为 $\alpha = 0.25$, 网上银行预测模型的背景值系数为 0.38. 本例中, 第一个背景值为 0.25, 第二个背景值为 0.38, 即

$$z_1(k) = 0.25x(k) + 0.75x(k+1), \quad z_2(k) = 0.38x(k) + 0.62x(k+1)$$

所以前者数据权重较小, 后者数据权重较大, 满足 "创新先行" 的原则, 即处理后的原始数据序列更能反映发展规律. 因此, 可以计算模型参数. 第三方支付和网上银行模型参数如下

$$a_1 = 0.136, \quad b_1 = 0.001, \quad c_1 = -0.015$$

$$a_2 = 0.059, \quad b_2 = -0.017, \quad c_2 = 0.003$$

因此, 我们可以得到以下结果:

$$\alpha_1 = 1.146, \quad \beta_1 = 0.001, \quad \gamma_1 = -0.016$$

$$\alpha_2 = 0.059, \quad \beta_2 = -0.017, \quad \gamma_2 = 0.003$$

在这个阶段, 第三方支付和网上银行交易的竞争如下

$$\begin{cases} \dfrac{dx(t)}{dt} = x(t)(1.146 + 0.001x(t) - 0.016y(t)) \\ \dfrac{dy(t)}{dt} = y(t)(0.059 - 0.017y(t) + 0.003x(t)) \end{cases}$$

表 4.14、表 4.15 详细列出了 2009—2015 年第三方支付和网上银行在线支付交易额的不同模型拟合值, 为了更直观地看出拟合效果, 我们绘制了图 4.14 和图 4.15 的两个 MAPE 的箱线图. 因为箱线图是用于显示一组数据离散信息的统计图, 所以可以显示一组拟合误差的最大值、最小值、中位数、上四分位数和下四分位数. 两个箱线图不仅表明新模型的误差相对较小, 而且误差集中度也优于其他模型. 图 4.14 和图 4.15 还展示了第三方支付系统的拟合值、网上银行原始交易量和合作/竞争模型之间的比较. 横坐标为时间, 纵坐标为时间对应的交易价值. 它们表明模型的拟合非常好, 因此, 使用该模型定量分析网上银行与第三方网上支付的竞争关系是合理的. 此外, 这两个数字清楚地表明, 网上银行交易的数量一直比第三方支付多, 但第三方支付系统的增长速度更好.

表 4.14 2009—2015 年第三方支付价值和两种模型使用误差 (单位: 十亿元)

年份	实际值	GM(1, 1)		LSSVR		ARIMA		ANN		GLV	
		预测值	APE/%	预测值	APE/%	预测值	APE/%	预测值	APE/%	预测值	APE/%
2009Q1	1014.1	1014.1	0	1667.2	64.4	1014.1	0.0	1014.1	—	1014.1	0.0
2009Q2	1214.4	2527.9	108.2	1856.3	52.9	1351.8	11.3	1214.4	—	1180.0	2.8
2009Q3	1459	2836.3	94.4	2005.4	37.5	1626.7	11.5	1680.8	15.2	1415.1	3.0
2009Q4	1739	3182.4	83	2351.8	35.2	1931.0	11.0	1835.7	5.6	1702.4	2.1
2010Q1	1962	3570.6	82	2475.2	26.2	2114.97	7.8	2082.9	6.2	2033.6	3.6
2010Q2	2317.6	4006.2	72.9	2898.3	25.1	2561.5	10.5	2336.0	0.8	2287.5	1.3
2010Q3	2843.3	4495	58.1	3394.8	19.4	3203.9	12.7	2804.8	1.4	2712.5	4.6
2010Q4	3547.4	5043.4	42.2	4059.7	14.4	4030.3	13.6	3546.3	0.0	3338.2	5.9
2011Q1	3921.9	5658.7	44.3	4413.4	12.5	4178.7	6.6	4490.6	14.5	4181.4	6.6
2011Q2	4557.3	6349.1	39.3	5013.5	10.0	4993.16	9.6	5138.0	12.7	4627.8	1.5
2011Q3	5559	7123.6	28.1	5959.6	7.2	6246.1	12.4	6101.0	9.8	5378.9	3.2
2011Q4	7287.7	7992.7	9.7	7592.2	4.2	8473.5	16.3	7315.0	0.4	6563.5	9.9
2012Q1	7594	8967.9	18.1	7881.5	3.8	7804.1	2.8	9050.7	19.2	8596.4	13.2
2012Q2	8522	10061.9	18.1	8758.0	2.8	9158.5	7.5	9991.7	17.3	8968.5	5.2
2012Q3	9764	11289.5	15.6	9931.0	1.7	10615.9	8.7	11147.0	14.2	10085.7	3.3
2012Q4	12159	12666.8	4.2	12192.9	0.3	13801.8	13.5	12213.1	0.4	11577.0	4.8
2013Q1	12525	14212.2	13.5	12538.6	0.1	12776.0	2.0	14674.5	17.2	14402.3	15.0
2013Q2	13409	15946.1	18.9	13373.5	0.3	14015.3	4.5	15092.9	12.6	14815.1	10.5
2013Q3	15091	17891.5	18.6	14962.0	0.9	16244.7	7.6	16353.1	8.4	15932.6	5.6
2013Q4	18641	20074.3	7.7	18314.8	1.7	21076.1	13.1	18976.1	1.8	17936.0	3.8
2014Q1	19600	22523.4	14.9	23580.0	20.3	20257.8	3.4	23060.4	17.6	22159.2	13.1
2014Q2	19946	25271.3	26.7	19547.3	2.0	20183.3	1.2	24095.2	20.8	23282.6	16.7
2014Q3	22376	28354.4	26.7	21842.3	2.4	24042.8	7.5	24273.0	8.5	23826.0	6.5
2014Q4	28196	31813.7	12.8	23580.0	16.4	32188.2	14.2	28681.1	1.7	26356.2	6.5

续表

年份	实际值	GM(1, 1)		LSSVR		ARIMA		ANN		GLV	
		预测值	APE/%	预测值	APE/%	预测值	APE/%	预测值	APE/%	预测值	APE/%
2015Q1	28979	35695	23.2	28078.5	3.1	29516.1	1.9	31762.4	9.6	32996.0	13.9
2015Q2	32888.4	40049.8	21.8	31770.7	3.4	35570.0	8.2	36984.6	12.5	33875.8	3.0
2015Q3	36475	44935.9	23.2	35158.0	3.6	38935.2	6.8	39961.3	9.6	38359.5	5.2
2015Q4	41723.3	50418.1	20.8	40114.8	3.9	45323.4	8.6	45618.4	9.3	42764.1	2.5
MAPE/%		33.8		13.4		8.3		8.8		6.2	

注意: 表 4.14 中各型号参数如下:

GM(1,1)模型 : $\dfrac{dx^{(1)}}{dt} - 0.115x^{(1)} = 2.168$

ARIMA$(1,1,0)$: $p = 1, d = 1, q = 0, \hat{x}_t^{(1)} = 1564.7382 + 0.3998 \times x_{t-1}^{(1)}$

LSSVR: 正则化参数 $C = 15$, 核函数为高斯核函数 (RBF)

$$K(x_i, x_j) = \exp\left[-\frac{\|x_i - x_j\|^2}{2\sigma^2}\right], \quad \sigma = 0.3$$

ANN: 隐藏层分 3 层. 第一层 20 个神经元, 第二层 10 个神经元, 第三层 5 个神经元.

表 4.15   2009—2015 年不同模型拟合的网银支付值和误差   (单位: 万亿元)

年份	实际值	GM(1, 1)		LSSVR		ARIMA		ANN		GLV	
		预测值	APE/%	预测值	APE/%	预测值	APE/%	预测值	APE/%	预测值	APE/%
2009Q1	86.8	86.8	0	105.1	21.1	110.4	27.2	—	—	86.8	0.0
2009Q2	95.8	125.3	30.8	113.1	18.1	139.5	45.6	—	—	93.4	2.5
2009Q3	104.5	132	26.3	120.9	15.7	139.2	33.2	—	—	103.2	1.2
2009Q4	118.2	139	17.6	133.1	12.6	143.9	21.7	—	—	112.7	4.7
2010Q1	104.9	146.5	39.7	121.2	15.5	119.1	13.5	110.3	5.1	127.7	21.7
2010Q2	127.4	154.3	21.1	141.2	10.8	161.7	26.9	115.7	9.2	113.0	11.3
2010Q3	147.7	162.6	10.1	159.3	7.9	191.5	29.7	132.6	10.2	137.7	6.8
2010Q4	173.7	171.3	1.4	182.4	5.0	194.0	11.7	155.5	10.5	160.0	7.9
2011Q1	182.3	180.5	1	190.0	4.2	197.8	8.5	163.2	10.5	188.7	3.5
2011Q2	189.1	190.1	0.5	196.1	3.7	192.7	1.9	171.7	9.2	198.2	4.8
2011Q3	199.6	200.3	0.4	205.4	2.9	228.2	14.3	187.0	6.3	205.4	2.9
2011Q4	209.9	211	0.5	214.6	2.2	223.6	6.5	200.8	4.3	216.5	3.1
2012Q1	218.6	222.3	1.7	222.3	1.7	221.3	1.2	209.2	4.3	226.8	3.8
2012Q2	237.2	234.2	1.3	238.8	0.7	256.2	8.0	215.6	9.1	236.4	0.3
2012Q3	257.2	246.8	4.0	256.6	0.2	271.6	5.6	233.1	9.4	256.6	0.2
2012Q4	273.1	260	4.8	270.7	0.9	285.0	4.4	246.4	9.8	278.2	1.9
2013Q1	269.3	273.9	1.7	267.4	0.7	251.7	6.5	246.6	8.4	294.0	9.2
2013Q2	299.5	288.5	3.7	294.8	1.8	313.7	4.7	269.4	10.1	289.3	3.4
2013Q3	315.5	304	3.6	308.4	2.2	336.9	6.8	300.5	4.8	322.7	2.3
2013Q4	347.3	320.3	7.8	336.7	3.1	343.4	1.1	326.7	5.9	339.1	2.4
2014Q1	352.1	337.4	4.2	341.0	3.2	339.6	3.6	313.0	11.1	371.2	5.4
2014Q2	382.7	355.5	7.1	368.2	3.8	368.6	3.7	341.9	10.7	375.5	1.9
2014Q3	334.1	374.5	12.1	325.0	2.3	310.7	7.0	332.3	0.5	410.2	22.8

年份	实际值	GM(1, 1)		LSSVR		ARIMA		ANN		GLV	
		预测值	APE/%	预测值	APE/%	预测值	APE/%	预测值	APE/%	预测值	APE/%
2014Q4	352.1	394.6	12.1	341.0	3.2	336.0	4.6	318.8	9.5	351.7	0.1
2015Q1	353.5	415.7	17.6	342.2	3.2	357.2	1.1	328.6	7.0	364.8	3.2
2015Q2	376.2	437.9	16.4	362.4	3.7	365.0	3.0	350.4	6.9	365.4	2.9
2015Q3	433.6	461.4	6.4	413.4	4.7	480.0	10.7	381.6	12.0	385.6	11.1
2015Q4	510	486.1	4.7	481.3	5.6	513.7	0.7	447.1	12.3	444.2	12.9
MAPE/%		9.2		5.8		11.2		7.0		5.5	

注意：表 4.15 中各型号参数如下

GM(1, 1) 模型: $\dfrac{dx^{(1)}}{dt} - 0.052x^{(1)} = 1.326$.

ARIMA (0, 1, 2): $p = 0, d = 1, q = 2$, $\hat{x}_t^{(1)} = 19.91 + 0.4351 \times x_{t-1}^{(1)} + 0.2888 \times \varepsilon_{t-1} - 0.6895 \times \varepsilon_{t-2}$.

LSSVR: 正则化参数 $C = 12$, 核函数为高斯核函数 (RBF)

$$K(x_i, x_j) = \exp\left[-\frac{\|x_i - x_j\|^2}{2\sigma^2}\right], \quad \sigma = 0.3$$

ANN: 隐藏层分为 3 层. 第一层 20 个神经元, 第二层 10 个神经元, 第三层 5 个神经元.

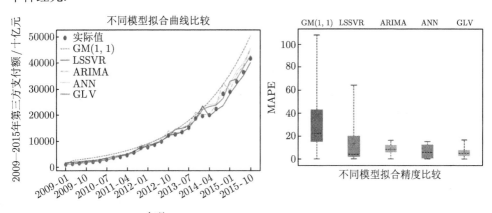

图 4.14 2009—2015 年第三方支付发展趋势的不同拟合曲线和 MAPE 箱线图 (文后附彩图)

根据参数估计的结果, 我们看到第三方支付行业和网上银行的内在增长率 a_1, a_2 分别为 0.136 和 0.059. 可以看出两者都在增加, 第三方支付的增长速度超过了网上银行. 这一发现与目前的认识一致, 即第三方支付在网上市场比网上银行更具创新性. 第三方支付和网上银行的交互系数 $c_1 = -0.015, c_2 = 0.003$ 表明, 种群 2(网上银行) 以种群 1(第三方支付) 为食. 然而, $b_1 > 0, b_2 < 0$, 即 $k_1 < 0, k_2 > 0$,

表明双方竞争的规模扩张并没有阻止交易, 而是让它以二次函数的形式增长. 显然, 严重阻碍第三方支付增长的因素是网上银行. 同样, 第三方支付公司也受到商业银行交易量完全占领网络交易市场的阻碍. 因此, 第三方支付要想继续在网络交易市场占据一席之地, 除了提升自身能力外, 还应继续开发满足各领域消费者需求的产品, 加强与银行的合作. 如果可以将交互作用系数转化为正值, 并且提高两者之间的交互作用, 就会得到最好的结果. 表 4.16 显示了模型的有效性.

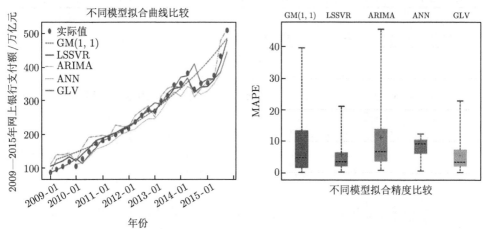

图 4.15　　2009—2015 年网上银行支付发展趋势的不同拟合方法对比和 MAPE 箱线图
(文后附彩图)

表 4.16　2016 年第三方支付系统和网上银行的 GLV 模型测试结果

时间	第三方支付额/十亿元			网上银行在线支付额/万亿元		
	实际值	预测值	APE/%	实际值	预测值	APE/%
2016Q1	4364.8	4782.8	9.6	555.5	574	3.3
2016Q2	4650.0	5004.5	7.6	618.8	628.8	1.6
2016Q3	4903.4	5333.1	8.8	505.6	605.0	19.7
2016Q4	5221.3	5620.6	7.6	559.0	583.0	4.3
MAPE/%			8.4			7.2
RMSE		401.4			52	
MSE		400.4			37	

　　本节建立了一个灰色 Lotka-Volterra 模型来定量分析与银行合作的第三方支付系统的发展. 我们考虑了银行对第三方支付公司的支持和竞争影响, 并引入了影响系数. 然后, 我们建立了更符合实际交易量的灰色 Lotka-Volterra 模型, 定量分析了网上银行影响下第三方支付的发展趋势. 采用直接灰度建模方法, 引入背景值系数对模型进行离散化, 采用最小二乘法估计参数, 得到了一个合理的竞争模型.

　　分析表明:

　　(1) 第三方支付受网上银行抑制, 交易量增长快于网上银行. 实证发现, 第三方支付与网上银行之间存在相互抑制, 网上银行对第三方网上支付的抑制大于第三方支付对网上银行的抑制.

(2) 第三方网上支付交易量增长快于网上银行, 但整体市场份额不及网上银行. 2011 年前后, 网上银行的影响由原来的抑制效应转变为合作效应. 但整体而言, 双方交易量的增长, 促进了各自的发展.

(3) 第三方支付继续稳步增长. 主要原因仍是移动支付行业交易规模增长明显, 在较大基数的基础上保持了较好的增速.

(4) 两大第三方金融巨头增长显著: 支付宝整体交易规模再上新台阶, 微信支付用户和活跃商户保持较高增长. 这两大巨头的活跃用户数快速增长, 为移动支付行业的增长奠定了基础.

4.7.4 三种群分数阶灰色延迟 Lotka-Volterra 模型应用

选取 2006—2019 年高新技术产业增加值数据作为高新技术产业发展评价指标. 城市化率指数取代城市发展. 武汉城市化率的具体数据可参见《武汉统计年鉴》. 由于缺乏具体数据, 本章采用城镇化率的平均增长率进行计算, 数据如表 4.17 所示.

表 4.17 高新技术和传统产业增加值和城镇化率

年份	高新技术产业增加值	传统产业增加值	城镇化率
2006	379.65	571.54	0.6440
2007	474.76	666.10	0.6380
2008	601.74	896.59	0.6450
2009	711.03	1068.52	0.6470
2010	883.10	1198.27	0.7707
2011	1074.11	1528.64	0.7871
2012	1353.40	1643.23	0.7926
2013	1700.19	1827.88	0.7928
2014	1994.92	1970.60	0.7936
2015	2185.10	1971.27	0.7941
2016	2343.61	1897.23	0.7977
2017	2670.57	2040.51	0.8004
2018	3051.10	2040.03	0.8029
2019	3409.89	2000.00	0.8049

如图 4.16 所示, 2006—2013 年传统产业增加值明显高于高新技术产业. 2013 年以后, 高新技术产业增加值超过传统产业并继续快速增长. 由于工业的快速发展, 对劳动力的需求不断增加, 导致农村劳动力逐步转移为城市发力, 促进城市发展. 因此, 传统产业、高新技术产业与城市发展之间存在着竞争和共生关系. 接下来, 利用三个人口的 FDGLV 模型来研究这三个人口的发展. 同时比较了 GM(1, 1), LSSVR, ANN, GLV 和 FGLV 的拟合结果.

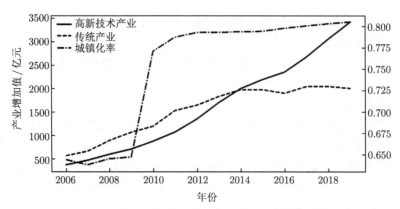

图 4.16　传统产业增加值、高新技术产业增加值与城镇化率

下面建立武汉市传统产业增加值、高新技术产业增加值和城镇化率的 FDGLV 模型, 通过灰色相关分析得到时滞的阶数如下:

$$\tau_{1,2} = 2, \tau_{1,3} = 1; \quad \tau_{2,1} = 2, \tau_{2,3} = 1; \quad \tau_{3,1} = 2, \tau_{3,2} = 2$$

接下来, 我们研究分数阶导数和分数阶累加阶数对模型拟合精度的影响. 图 4.17 显示了分数阶导数 p 和分数阶累加阶数 r 对拟合精度的三维变化趋势.

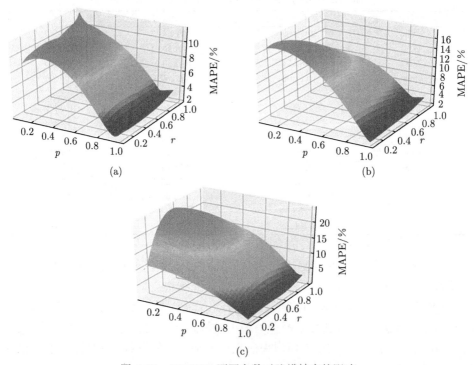

图 4.17　FDGLV 不同参数对建模精度的影响

图 4.17(a) 为不同参数对高新技术产业拟合平均百分比误差的选取. 可以看出, 如果 r 为常数且 p 值在 $(0, 0.925)$ 范围内, MPAE 会随着 p 的增加而减小. 如果 p 在 $(0.925, 1)$ 范围内, MAPE 会随着 p 的增加而增加. 当 $p = 0.925, r = 0.6$ 时, MAPE 最小值为 2.58. 图 4.17(b) 显示了不同参数对传统行业的影响. 变化趋势与图 4.17(a) 相似. 当 $p = 0.975, r - 0.175$ 时, MAPE 最小值为 2.13. 图 4.17 (c) 显示了不同参数对城市化率的影响. 可以看出, 当 p 值一定时, MAPE 的最大值 r 落在 $(0.4, 0.8)$ 内, 当 $p = 0.975, r = 0.1$ 时, MAPE 最小值为 0.63.

因此, 可以看出参数和对建模精度有很大的影响. 为了更准确地找到最优参数, 还需要鲸鱼算法来确定最优参数. 使用鲸群优化算法结合最小二乘法得到的系数估计结果如下:

$$\begin{pmatrix} a_1 \\ b_1 \\ c_1 \\ d_1 \end{pmatrix} = \begin{pmatrix} -2.943 \\ -0.082 \\ -0.574 \\ 3.378 \end{pmatrix}, \quad \begin{pmatrix} a_2 \\ b_2 \\ c_2 \\ d_2 \end{pmatrix} = \begin{pmatrix} -1.400 \\ -0.533 \\ -0.191 \\ 1.905 \end{pmatrix}, \quad \begin{pmatrix} a_3 \\ b_3 \\ c_3 \\ d_3 \end{pmatrix} = \begin{pmatrix} -0.016 \\ 0.038 \\ 0.010 \\ -0.026 \end{pmatrix}$$

因此, FDGLV 模型可以写成

$$\begin{cases} \nabla^{0.922} x_1(t) = x_1^{(0.039)}(t)(-2.943 - 0.082 x_1^{(0.039)}(t) - 0.574 x_2^{(0.039)}(t-2) \\ \qquad\qquad + 3.378 x_1^{(0.039)}(t-1)) \\ \nabla^{0.992} x_1(t) = x_2^{(0.040)}(t)(-1.400 - 0.533 x_2^{(0.040)}(t) - 0.191 x_1^{(0.040)}(t-2) \\ \qquad\qquad + 1.905 x_3^{(0.040)}(t-1)) \\ \nabla^{0.998} x_1(t) = x_3^{(0.017)}(t)(-0.016 + 0.038 x_3^{0.017}(t) + 0.010 x_1^{(0.017)}(t-2) \\ \qquad\qquad - 0.026 x_2^{(0.017)}(t-2)) \end{cases}$$

从参数估计结果 c_1, c_2 可以看出, 传统产业与高新技术产业的增加值竞争系数为 -0.574 和 -0.191, 均小于 0, 结果显示产业之间相互竞争, 相互影响且具有时滞效应. 随着高新技术产业的不断发展, 一些传统产业产业结构升级失败, 产能仍然落后, 面临被淘汰. 因此, 未来传统产业增加值增速将继续放缓.

传统产业之间的竞争与城市化率的系数 d_2, d_3 为 1.905, -0.026. 我们可以得出结论, 一方面, 城市扩张可以促进传统产业的发展. 另一方面, 传统产业的发展也制约着城市的扩张. 随着城市人口的增加, 人们对城市环境的要求越来越高, 传统产业中一些产能落后、污染严重的行业影响了人们的生活环境, 进而影响了城市的发展.

此外, 我们还可以看到, 高新技术产业增加值与城镇化率的竞争系数分别为 3.378 和 0.010, 均大于 0. 说明高新技术产业与城市扩张的关系是相互的. 随着城市的发展, 越来越多的劳动力从农村转移到城市, 从而推动了高新技术产业的发展. 同时, 高新技术产业的发展可以极大地促进人口就业, 促进城市扩张, 带动城市建设, 使城市更宜居, 促进城市发展.

表 4.18 为各模型对高新技术产业增加值的拟合结果. 图 4.18 为各模型拟合误差的直方图. FDGLV 模型的评价指标 MAPE, SMAPE, MAE, 方差分别为 1.67%, 1.92%, 36.30 和 5.24, 均低于其他模型. GLV 和 FGLV 模型拟合效果尚可, 但拟合精度低于 FDGLV 模型. 因此, 在 GLV 模型中引入分数导数, 结合传统产业和城镇化率对高技术产业的时滞效应, 可以更准确地预测高技术产业.

表 4.18　各模型对高新技术产业增加值拟合结果

年份	实际值	GM(1, 1)	LSSVR	ANN	GLV	FGLV	FDGLV
2006	379.65	379.65	—	—	379.565	379.65	—
2007	474.76	669.70	—	—	471.60	412.99	—
2008	601.74	771.99	714.24	634.72	375	552.06	601.74
2009	711.03	889.90	755.97	776.55	697.33	703.80	711.89
2010	883.10	1025.82	863.79	892.00	909.12	877.29	895.54
2011	1074.11	1182.50	1060.21	1087.07	1139.38	1097.60	1085.58
2012	1353.40	1363.12	1356.50	1296.18	1368.85	1346.42	1307.08
2013	1700.19	1571.32	1705.49	1610.81	1618.12	1659.52	1698.91
2014	1994.92	1811.32	1983.01	1995.30	1911.32	1898.85	1989.22
2015	2185.10	2087.98	2169.19	2306.01	2195.65	2088.48	2299.31
2016	2343.61	2406.90	2400.43	2496.09	2428.92	2344.53	2509.70
2017	2670.57	2774.53	2643.27	2662.65	2632.74	2764.73	2669.07
2018	3051.10	3198.32	3037.17	3040.55	2945.79	3022.23	2986.76
2019	3409.89	3686.83	3296.78	3468.39	3363.66	3369.51	3486.53
MAPE/%		11.57	3.15	3.42	5.77	3.09	1.67
SMAPE/%		10.52	3.01	3.36	6.50	3.19	1.92
MAE		128.47	37.11	52.08	49.49	39.99	36.30
RMSE		146.88	52.36	69.86	70.22	52.77	62.17
MSE		21573.20	2714.03	4880.14	7818.12	2999.29	4018.56
方差		144.61	26.93	8.98	103.07	5.67	5.24

注: 建模效果的评价标准选取了 6 个测量指标, 即 MAPE、对称平均绝对百分比误差 (SMAPE)、平均绝对误差 (MAE)、均方根误差 (RMSE)、均方误差 (MSE), 预测误的方差.

此外, 从图图 4.19(a) 的拟合误差箱线图中可以看出, FDGLV 模型的四分位距、均值和中位数明显小于其他模型. 表明 FDGLV 模型的平均拟合误差最小, 误差分散度小于其他模型. 因此, 与其他模型相比, FDGLV 模型的拟合精度更高, 更稳定.

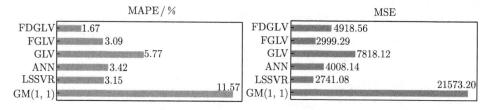

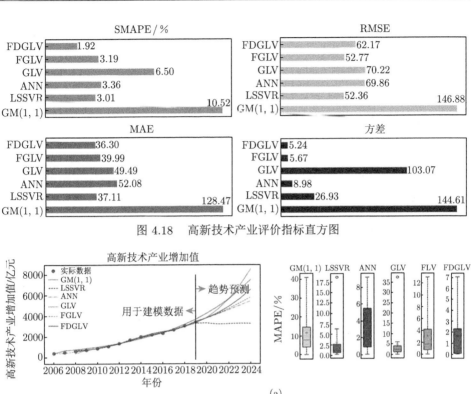

图 4.18 高新技术产业评价指标直方图

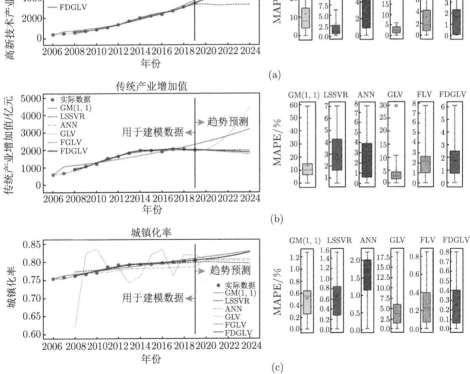

图 4.19 各模型对高新技术产业与传统产业及城镇化率的拟合效果 (文后附彩图)

从传统产业增加值的拟合结果 (表 4.19) 也可以看出, GM(1, 1) 模型的所有拟合评价指标都比较大. 其中, GM(1, 1) 的 MAPE 为 13.45%, 远大于其他模型. FDGLV 模型拟合评价指标相对较小, 其中 MAPE 为 2.05%, 远小于其他模型. 此外, 从图 4.19(b) 的箱线图中可以看出, 与其他模型相比, FGDLV 模型拟合误差的中位数、平均值和四分位距均小于其他模型. 进一步说明 FGDLV 模型拟合精度好, 更稳定.

表 4.19　传统工业增加值的拟合结果

年份	实际值	GM(1, 1)	LSSVR	ANN	GLV	FGLV	FDGLV
2006	571.54	571.54	—	—	571.54	571.54	—
2007	666.10	1059.98	—	—	659.08	651.83	—
2008	896.59	1131.22	959.88	890.27	629.14	826.94	896.59
2009	1068.52	1207.25	1038.29	1054.18	1084.86	1042.47	1044.07
2010	1198.27	1288.39	1266.79	1258.43	1325.85	1265.84	1271.40
2011	1528.64	1374.99	1466.65	1411.54	1478.08	1487.04	1512.87
2012	1643.23	1467.40	1656.57	1643.52	1686.96	1679.36	1660.47
2013	1827.88	1566.03	1838.00	1832.84	1773.73	1844.42	1875.06
2014	1970.60	1671.29	1935.27	1900.48	1882.91	1923.77	1985.46
2015	1971.27	1783.63	1995.52	1970.04	2008.20	1939.71	1987.20
2016	1897.23	1903.51	1988.32	1995.90	2054.71	1976.00	2009.14
2017	2040.51	2031.46	1984.14	1977.16	1964.16	2061.90	2093.64
2018	2040.03	2168.00	1989.57	2000.33	2001.04	2019.62	2023.84
2019	2000.00	2313.72	1963.76	2025.99	2011.28	1987.90	2015.11
MAPE/%		13.45	2.99	2.52	5.20	3.39	2.05
SMAPE/%		12.38	2.96	2.53	5.53	2.48	2.02
APE		170.90	45.10	41.85	69.68	48.82	33.74
RMSE		207.08	50.75	56.66	98.87	72.81	45.67
MSE		42882.95	2575.71	3210.02	9775.34	1715.93	2085.89
方差		49.71	4.13	5.92	64.84	4.66	4.47

此外, 我们在城市化率的拟合 (表 4.20) 中也可以看出, GLV 模型的拟合误差较大. MAPE 为 4.53%, 远大于其他机型. ANN 模型的误差也比较大, 但可以接受. 从图 4.19(c) 的箱线图中也可以看出, GLV 模型拟合误差的中位数、平均值和四分位间距最大, 说明 GLV 模型对城镇化率的拟合精度较低, 通过引入分数阶导数和累加 GLV 得到 FGLV 模型, 提高了城市化率的拟合精度. 同时, FDGLV 还考虑了高新技术产业和传统产业对城镇化率的时滞效应, 拟合效果优于其他模型.

表 4.20　各模型城镇化率拟合结果

年份	实际值	GM(1, 1)	LSSVR	ANN	GLV	FGLV	FDLV
2006	0.7546	0.7546	—	—	0.7546	0.7546	—
2007	0.7586	0.7634	—	—	0.7579	0.7545	—
2008	0.7626	0.7672	0.7743	0.7669	0.6200	0.7630	0.7626

续表

年份	实际值	GM(1, 1)	LSSVR	ANN	GLV	FGLV	FDLV
2009	0.7666	0.7710	0.7764	0.7687	0.8243	0.7701	0.7695
2010	0.7707	0.7748	0.7786	0.7704	0.8366	0.7772	0.7769
2011	0.7871	0.7786	0.7809	0.7722	0.7873	0.7843	0.7823
2012	0.7926	0.7825	0.7867	0.7766	0.7824	0.7894	0.7881
2013	0.7928	0.7864	0.7927	0.7816	0.7427	0.7947	0.7936
2014	0.7936	0.7903	0.7942	0.7829	0.7596	0.7961	0.7950
2015	0.7941	0.7942	0.7945	0.7831	0.8196	0.7959	0.7973
2016	0.7977	0.7981	0.7949	0.7834	0.8364	0.7972	0.7984
2017	0.8004	0.8021	0.7960	0.7843	0.7622	0.8016	0.7992
2018	0.8029	0.8060	0.7977	0.7857	0.8199	0.8021	0.8014
2019	0.8049	0.8100	0.7991	0.7869	0.8194	0.8044	0.8053
MAPE/%		0.5157	0.6492	1.4245	4.53	0.2723	0.2504
SMAPE/%		0.5158	0.6470	1.4390	4.64	0.2718	0.2927
MAE		0.0040	0.0051	0.0113	0.0353	0.0021	0.0020
RMSE		0.0050	0.0062	0.0127	0.0506	0.0028	0.0028
MSE		0.0000	0.0000	0.0001	0.0025	0.0000	0.0000
方差		0.1435	0.2304	0.5677	24.2628	0.0525	0.0305

GM(1, 1) 模型只是对原序列建模, 没有考虑其他影响因素, 而且只适用于一些线性系统, 所以拟合效果比较差. ANN 模型的拟合误差是可以接受的, 但拟合误差相对不稳定. 这主要是因为 ANN 模型适合对大样本数据建模, 对小样本数据有一定的局限性. ANN 模型的拟合误差是可以接受的, 但拟合误差是不稳定的. 由于 ANN 模型适用于大样本数据的建模, 对小样本数据有一定的局限性. FDGLV 模型考虑了高新技术产业增加值、传统产业增加值和城镇化率. 通过分数阶累加对原始数据进行预处理, 可以弱化数据的随机性, 使用分数阶导数的记忆特性可以很好地预测未来趋势, 因此 FGDLV 模型的拟合效果优于其他模型.

为研究武汉市未来五年的高技术产业增加值、传统产业增加值和城镇化率趋势, 我们利用 FDGLV 模型等流行模型预测 2020—2024 年武汉市高技术产业增加值、传统产业增加值和城镇化率, 结果如图 4.19 和表 4.21 所示. 从图 4.19(a) 可以看出, 除 LSSVR 外, 其他模型对高技术产业增加值的预测结果均呈上升趋势且 FGLV 模型和 ANN 模型的预测值与 FDGLV 的预测值更接近. 因此, 预计高技术产业的最高增加值不会超过 6545.40 亿元, 且最低不会低于 5423.09 亿元. 如图 4.19(b) 所示, 除 GLV 模型和 GM(1, 1) 模型外, 其他模型的预测结果表明, 未来四年传统产业的发展年逐渐平缓, 既不大幅增长也不会大幅下降. 预计到 2024 年, 传统产业增加值将在 1759.31 亿元至 19839.4 亿元之间. 另外, 根据图 4.19 (c) 中城镇化率预测结果, FDGLV 模型、FGLV 模型和 GM(1, 1) 模型均表明未来城镇化率将继续呈上升趋势, 预计 2024 年城镇化率将在 0.8273—0.8303.

表 4.21　未来五年武汉高新技术、传统工业增加值及城镇化率预测

年份	高新技术			传统工业增加值			城镇化率		
	FDGLV	FGLV	ANN	FDGLV	FGLV	LSSVR	FDGLV	FGLV	GM(1, 1)
2020	3812.00	3800.23	3794.32	1991.79	1967.83	1968.55	0.8076	0.8079	0.8140
2021	4297.58	4229.89	4190.99	1966.99	1926.36	1981.66	0.8111	0.8117	0.8180
2022	4914.09	4703.20	4594.86	1939.95	1877.18	1988.33	0.8157	0.8162	0.8221
2023	5650.34	5224.74	5004.74	1910.46	1821.29	1985.27	0.8210	0.8217	0.8262
2024	6545.40	5799.40	5420.39	1876.15	1759.31	1983.94	0.8273	0.8282	0.8303

基于 FDGLV 模型, 本节研究了城市高新技术产业、传统产业与城市扩张的共生关系, 以及未来的发展趋势. 主要研究结论如下:

(1) 本节在 GLV 模型中引入分数阶导数和分数阶累加, 建立 FDGLV 模型. 此外, 采用鲸鱼算法进行参数优化, 采用灰色关联进行时滞分析, 采用 Adams-Bashforth-Moulton 预估校正算法进行模型求解. 利用武汉市高新技术产业产值、传统工业产值和城镇化率数据验证 FGDLV 模型的有效性. 结果表明, FGDLV 模型的拟合精度和稳定性优于其他模型.

(2) 武汉产业升级和城市扩张的定性分析结果表明, 武汉电子信息、先进制造、新材料、生物医药和医疗器械四大高新技术产业近年来发展迅速. 而传统产业则逐渐缓慢增长. 高新技术产业与传统产业之间既有竞争又有融合, 如汽车产业、钢铁深加工、石油化工等高新技术产业, 在技术改造和产业升级的带动下, 而武汉烟草、纺织、航运等这些行业近年来由于受高新技术行业竞争的影响, 发展一直有下滑的趋势.

(3) 利用 FDGLV 模型对武汉高技术、传统产业增加值和城镇化率进行建模和预测. 结果表明, 武汉高新技术产业增加值与传统产业增加值存在竞争关系. 未来高新技术产业增加值将快速增长, 而传统产业增加值将逐渐放缓. 高新技术产业对传统产业的升级改造仍有待提高. 此外, 高新技术产业增加值与城镇化率之间存在互利关系. 未来几年, 武汉高新技术产业将继续快速发展, 也将推动武汉人口的城镇化.

高新技术产业具有市场前景、工厂化、资源消耗低、带动系数大、就业机会多、综合效益好等特点, 可以极大地促进城市经济建设, 带动城市就业. 近年来, 为吸引人才留在武汉, 武汉市政府还出台了动员高校毕业生落户的新政策, 进一步推动了武汉城市人口的扩张. 因此, 各地仍要以高新技术产业为重点, 同时推动传统产业转型升级, 与高新技术产业融合, 治理生态环境, 使传统产业更适应城市发展, 促进城市发展.

第 5 章　分数阶非线性灰色模型

5.1　基于灰色作用量优化的 GM(1, 1|sin) 动态预测模型

GM(1, 1) 模型中, 参数 $-a$ 为发展系数, 反映了 $\hat{x}^{(1)}$ 及 $\hat{x}^{(0)}$ 的发展态势; b 为灰色作用量, 反映了数据变化的关系. GM(1, 1) 模型中的灰色作用量 b 是从背景值挖掘出来的数据, 其确切内涵是灰的. 它是内涵外延化的具体体现, 它的存在, 是区别灰色建模与一般输入输出建模 (黑箱建模) 的分水岭, 也是区分灰色系统观点与灰箱观点的重要标志. 而传统的 GM(1, 1) 模型中把灰色作用量视为不变的常数, 即将外界的扰动视为不变, 从而简化了求解过程. 然而在实际应用中, 随着时间的推移, 灰色作用量也会随之改变. 本节考虑灰色作用量的动态变化, 将它看作时间的函数, 用 $b_1 \sin pk + b_2$ 代替 b 建立新的 GM(1, 1|sin) 模型, 并通过实例验证该模型的可行性.

5.1.1　GM(1, 1|sin) 优化模型的建立

定义 5.1　称

$$x^{(0)}(k) + az^{(1)}(k) = b_1 \sin pk + b_2 \tag{5.1}$$

为对灰色作用量优化的 GM(1, 1|sin) 模型.

定理 5.1　设 $X^{(0)}$ 为非负序列:

$$X^{(0)} = (x^{(0)}(1), x^{(0)}(2), \cdots, x^{(0)}(n))$$

其中, $x^{(0)}(k) \geqslant 0, k = 1, 2, \cdots, n$; $X^{(1)}$ 为 $X^{(0)}$ 的 1-AGO 序列:

$$X^{(1)} = (x^{(1)}(1), x^{(1)}(2), \cdots, x^{(1)}(n))$$

其中, $x^{(1)}(k) = \sum_{i=1}^{k} x^{(0)}(i), k = 1, 2, \cdots, n$; $Z^{(1)}$ 为 $X^{(1)}$ 的紧邻均值生成序列:

$$Z^{(1)} = (z^{(1)}(2), z^{(1)}(3), \cdots, z^{(1)}(n))$$

其中, $z^{(1)}(k) = 0.5(x^{(1)}(k) + x^{(1)}(k-1)), k = 2, 3, \cdots, n$.

若 $\hat{a} = (a, b_1, b_2)^{\mathrm{T}}$ 为参数列, 且

$$
Y = \begin{pmatrix} x^{(0)}(2) \\ x^{(0)}(3) \\ \vdots \\ x^{(0)}(n) \end{pmatrix}, \quad B = \begin{pmatrix} -z^{(1)}(2) & \sin 2p & 1 \\ -z^{(1)}(3) & \sin 3p & 1 \\ \vdots & \vdots & \vdots \\ -z^{(1)}(n) & \sin np & 1 \end{pmatrix} \tag{5.2}
$$

则 GM$(1, 1 | \sin)$ 模型 $x^{(0)}(k) + az^{(1)}(k) = b_1 \sin pk + b_2$ 的最小二乘估计参数列满足

$$
\hat{a} = (B^{\mathrm{T}} B)^{-1} B^{\mathrm{T}} Y
$$

证明　将数据代入式 (5.1), 即 GM$(1, 1 | \sin)$ 模型 $x^{(0)}(k) + az^{(1)}(k) = b_1 \cdot \sin pk + b_2$, 得

$$
x^{(0)}(2) + az^{(1)}(2) = b_1 \sin 2p + b_2
$$
$$
x^{(0)}(3) + az^{(1)}(3) = b_1 \sin 3p + b_2
$$
$$
\cdots\cdots
$$
$$
x^{(0)}(n) + az^{(1)}(n) = b_1 \sin np + b_2
$$

此即

$$
Y = B\hat{a}
$$

对于 a, b_1, b_2 的一对估计值, 以 $-az^{(1)}(k) + b_1 \sin pk + b_2$ 代替 $x^{(0)}(k), k = 2, 3, \cdots, n$, 可得误差序列

$$
\varepsilon = Y - B\hat{a}
$$

设 $s = \varepsilon^{\mathrm{T}} \varepsilon = (Y - B\hat{a})^{\mathrm{T}} (Y - B\hat{a}) = \displaystyle\sum_{k=2}^{n} (x^{(0)}(k) + az^{(1)}(k) - b_1 \sin pk - b_2)^2$, 使 s 最小的 a, b_1, b_2 应满足

$$
\begin{cases}
\dfrac{\partial s}{\partial a} = 2 \displaystyle\sum_{k=2}^{n} (x^{(0)}(k) + az^{(1)}(k) - b_1 \sin pk - b_2) \cdot z^{(1)}(k) = 0 \\[3mm]
\dfrac{\partial s}{\partial b_1} = -2 \displaystyle\sum_{k=2}^{n} (x^{(0)}(k) + az^{(1)}(k) - b_1 \sin pk - b_2) \cdot \sin pk = 0 \\[3mm]
\dfrac{\partial s}{\partial b_2} = -2 \displaystyle\sum_{k=2}^{n} (x^{(0)}(k) + az^{(1)}(k) - b_1 \sin pk - b_2) = 0
\end{cases}
$$

上式是关于 a, b_1, b_2 的齐次线性方程组, 由 Cramer 法则可得方程组的解为

$$a = \frac{D_a}{D}, \quad b_1 = \frac{D_{b_1}}{D}, \quad b_2 = \frac{D_{b_2}}{D}$$

其中

$$D = \begin{vmatrix} -\sum\limits_{k=2}^{n}[z^{(1)}(k)]^2 & \sum\limits_{k=2}^{n}z^{(1)}(k)\sin pk & \sum\limits_{k=2}^{n}z^{(1)}(k) \\ -\sum\limits_{k=2}^{n}z^{(1)}(k)\sin pk & \sum\limits_{k=2}^{n}[\sin pk]^2 & \sum\limits_{k=2}^{n}\sin pk \\ -\sum\limits_{k=2}^{n}z^{(1)}(k) & \sum\limits_{k=2}^{n}\sin pk & n-1 \end{vmatrix}$$

$$D_a = \begin{vmatrix} \sum\limits_{k=2}^{n}x^{(0)}(k)z^{(1)}(k) & \sum\limits_{k=2}^{n}z^{(1)}(k)\sin pk & \sum\limits_{k=2}^{n}z^{(1)}(k) \\ \sum\limits_{k=2}^{n}x^{(0)}(k)\sin pk & \sum\limits_{k=2}^{n}[\sin pk]^2 & \sum\limits_{k=2}^{n}\sin pk \\ \sum\limits_{k=2}^{n}x^{(0)}(k) & \sum\limits_{k=2}^{n}\sin pk & n-1 \end{vmatrix}$$

$$D_{b_1} = \begin{vmatrix} -\sum\limits_{k=2}^{n}[z^{(1)}(k)]^2 & \sum\limits_{k=2}^{n}x^{(0)}(k)z^{(1)}(k) & \sum\limits_{k=2}^{n}z^{(1)}(k) \\ -\sum\limits_{k=2}^{n}z^{(1)}(k)\sin pk & \sum\limits_{k=2}^{n}x^{(0)}(k)\sin pk & \sum\limits_{k=2}^{n}\sin pk \\ -\sum\limits_{k=2}^{n}z^{(1)}(k) & \sum\limits_{k=2}^{n}x^{(0)}(k) & n-1 \end{vmatrix}$$

$$D_{b_2} = \begin{vmatrix} -\sum\limits_{k=2}^{n}[z^{(1)}(k)]^2 & \sum\limits_{k=2}^{n}z^{(1)}(k)\sin pk & \sum\limits_{k=2}^{n}x^{(0)}(k)z^{(1)}(k) \\ -\sum\limits_{k=2}^{n}z^{(1)}(k)\sin pk & \sum\limits_{k=2}^{n}[\sin pk]^2 & \sum\limits_{k=2}^{n}x^{(0)}(k)\sin pk \\ -\sum\limits_{k=2}^{n}z^{(1)}(k) & \sum\limits_{k=2}^{n}\sin pk & \sum\limits_{k=2}^{n}x^{(0)}(k) \end{vmatrix}$$

由 $Y = B\hat{a}$ 得 $B^{\mathrm{T}}B\hat{a} = B^{\mathrm{T}}Y, \hat{a} = (B^{\mathrm{T}}B)^{-1}B^{\mathrm{T}}Y.$ 但

$$B^{\mathrm{T}}B = \begin{pmatrix} \displaystyle\sum_{k=2}^{n}[z^{(1)}(k)]^2 & \displaystyle-\sum_{k=2}^{n}z^{(1)}(k)\sin pk & \displaystyle-\sum_{k=2}^{n}z^{(1)}(k) \\ \displaystyle-\sum_{k=2}^{n}z^{(1)}(k)\sin pk & \displaystyle\sum_{k=2}^{n}[\sin pk]^2 & \displaystyle\sum_{k=2}^{n}\sin pk \\ \displaystyle-\sum_{k=2}^{n}z^{(1)}(k) & \displaystyle\sum_{k=2}^{n}\sin pk & n-1 \end{pmatrix}$$

记 $B^{\mathrm{T}}B = A$, $A_{ij}, i,j = 1,2,3$ 表示 $B^{\mathrm{T}}B$ 的代数余子式, 那么

$$(B^{\mathrm{T}}B)^{-1} = \frac{1}{|B^{\mathrm{T}}B|} \left(\begin{array}{l}
(n-1)\displaystyle\sum_{k=2}^{n}[\sin pk]^2 - \left[\displaystyle\sum_{k=2}^{n}\sin pk\right]^2 \\[2mm]
(n-1)\displaystyle\sum_{k=2}^{n}z^{(1)}(k)\sin pk - \displaystyle\sum_{k=2}^{n}z^{(1)}(k)\displaystyle\sum_{k=2}^{n}\sin pk \\[2mm]
-\displaystyle\sum_{k=2}^{n}z^{(1)}(k)\sin pk\displaystyle\sum_{k=2}^{n}\sin pk + \displaystyle\sum_{k=2}^{n}z^{(1)}(k)\displaystyle\sum_{k=2}^{n}[\sin pk]^2
\end{array}\right.$$

$$(n-1)\sum_{k=2}^{n}z^{(1)}(k)\sin pk - \sum_{k=2}^{n}z^{(1)}(k)\sum_{k=2}^{n}\sin pk$$

$$(n-1)\sum_{k=2}^{n}[z^{(1)}(k)]^2 - \left[\sum_{k=2}^{n}z^{(1)}(k)\right]^2$$

$$-\sum_{k=2}^{n}[z^{(1)}(k)]^2\sum_{k=2}^{n}\sin pk + \sum_{k=2}^{n}z^{(1)}(k)\sum_{k=2}^{n}z^{(1)}(k)\sin pk$$

$$\left.\begin{array}{l}
-\displaystyle\sum_{k=2}^{n}z^{(1)}(k)\sin pk\displaystyle\sum_{k=2}^{n}\sin pk + \displaystyle\sum_{k=2}^{n}z^{(1)}(k)\displaystyle\sum_{k=2}^{n}[\sin pk]^2 \\[2mm]
-\displaystyle\sum_{k=2}^{n}[z^{(1)}(k)]^2\displaystyle\sum_{k=2}^{n}\sin pk + \displaystyle\sum_{k=2}^{n}z^{(1)}(k)\displaystyle\sum_{k=2}^{n}z^{(1)}(k)\sin pk \\[2mm]
\displaystyle\sum_{k=2}^{n}[z^{(1)}(k)]^2\displaystyle\sum_{k=2}^{n}[\sin pk]^2 - \left[\displaystyle\sum_{k=2}^{n}z^{(1)}(k)\sin pk\right]^2
\end{array}\right)$$

$$= \frac{1}{-D}\begin{pmatrix} A_{11} & A_{21} & A_{31} \\ A_{21} & A_{22} & A_{32} \\ A_{31} & A_{32} & A_{33} \end{pmatrix}$$

又

$$B^{\mathrm{T}}Y = \begin{pmatrix} -z^{(1)}(2) & \sin 2p & 1 \\ -z^{(1)}(3) & \sin 3p & 1 \\ \vdots & \vdots & \vdots \\ -z^{(1)}(n) & \sin np & 1 \end{pmatrix}^{\mathrm{T}} \begin{pmatrix} x^{(0)}(2) \\ x^{(0)}(3) \\ \vdots \\ x^{(0)}(n) \end{pmatrix} = \begin{pmatrix} -\displaystyle\sum_{k=2}^{n} x^{(0)}(k)z^{(1)}(k) \\ \displaystyle\sum_{k=2}^{n} x^{(0)}(k)\sin pk \\ \displaystyle\sum_{k=2}^{n} x^{(0)}(k) \end{pmatrix}$$

因此, 有

$$(B^{\mathrm{T}}B)^{-1}B^{\mathrm{T}}Y = \frac{1}{-D} \begin{pmatrix} A_{11} & A_{21} & A_{31} \\ A_{21} & A_{22} & A_{32} \\ A_{31} & A_{32} & A_{33} \end{pmatrix} \begin{pmatrix} -\displaystyle\sum_{k=2}^{n} x^{(0)}(k)z^{(1)}(k) \\ \displaystyle\sum_{k=2}^{n} x^{(0)}(k)\sin pk \\ \displaystyle\sum_{k=2}^{n} x^{(0)}(k) \end{pmatrix} = \begin{pmatrix} \dfrac{D_a}{D} \\ \dfrac{D_{b_1}}{D} \\ \dfrac{D_{b_2}}{D} \end{pmatrix}$$

综上所述, 故证得 $\hat{a} = (a, b_1, b_2)^{\mathrm{T}} = (B^{\mathrm{T}}B)^{-1}B^{\mathrm{T}}Y$.

定义 5.2 设 $X^{(0)}$ 为非负序列, $X^{(1)}$ 为 $X^{(0)}$ 的 1-AGO 序列, $Z^{(1)}$ 为 $X^{(1)}$ 的紧邻均值生成序列, $\hat{a} = (a, b_1, b_2)^{\mathrm{T}} = (B^{\mathrm{T}}B)^{-1}B^{\mathrm{T}}Y$, 则称

$$\frac{dx^{(1)}}{dt} + ax^{(1)} = b_1\sin pt + b_2 \tag{5.3}$$

为 GM$(1, 1\,|\sin)$ 模型

$$x^{(0)}(k) + az^{(1)}(k) = b_1\sin pk + b_2$$

的白化方程, 也叫影子方程.

定理 5.2 设 $B, Y, \hat{a}$ 如定理 5.1 所述, $\hat{a} = (a, b_1, b_2)^{\mathrm{T}} = (B^{\mathrm{T}}B)^{-1}B^{\mathrm{T}}Y$, 则

(1) 白化方程 $\dfrac{dx^{(1)}}{dt} + ax^{(1)} = b_1\sin pt + b_2$ 的解 (也称时间响应函数) 为

$$x^{(1)}(t+1) = \left(x^{(1)}(1) + \frac{b_1 p}{a^2 + p^2} - \frac{b_2}{a}\right)e^{-at} + \frac{b_1}{a^2 + p^2}(a\sin pt - p\cos pt) + \frac{b_2}{a} \tag{5.4}$$

(2) GM$(1, 1\,|\sin)$ 模型 $x^{(0)}(k) + az^{(1)}(k) = b_1\sin pk + b_2$ 的时间响应序列为

$$\hat{x}^{(1)}(k+1) = \left(x^{(0)}(1) + \frac{b_1 p}{a^2 + p^2} - \frac{b_2}{a}\right)e^{-ak} + \frac{b_1}{a^2 + p^2}(a\sin pk - p\cos pk) + \frac{b_2}{a} \tag{5.5}$$

(3) 还原值

$$\hat{x}^{(0)}(k+1)$$

$$= \alpha^{(1)}\hat{x}^{(1)}(k+1) = \hat{x}^{(1)}(k+1) - \hat{x}^{(1)}(k)$$

$$= (1-e^a)\left(x^{(0)}(1)+\frac{b_1 p}{a^2+p^2}-\frac{b_2}{a}\right)e^{-ak}+\frac{b_1}{a^2+p^2}(a\sin pk - p\cos pk)$$

$$-\frac{b_1}{a^2+p^2}(a\sin p(k-1)-p\cos p(k-1)),\quad k=1,2,\cdots,n \qquad (5.6)$$

证明　(1) $\dfrac{dx^{(1)}}{dt}+ax^{(1)}=b_1\sin pt+b_2$ 的齐次线性方程为: $x'+ax=0$. 则有

$$\frac{dx}{dt}=-ax;\quad \frac{1}{x}dx=-adt;\quad x=e^{-at}$$

令原方程解的形式为 $x=e^{-at}h(x)$, 代入原方程

$$[e^{-at}h(x)]'+ae^{-at}h(x)=b_1\sin pt+b_2$$

$$h(x)=\int e^{at}(b_1\sin pt+b_2)dt$$

解出 $h(x)$, 有

$$\int e^{at}b_1\sin pt\,dt = \int \frac{b_1}{a}\sin pt\,de^{at}=\frac{b_1}{a}e^{at}\sin pt-\int \frac{b_1 p}{a}e^{at}\cos pt\,dt$$

$$=\frac{b_1}{a}e^{at}\sin pt-\frac{b_1 p}{a^2}\int \cos pt\,de^{at}$$

$$=\frac{b_1}{a}e^{at}\sin pt-\frac{b_1 p}{a^2}e^{at}\cos pt-\frac{p^2}{a^2}\int e^{at}b_1\sin pt\,dt$$

从而, $h(x)=\dfrac{b_1}{a^2+p^2}e^{at}(a\sin pt-p\cos pt)+\dfrac{b_2}{a}e^{at}+c$. 所以, 原方程的通解为

$$x^{(1)}(t+1)=e^{-at}h(x)=\frac{b_1}{a^2+p^2}(a\sin pt-p\cos pt)+\frac{b_2}{a}+ce^{-at}$$

当 $t=0$ 时, $x^{(1)}(1)=-\dfrac{b_1 p}{a^2+p^2}+\dfrac{b_2}{a}+c$, 得

$$c=x^{(1)}(1)+\frac{bp}{a^2+p^2}-\frac{b_2}{a}$$

故白化方程的解 (也称时间响应函数) 为

$$x^{(1)}(t+1) = \left(x^{(1)}(1) + \frac{b_1 p}{a^2 + p^2} - \frac{b_2}{a}\right)e^{-at} + \frac{b_1}{a^2 + p^2}(a\sin pt - p\cos pt) + \frac{b_2}{a}$$

(2) 由 (1) 的证明结果, 令 $t = k$, 则 $x^{(1)}(t+1) = x^{(1)}(k+1)$, 故可得 GM$(1, 1\,|\sin)$ 模型的时间响应序列为

$$\hat{x}^{(1)}(k+1) = \left(x^{(0)}(1) + \frac{b_1 p}{a^2 + p^2} - \frac{b_2}{a}\right)e^{-ak} + \frac{b_1}{a^2 + p^2}(a\sin pk - p\cos pk) + \frac{b_2}{a}$$

(3) 显然成立.

5.1.2 GM(1, 1|sin) 模型的引理

引理 5.1　GM$(1, 1\,|\sin)$ 模型中参数 p 的值域为 $0 < p < 1$.

证明　已知微分方程 $x' + ax = b_1 \sin pt + b_2$ 的通解为

$$x_1 = \frac{b_1}{a^2 + p^2}(a\sin pt - p\cos pt) + \frac{b_2}{a} + c_1 e^{-at}$$

泰勒展开式如下所示

$$\sin pt = pt - \frac{(pt)^3}{3!} + \frac{(pt)^5}{5!} - \cdots + (-1)^{m-1}\frac{(pt)^{2m-1}}{(2m-1)!} + o((pt)^{2m})$$

$$\cos pt = 1 - \frac{(pt)^2}{2!} + \frac{(pt)^4}{4!} - \cdots + (-1)^m\frac{(pt)^{2m}}{(2m)!} + o((pt)^{2m+1})$$

因此有

$$x_1 = \frac{b_1}{a^2 + p^2}\left(apt - \frac{ap^3 t^3}{6} - p + \frac{p^3 t^2}{2}\right) + \frac{b_2}{a} + c_1 e^{-at}$$

$$= \frac{b_1}{a^2(a^2 + p^2)}\left(a^3 pt - \frac{a^3 p^3 t^3}{6} - a^2 p + \frac{a^2 p^3 t^2}{2}\right) + \frac{b_2}{a} + c_1 e^{-at}$$

另外, 微分方程 $x' + ax = b_1\left(pt - \frac{(pt)^3}{3!}\right) + \frac{b_2}{a}$ 的通解为

$$x_2 = \frac{b_1}{a^2}\left[apt - \frac{ap^3 t^3}{6} - p + \frac{p^3 t^2}{2} - \frac{p^3 t}{a} + \frac{p^3}{a^2}\right] + \frac{b_2}{a} + c_2 e^{-at}$$

$$= \frac{b_1}{a^2(a^2 + p^2)}\left(a^3 pt - \frac{a^3 p^3 t^3}{6} - \frac{ap^5 t^3}{6} - a^2 p + \frac{a^2 p^3 t^2}{2} + \frac{p^5 t^2}{2} - \frac{p^5 t}{a} + \frac{p^5}{a^2}\right)$$

$$+ \frac{b_2}{a} + c_2 e^{-at}$$

因此

$$x_1 - x_2 = \frac{b_1 p^5}{a^2(a^2 + p^2)} \left(\frac{at^3}{6} - \frac{t^2}{2} + \frac{t}{a} - \frac{1}{a^2} \right) + ce^{-at} \quad (c = c_1 - c_2)$$

上式表明: 如果想要控制预测精度, 那么 p 的值域为 $0 < p < 1$.

引理 5.2　令 $\{x_i; i = 1, 2, \cdots, n\}$ 为原始序列, $\{y_i = \rho x_i; i = 1, 2, \cdots, n\}(\rho \neq 0)$ 为数乘变换后的序列, 常数 ρ 称为乘数. 数乘变换后的灰色模型参数记为 a_y, b_{y_1}, b_{y_2}, 则 GM$(1, 1|\sin)$ 模型的参数变换前后关系为

$$a_y = a, \quad b_{y_1} = \rho b_1, \quad b_{y_2} = \rho b_2$$

证明　如果 $y_i = \rho x_i, i = 1, 2, \cdots, n$, 则有 $Y_y = \rho Y$

$$B_y = \begin{pmatrix} -\rho z^{(1)}(2) & \sin 2p & 1 \\ -\rho z^{(1)}(3) & \sin 3p & 1 \\ \vdots & \vdots & \vdots \\ -\rho z^{(1)}(n) & \sin np & 1 \end{pmatrix} = \begin{pmatrix} -z^{(1)}(2) & \sin 2p & 1 \\ -z^{(1)}(3) & \sin 3p & 1 \\ \vdots & \vdots & \vdots \\ -z^{(1)}(n) & \sin np & 1 \end{pmatrix} \begin{pmatrix} \rho & & \\ & 1 & \\ & & 1 \end{pmatrix} = BC$$

那么有

$$\hat{a}_y = (B_y^{\mathrm{T}} B_y)^{-1} B_y^{\mathrm{T}} Y_y = [(BC)^{\mathrm{T}} BC]^{-1} (BC)^{\mathrm{T}} \rho Y$$

$$= [C^{\mathrm{T}} B^{\mathrm{T}} BC]^{-1} C^{\mathrm{T}} B^{\mathrm{T}} \rho Y = C^{-1} (B^{\mathrm{T}} B)^{-1} (C^{\mathrm{T}})^{-1} C^{\mathrm{T}} B^{\mathrm{T}} \rho Y$$

$$= \rho C^{-1} (B^{\mathrm{T}} B)^{-1} B^{\mathrm{T}} Y = \rho C^{-1} \hat{a}$$

故证得 $a_y = a, b_{y_1} = \rho b_1, b_{y_2} = \rho b_2$.

由以上引理可知: 模型的发展系数不受数乘变换的影响, 意味着预测值的趋势是不变的.

5.1.3　GM(1, 1|sin) 动态预测模型应用

本节把基于灰色作用量优化的 GM$(1, 1|\sin)$ 模型应用到实际的交通流量预测中. 数据见表 5.1.

在 GM$(1, 1|\sin)$ 模型中, p 值直接影响着模型的预测精度. 引理 5.1 已经证明 $p \in (0, 1)$. 通过寻优算法 (比如粒子群算法、遗传算法等) 进行搜索得到 $p = 0.6911$, 对 GM$(1, 1|\sin)$ 模型进行模拟, 可以得到参数列

$$\hat{a} = (B^{\mathrm{T}}B)^{-1}B^{\mathrm{T}}Y = \begin{pmatrix} 0.0564 \\ -1.2699 \\ 7.8116 \end{pmatrix}$$

因此, 求出模型的表达式为

$$\frac{dx^{(1)}}{dt} + 0.0564x^{(1)} = -1.2699\sin 0.6911t + 7.8116$$

其残差平方和为

$$s = \varepsilon^{\mathrm{T}}\varepsilon = 2.5998$$

平均相对误差为

$$\Delta = \frac{1}{6}\sum_{k=2}^{7}\Delta k = 0.0672$$

根据模型表达式计算出预测值及相对误差, 所得结果如表 5.1 所示.

表 5.1　GM(1, 1|sin) 模型预测值及相对误差　　　　　　　　(单位: 万辆)

观测时间	实际值	GM(1, 1) 模型		GM(1, 1|sin) 模型	
		预测值	相对误差	预测值	相对误差
1	7.1249				
2	6.8285	5.7840	0.1530	6.7908	0.0055
3	5.6786	5.9992	0.0565	5.7883	0.0193
4	5.3197	6.2224	0.1697	5.3197	0.0000
5	5.8615	6.4540	0.1011	5.4252	0.0744
6	7.0076	6.6941	0.0447	5.8909	0.1594
7	7.4187	6.9432	0.0641	6.3468	0.1445
MAPE		9.82%		6.72%	

我们将 GM(1, 1) 模型的灰色作用量进行动态优化, 用 $b_1\sin pk + b_2$ 代替 b 建立 GM(1, 1|sin) 模型. 通过上面的例子可以看出, 使用 GM(1, 1) 模型预测的平均相对误差为 9.82%, 而本节提出的基于灰色作用量优化的 GM(1, 1|sin) 模型的平均相对误差大约是 6.72%, 比 GM(1, 1) 模型的预测误差小了约百分之三的点. 由图 5.1 可以明显看出, GM(1, 1|sin) 模型的预测值比 GM(1, 1) 模型要更接近原始值, 其拟合出来的数据的趋势与实际值的趋势保持高度一致. 因此可以说明, 基于灰色作用量优化的 GM(1, 1|sin) 模型的预测精度要优于传统 GM(1, 1) 模型的预测精度.

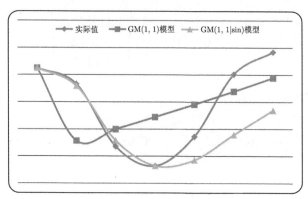

图 5.1　拟合趋势图比较

5.2　波动型灰色 $\mathrm{GM}(1,1|\tan(k-\tau)p,\sin(k-\tau)p)$ 模型

这类灰色模型在发展系数中含有波动项 $\tan(k-\tau)p$, 在灰输入项中含有 $\sin(k-\tau)p$, 可以将这类灰色模型写作

$$x^{(0)}(k)+a\tan(k-\tau)pz^{(1)}(k-\tau)=b\sin(k-\tau)p \tag{5.7}$$

谓之波动型灰色模型, 记作 $\mathrm{GM}(1,1|\tan(k-\tau)p,\sin(k-\tau)p)$, 其中 $p\in(0,1],\tau\in\{1,2,\cdots\}$, 其中参数 τ 为延迟因子.

参数辨识 a,b 如下:

$$a=\frac{CD-GE}{FG-C^2},\quad b=\frac{FD-CE}{FG-C^2}$$

其中

$$C=\sum_{m=2}^{n}z^{(1)}(m)\tan mp\sin mp,\quad D=\sum_{m=2}^{n}x^{(0)}(m+\tau)\sin mp$$

$$E=\sum_{m=2}^{n}z^{(1)}(m)\tan mpx^{(0)}(m+\tau),\quad F=\sum_{m=2}^{n}(z^{(1)}(m)\tan mp)^2$$

$$G=\sum_{m=2}^{n}(\sin mp)^2$$

其中 $x^{(0)}=(x^{(0)}(1),x^{(0)}(2),\cdots,x^{(0)}(n))$ 为原始序列, $x^{(1)}=(x^{(1)}(1),x^{(1)}(2),\cdots,x^{(1)}(n))$ 是原始序列的一次累加生成序列, $z^{(1)}(k)=0.5x^{(1)}(k)+0.5x^{(1)}(k+1)$ 为均值生成.

如使用最小二乘法对参数 a, b 进行估计, 可采用如下方法

$$B = \begin{pmatrix} \tan 2pz^{(1)}(2) & -\sin 2p \\ \tan 3pz^{(1)}(3) & -\sin 3p \\ \vdots & \vdots \\ \tan(k-\tau)pz^{(1)}(k-\tau) & -\sin(k-\tau)p \end{pmatrix}, \quad Y = \begin{pmatrix} -x^{(0)}(2) \\ -x^{(0)}(3) \\ \vdots \\ -x^{(0)}(k) \end{pmatrix}$$

则

$$\begin{pmatrix} a \\ b \end{pmatrix} = (B^{\mathrm{T}}B)^{-1}B^{\mathrm{T}}Y$$

设 $x_i, i = 1, 2, \cdots, n$ 为原始序列, 则 $y_i = \rho x_i, i = 1, 2 \cdots, n$(其中 ρ 是常数, $\rho \neq 0$) 称为数乘变换, 常数 ρ 被称为乘子. 对原始序列进行数乘变换后的灰色模型参数记为 a_1, b_1, 则我们可以得到: GM(1, 1|tan(k − τ)p, sin(k − τ)p) 模型在对原始序列进行数乘变换后的参数 $a_1 = a, b_1 = \rho b$.

事实上, 若记 $x_i' = \rho x_i, i = 1, 2, \cdots, n$, 参数包 C, D, E, F, G 相应的变化记为 C', D', E', F', G', 则对原始序列进行数乘变换后的参数包由定义可得

$$C' = \rho C, \quad D' = \rho D, \quad E' = \rho^2 E, \quad F' = \rho^2 F, \quad G' = G$$

由此, 我们可以推得模型参数的变化

$$a' = \frac{C'D' - G'E'}{F'G' - C'^2} = \frac{\rho^2 CD - \rho^2 GE}{\rho^2 FG - \rho^2 C^2} = a$$

$$b' = \frac{F'D' - C'E'}{F'G' - C'^2} = \frac{\rho^3 FD - \rho^3 CE}{\rho^2 FG - \rho^2 C^2} = \rho b$$

上面的结论显示, 数乘变换后的模型发展系数不变, 这意味着预测值的发展趋势不变, 在这一点上对原来的 GM(1, 1|tan(k − τ)p, sin(k − τ)p) 没有影响.

进一步, 我们知道 $(k - \tau)p \to \dfrac{\pi}{2}, \dfrac{3\pi}{2}, \cdots, \lim \tan(k-\tau)p = \infty$, 也就是说, $\dfrac{\pi}{2}, \dfrac{3\pi}{2}, \cdots$ 是函数的无穷间断点, 在这些点处, 函数非连续, 当 $(k-\tau)p \in \mathring{U}\left(\dfrac{\pi}{2}, \delta\right)$, $\mathring{U}$ 表示去心邻域, 若 $(k - \tau)p$ 的改变量 $\Delta(k-\tau)p$ 很小, $\tan(k-\tau)p$ 的改变量 $\Delta \tan(k-\tau)p$ 将非常大, 从而导致 $\tan(k-\tau)pz^{(1)}(k-\tau)$ 有巨大的改变, 这直接影响参数包中的 F.

另一方面 $(k-\tau)p \to \pi, 2\pi, \cdots, \lim \sin(k-\tau)p = 0$. 也就是说, 如果 $(k-\tau)p \in \mathring{U}(\pi, \delta)$, 灰输入项 $b\sin(k-\tau)p$ 将趋于 0. 从上面的分析, 我们可以知道: 选择适

当的 p 非常重要, 而且选取的结果应该是不能导致 $\tan(k-\tau)p$ 趋于无穷, 也不能导致 $b\sin(k-\tau)p$ 趋于 0.

设原始序列如下

$$x^{(0)} = (x^{(0)}(1), x^{(0)}(2), \cdots, x^{(0)}(7)) = (1, 1.2, 0.8, 1, 3, 2, 4)$$

其中给定 $\tau = 3, p = 0.5$. 事实上, 若分别给出 $p = 0.1, 0.2, \cdots, 1$ 而后计算对应的参数 a, b, 数据包之一的 F, 三个预测值 $x^{(0)}(5), x^{(0)}(6), x^{(0)}(7)$ 以及平均误差, 比较如表 5.2.

表 5.2　不同 p 情形下的 F 值、参数辨识及预测值、误差

	$p = 0.1$	$p = 0.2$	$p = 0.3$	$p = 0.4$	$p = 0.5$
F	2.9418	16.6085	92.9786	1.44E+04	1.41E+03
a	0.9217	0.1352	-0.0502	0.0091	0.0515
b	12.7646	5.7742	3.5579	2.9341	3.8691
$x^{(0)}(5)$	2.237	2.1571	2.0638	2.0897	3.1275
$x^{(0)}(6)$	3.0309	3.0198	2.9513	2.6737	1.9729
$x^{(0)}(7)$	3.6069	3.6549	3.7676	4.0251	3.9117
误差/%	28.94	29.24	28.19	21.55	2.60
	$p = 0.6$	$p = 0.7$	$p = 0.8$	$p = 0.9$	$p = 1$
F	151.4106	107.3674	3.01E+03	51.5261	28.7816
a	-0.0639	0.0227	0.0111	1.1093	-5.8558
b	3.5335	3.3544	2.3916	-5.15	25.9694
$x^{(0)}(5)$	3.5565	3.0954	3.0001	2.5926	3.1418
$x^{(0)}(6)$	2.7286	2.9963	1.6419	-0.8375	1.4945
$x^{(0)}(7)$	2.1818	1.1519	-0.1419	0.363	4.0761
误差/%	33.48	41.40	40.48	82.13	10.63

为了直观分析不同 p 值与平均误差的关系以及 p 值与 F 值的关系, 绘图如图 5.2 和图 5.3 所示, 从图 5.2 和图 5.3 中可以看出, p 的取值与二者均没有明显的线性关系, 而是非线性的, 且这种非线性关系并不能用简单数学函数表示.

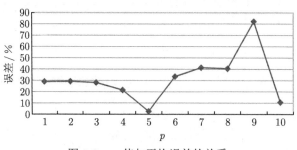

图 5.2　p 值与平均误差的关系

隧道拱顶下沉速率、拱顶下沉加速度、断面周边收敛速度、监测断面周边收敛加速度均呈现波动变化, 本节下面将该模型仅应用于隧道拱顶下沉速率.

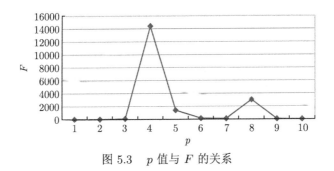

图 5.3 p 值与 F 的关系

表 5.3 为某公路隧道工程拱顶下沉速率.

表 5.3 某工地隧道工程拱顶下沉速率

观测时间点	1	2	3	4	5	6	7
拱顶下沉速率	0	1	0	0	0.7	0.4	0.2

为直观观察数据变化情形, 绘制曲线如图 5.4.

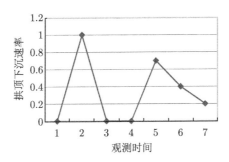

图 5.4 拱顶下沉速率随时间变化曲线

从数据我们可以看出拱顶下沉速率为波动性数据, 用统计回归模型或者其他灰色模型都不能得到较为满意的结论, 所以本节采用 GM$(1, 1|\tan(k-\tau)p, \sin(k-\tau)p)$ 模型, 为了获得最佳精度, 本节采用离子群算法搜索参数 p 的值.

在此设原始序列为

$$x^{(0)} = (0, 1, 0, 0, 0.7, 0.4, 0.2)$$

在此我们取 $0.1 < p \leqslant 1$ 作为限制条件, 粒子种群 Pnum=30, 最大迭代次数 200, $w_{\text{ini}} = 0.9$, $w_{\text{end}} = 0.4$. 最后我们得到

预测值: $\hat{x}^{(0)}(5) = 0.7015, \hat{x}^{(0)}(6) = 0.3962, \hat{x}^{(0)}(7) = 0.2022$;

平均误差: $E = \dfrac{1}{3}\left[\displaystyle\sum_{i=5}^{7}\left|\dfrac{\hat{x}^{(0)}(i) - x^{(0)}(i)}{x^{(0)}(i)}\right|\right] \times 100\% = 0.75\%$;

参数估计: $p = 0.2111, a = 1.5054, b = 2.5371$.

而如果取 $p = 0.5$, 则对应参数 $a = 9.9985\text{E}{-}004, b = 0.4675$;

平均误差: $E = 56.86\%$;

相对应的预测值分别为 $\hat{x}^{(0)}(5) = 0.3926, \hat{x}^{(0)}(6) = 0.4522, \hat{x}^{(0)}(7) = 0.4272$.

5.3　泰勒逼近的非线性 FGM$(q, 1)$ 模型

定义 5.3　称

$$x^{(r-q)}(k) + az^{(r)}(k) = b(c_0 + c_1 t + c_2 t^2) \tag{5.8}$$

为泰勒逼近的非线性 FGM$(q, 1)$ 模型定义式, 其中 $z^{(r)} = (z^{(r)}(2), z^{(r)}(3), \cdots, z^{(r)}(n))^{\mathrm{T}}$, 且 $z^{(r)}(k) = \alpha x^{(r)}(k-1) + (1-\alpha)x^{(r)}(k)$, 被称为 $x^{(r)}$ 的 α 均值生成序列, 背景值系数 $\alpha \in (0, 1)$. 当 $\alpha = 0.5$ 时, $z^{(r)}(k)$ 为近邻背景值.

泰勒逼近的分数阶非线性灰色模型如下

$$\frac{d^q x^{(r)}}{dt^q} - ax^{(r)}(t) = b(c_0 + c_1 t + c_2 t^2) \tag{5.9}$$

或

$$x^{(r-q)}(k) - az^{(r)}(k) = b(c_0 + c_1 k + c_2 k^2) \tag{5.10}$$

运用最小二乘法可以得到式 (5.8) 中参数 (a, b). 根据粒子群算法, 可以确定参数 (r, q), 根据公式 (5.10) 有下面的定理.

定理 5.3　模型 (5.8) 的预测解和还原值如下

$$\hat{x}^{(r)}(k) = \frac{2b(c_0 + c_1 k + c_2 k^2) - 2\sum\limits_{i=1}^{k-1} \begin{pmatrix} -q \\ k-i \end{pmatrix} x^{(r)}(i) + ax^{(r)}(k-1)}{2-a} \tag{5.11}$$

$$\hat{x}^{(0)} = A^{-r}\hat{x}^{(r)}$$

证明　由 $x^{(r-q)} = A^{-q}x^{(r)}$ 得

$$x^{(r-q)}(k) = \sum_{i=1}^{k} f_{k-i}(-q) \cdot x^{(r)}(i) = x^{(r)}(k) + \sum_{i=1}^{k-1} f_{k-i}(-q) \cdot x^{(r)}(i)$$

其均值生成序列为

$$Z^{(r)}(k) = \frac{1}{2}(x^{(r)}(k-1) + x^{(r)}(k))$$

代入式 (5.8) 得

$$x^{(r)}(k) + \sum_{i=1}^{k-1} f_{k-i}(-q) \cdot x^{(r)}(i) - \frac{a}{2}(x^{(r)}(k-1) + x^{(r)}(k)) = b(c_0 + c_1 k + c_2 k^2)$$

整理得

$$\left(1 - \frac{a}{2}\right) x^{(r)}(k) + \sum_{i=1}^{k-1} f_{k-i}(-q) \cdot x^{(r)}(i) - \frac{a}{2} x^{(r)}(k-1) = b(c_0 + c_1 k + c_2 k^2)$$

化简得

$$(2-a) x^{(r)}(k) + 2 \sum_{i=1}^{k-1} f_{k-i}(-q) \cdot x^{(r)}(i) - a x^{(r)}(k-1) = 2b(c_0 + c_1 k + c_2 k^2)$$

所以

$$x^{(r)}(k) = \frac{2b(c_0 + c_1 k + c_2 k^2) - 2\sum_{i=1}^{k-1} f_{k-i}(-q) \cdot x^{(r)}(i) + a x^{(r)}(k-1)}{2-a}$$

5.4 分数阶导数灰色 Bernoulli 模型

非线性灰色 Bernoulli 模型 NGBM(1, 1) 可以应用于小样本和非线性特征的数据. 该模型用到了一阶导数和一阶累加生成. 然而实际生活中大多数系统都具有记忆性. 相比整数阶导数, 分数阶导数更能很好地解释一些实际问题. 此外, 为了降低原始数据的随机性, 一般采用一阶累加生成对原始数据做预处理, 使得累加生成序列能够满足灰指数律. 但实际情况会比较复杂, 累加次数过多可能破坏其灰指数律, 所以需要将整数阶累加扩展到分数阶累加, 并根据实际情况选择适当的阶数.

5.4.1 分数阶导数灰色 Bernoulli 模型的建立

本节将 Caputo 分数阶导数和分数阶累加生成算子引入 NGBM(1, 1) 模型中, 结合灰色理论得到了分数阶导数灰色 Bernoulli 模型 (FDGBM):

$$\nabla^{(p)} x^{(r)}(k) + a z^{(r)}(k) = b[z^{(r)}(k)]^m \tag{5.12}$$

其中, $\left\{ x^{(r)}(k), k = 1, 2, \cdots, n \right\}$ 是原始序列的 r 阶累加生成序列. $\{\nabla^p x^{(r)}(k), k = 1, 2, \cdots, n\}$ 是指对序列 $\left\{ x^{(r)}(k), k = 1, 2, \cdots, n \right\}$ 做 Caputo 分数阶差分, 具体通

过对序列 $\{x^{(r)}(k), k = 1, 2, \cdots, n\}$ 先做一阶差分, 再做 $1 - p$ 阶累加生成得到. $z^{(r)}(k) = 0.5x^{(r)}(k) + 0.5x^{(r)}(k+1)$ 称为背景值.

当 $m = 0, p = 1, r = 1$ 时, FDGBM$(p, 1)$ 模型等同于传统 GM(1, 1) 模型; 当 $m = 1, r = 1$ 时, FDGBM 模型等同于 NGBM(1, 1) 模型. FDGBM 模型参数的最小二乘估计满足

$$\begin{pmatrix} a \\ b \end{pmatrix} = \left(B^{\mathrm{T}}B\right)^{-1} B^{\mathrm{T}}Y$$

其中

$$B = \begin{pmatrix} -z^{(r)}(2) & [z^{(r)}(2)]^m \\ -z^{(r)}(3) & [z^{(r)}(3)]^m \\ \vdots & \vdots \\ -z^{(r)}(m) & [z^{(r)}(m)]^m \end{pmatrix}$$

$$Y = \begin{pmatrix} \nabla^p x^{(r)}(1) \\ \nabla^p x^{(r)}(2) \\ \vdots \\ \nabla^p x^{(r)}(n-1) \end{pmatrix}$$

$$= \begin{pmatrix} 1 & 0 & \cdots & 0 \\ \mathrm{C}_{1-p}^1 & 1 & \cdots & 0 \\ \vdots & \vdots & \vdots & \vdots \\ \mathrm{C}_{n-p-2}^{n-2} & \mathrm{C}_{n-p-3}^{n-3} & \cdots & 1 \end{pmatrix} \begin{pmatrix} x^{(r)}(2) - x^{(r)}(1) \\ x^{(r)}(3) - x^{(r)}(2) \\ \vdots \\ x^{(r)}(n) - x^{(r)}(n-1) \end{pmatrix}$$

$$\begin{pmatrix} x^{(r)}(1) \\ x^{(r)}(2) \\ \vdots \\ x^{(r)}(n) \end{pmatrix} = \begin{pmatrix} 1 & 0 & \cdots & 0 & 0 \\ \mathrm{C}_r^1 & 1 & \cdots & 0 & 0 \\ \vdots & \vdots & & \vdots & \vdots \\ \mathrm{C}_{n+r-3}^{n-2} & \mathrm{C}_{n+r-4}^{n-3} & \cdots & 1 & 0 \\ \mathrm{C}_{n+r-2}^{n-1} & \mathrm{C}_{n+r-3}^{n-2} & \cdots & \mathrm{C}_r^1 & 1 \end{pmatrix} \begin{pmatrix} x^{(0)}(1) \\ x^{(0)}(2) \\ \vdots \\ x^{(0)}(n) \end{pmatrix}$$

分数阶灰色 Bernoulli 模型的白化方程为

$$_0^C D_t^p x^{(r)}(t) + ax^{(r)}(t) = b[x^{(r)}(t)]^m \tag{5.13}$$

当 $m \neq 0$ 时, 式 (5.13) 是一个分数阶非线性微分方程. 可以利用分数阶 Adams-Bashforth-Moulton 预估校正算法进行求解. 令初值 $\hat{x}^{(r)}(1) = x^{(r)}(1)$, 由

4.6.2 节中的 Adams-Bashforth-Moulton 预估校正算法可以得出分数阶 Bernoulli
模型数值解为

$$\hat{x}^{(r)}(k) = x^{(r)}(1) + \frac{1}{\Gamma(p)}[a_{k,k}f(k, x^{\mathrm{pred}}(k))] + \sum_{l=0}^{k-1} a_{i,k+1}f[l, x^{(r)}(l)] \qquad (5.14)$$

$$k = 2, 3, \cdots, n \quad (0 < p < 1)$$

其中

$$a_{l,k+1} = \begin{cases} \dfrac{1}{p(p+1)}[k^{p+1} - (k-p)(k+1)^p], & l = 0 \\[2ex] \dfrac{1}{p(p+1)}[(k-l+2)^{p+1} + (k-l)^{p+1} - 2(k-l+1)^{p+1}], & 1 \leqslant l \leqslant k \\[2ex] \dfrac{1}{p(p+1)}, & l = k+1 \end{cases}$$

$$f\left(i, x^{(r)}(i)\right) = -ax^{(r)}(i) + [bx^{(r)}(i)]^m$$

由式 (5.15) 可获得预估值 $x^{\mathrm{pred}}(k)$:

$$x^{\mathrm{pred}}(k) = x^{(r)}(1) + \frac{1}{\Gamma(\alpha)} \sum_{i=0}^{k-1} b_{i,k}f(i, x^{(r)}(i)) \qquad (5.15)$$

其中, $b_{i,k+1} = \dfrac{i}{p}[(k+1-i)^p - (k-i)^p]$, $x^{\mathrm{pred}}(1) = x^{(0)}(1)$.

5.4.2 分数阶灰色 Bernoulli 模型解的性质

这部分主要研究 FDGBM 模型中的解随分数阶导数 p 值的变化情况.

当 $a > 0$ 时, 令参数 $a = 0.1996, b = -0.110, m = 2$, FDGBM 模型的解
$\hat{x}^{(r)}(k)$ 会随着阶数 p 的大小而变化. 变化情况如图 5.5 所示, 可以看出: 当 $a > 0$
时, 曲线呈现的是单调衰减的趋势. 当分数阶导数 p 越大, 曲线的下降速度越快.
同样从图 5.6 中可以看出: 当 $a < 0$ 时, 且令 $a = -2.009, b = -1.4103, m = 1.2$,

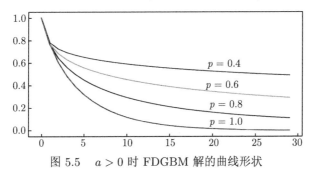

图 5.5 $a > 0$ 时 FDGBM 解的曲线形状

曲线呈现的是 S 型的上升趋势. 当 p 越大, 曲线增长得越快, p 越小增长速度越慢. 由此可见, 引入分数阶导数建立 FDGBM 模型, 可以满足多种形状的曲线建模.

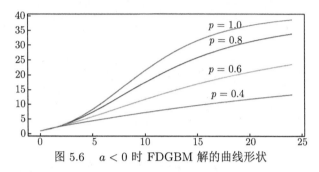

图 5.6　$a < 0$ 时 FDGBM 解的曲线形状

5.4.3　分数阶导数灰色 Bernoulli 模型应用

目前灰色模型在能源生产与消费、碳排放预测等领域得到广泛应用, 如 [145 −150, 153−159, 170, 189, 239, 241, 277, 278, 297−305, 328, 329]. 为了研究清洁能源生产的未来趋势, 本节以中国的天然气产量、风力发电量 (风电)、水力发电量 (水电)、太阳能发电量及核能发电量 (核电) 为研究对象. 将灰色模型与其他模型组合进行集成也是近些年研究的热点. 如 [27, 30, 34, 41, 50, 51, 60, 72, 73, 92, 103, 138, 143, 144, 207−216, 249−256]. 数据来源于国家统计局. 天然气产量、风电、水电和核电选 2015 年第一季度至 2019 年第四季度数据进行模型拟合, 并对后 4 个季度的产量进行预测. 由于太阳能数据部分缺失, 则选用 2016 年第二季度至 2019 年第四季度发电量进行拟合, 并对后 4 季度的发电量进行预测. 首先, 利用 R/S 分析方法对长期记忆性进行分析, 评价其这几种清洁能源是否具有长期记忆. 然后通过集合经验模态分解 (Ensenmble Empirical Mode Decomposition, EEMD) 算法, 将 FDGBM 和 AI 模型 (ANN 和 LSSVR) 相结合的分解集成模型用于清洁能源预测. 最后, 将所提出的模型与 ARIMA, LSSVR, ANN 以及其他分解集成模型进行拟合效果和预测效果比较.

针对清洁能源的记忆性和复杂性, 本节提出了一种新的分解集成模型预测方法. 图 5.7 是该方法的主要步骤. 首先利用 EEMD 分解算法对原始时间序列进行分解, 把原始序列分解为几个不同尺度的分量以及残差. 然后分析各分量特征并运用相关模型对各分量进行拟合. 对于残差部分, 往往呈现出趋势特征, 对这部分分量可以运用 FDGBM 模型进行拟合; 对于其他分量, 往往呈现波动的特征, 可以运用人工智能 (AI) 模型来拟合. 最后对各部分分量的拟合值相加得到分解集成模型的拟合值.

5.4.4　时间序列分解算法

经验模态分解 (Empirical Mode Decomposition, EMD) 算法是比较常用时间序列分解算法, 它具有自适应优势, 特别适用于非线性、非平稳时间序列的处理.

其目的在于从原始序列中分解出不同尺度的波动函数, 并由本征模函数 (Intrinsic Mode Function, IMF) 表示. EMD 分解基于如下的假设进行: 被分解的数据中至少有一个极大值和极小值点; 局部特征时间尺度由极值间的时间间隔确定; 如果数据没有极值点但包含拐点, 可通过一阶或多阶微分得到极值. 在满足上述假设的前提下, 对时序序列 x_t 进行多尺度分解. 其过程如下:

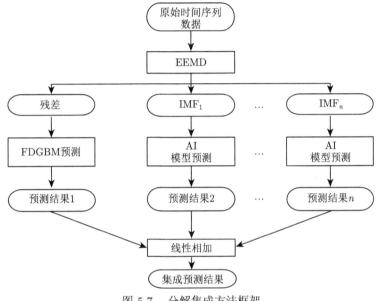

图 5.7 分解集成方法框架

(1) 令迭代 $i = 0$, $r_{i=0,t} = x_t$;

(2) 找出序列 $r_{i,t}$ 的局部极大值和局部极小值;

(3) 由局部极大值插值得到上包络线 $e_{\max,i,t}$, 由局部极小值插值得到下包络线 $e_{\min,i,t}$;

(4) 由上下包络计算平均包络, $m_{i,t} = (e_{\max,i,t} + e_{\min,i,t})/2$;

(5) 令 $d_{i,t} = r_{i,t} - m_{i,t}$, 判定: 如果序列 $d_{i,t}$ 满足 IMF 的两个条件, 则认为 $d_{i,t}$ 是第 i 个本质模态函数 $\mathrm{IMF}_{j,t}$, 令 $i = i + 1$, 并令残差 $r_{i,t} = r_{i-1},t - d_{i-1},t$; 如果 $d_{i,t}$ 不是 IMF, 令 $r_{i,t} = d_{i,t}$;

(6) 重复步骤 (2) 至 (5), 直到残差 $r_{i,t}$ 满足停止标准: 对各点有平均振幅小于阈值与包络线振幅的乘积; 其极值点及零值点小于或等于 1.

基于上述筛选过程, EMD 最终将原始数据序列 x_t 分解为一系列本质模态函数 $\mathrm{IMF}_{j,t}$ 和一个剩余项:

$$x_t = \sum_{j=1}^{N} \mathrm{IMF}_{j,t} + r_t$$

尽管 EMD 在应用研究中取得广泛的成功, 但它存在一个明显的缺点: 模态混合现象, 即一个 IMF 中包括了其他模态的尺度, 或者一个尺度存在于不同的 IMF 分量中. 为了解决这一问题, Huang 等[63] 提出 EEMD. 其基本思想是: 时序数据中包含真实信息, 同时受到噪声的干扰. 对此, 若在原数据上添加白噪声, 得到的集合平均值会更加接近于真实信息. 因此 EEMD 算法在 EMD 基础上, 加了一个新的步骤: 在原始数据上添加白噪声. 一般假设所添加的白噪声服从均值为 0、标准差为 ε 的正态分布. 然后再进行整体 EMD 分解, 这样不同尺度的信号可以自动分离到与其相适应的参考尺度上去, 这就是 EEMD 方法. 该方法结合高斯白噪声具有频率均匀分布的优点, 以此补充一些缺失的尺度, 有效地解决了由于 EMD 极值点分布不均匀造成的模态集成问题.

EEMD 的算法流程可描述如下:

(1) 将服从正态分布的随机白噪声 (其均值为 0、方差给定) 加入到原始序列中;

(2) 利用 EMD 算法对新的时序数据进行分解;

(3) 基于不同的白噪声, 不断重复以上两个步骤 n 次, 可以得出 n 组不同的分解结果, 集成平均各分解分量, 计算平均值为最终的分解结果.

5.4.5 人工智能模型

在许多文献中, 各种人工智能模型被运用于分解集成学习的分量预测, 可参见文献 [52, 72, 93, 94, 129, 168, 195, 221, 222, 234, 249−256]. 与传统的线性模型相比, 人工智能模型有着自适应自学习能力, 能够处理许多非线性的复杂系统. 比较常用的人工智能模型有最小二乘支持向量机回归 (LSSVR)、人工神经网络 (ANN).

20 世纪 80 年代以来人工智能领域不断兴起, ANN 成为研究热点, 它是对人脑神经网络的模拟, 由大量的节点 (或称神经元) 之间相互连接构成运算模型. 在 ANN 算法中, 其主要由三层结构构成, 分别是输入层、一层或多层计算隐藏层, 以及一个输出层. 其数学表达式如下:

$$\hat{x}_t = \varphi_0\left(a_0 + \sum_{h=1}^{H} w_h \varphi_H\left(a_h + \sum_{i=1}^{I} w_{i,h} x_{i,t}\right)\right)$$

其中 $x_{i,t}$ 是输入数据, $w_{i,h}$ 为输入层第 i 个神经元到隐藏层 $h\,(h = 1, 2, \cdots, H)$ 个神经元的权重. H 为隐藏层中神经元的个数, $\varphi_H(\cdot)$ 为隐藏层的转换函数, a_h 和 w_h 分别表示第 h 个神经元的偏置与输出层边上的权重. 在输出层中, $\varphi_0(\cdot)$ 为激活函数, $\hat{x}_t$ 为最后输出数据.

LSSVR 是标准支持向量机回归的一种拓展. 两者的基本思想都是通过核特征空间的非线性映射算法把样本点 $(x_i, y_i)\,(i = 1, 2, \cdots, n)$ 变换到一个高维的

Hilbert 空间中的训练点 $(\varphi(x_i), y_i)$. 然后对映射后的训练集 $D' = \{(\varphi(x_i), y_i), i = 1, 2, \cdots, n\}$ 进行线性回归. 最后通过最优决策函数 $f(x) = [\omega, \varphi(x) + b]$ 将非线性映射 $\varphi(x)$ 转化为更高维的线性函数. LSSVR 与支持向量回归 (Support Vector Regression, SVR) 的不同之处在于 LSSVR 将 SVR 优化问题的非等式约束替换成等式约束, 从而更加便于对 Lagrange 乘子 α 的求解. 具体形式如下

$$\min_{\omega, b, e} J(\omega, e) = \frac{1}{2}\omega^{\mathrm{T}}\omega + \frac{1}{2}C\sum_{k=1}^{N} e_k^2$$

$$\text{s.t.} \quad y_k[\omega^{\mathrm{T}}\varphi(x_k) + b] \geqslant 1 - e_k, k = 1, \cdots, N$$

其中 C 为惩罚系数, 以控制对超出允许误差 e_k 的惩罚程度.

下面, 与 SVR 类似, 可以采用 Lagrange 乘数法将原问题转换为对单一参数, 也就是对 α 的极大值求解问题. 新问题如下:

$$L(\omega, b, e; \alpha) = J(\omega, e) - \sum_{k=1}^{N} \alpha_k\{[\omega^{\mathrm{T}}\varphi(x_k) + b] - 1 + e_k\}$$

分别对 ω, b, e_k, α_k 求导等于零, 有

$$\begin{cases} \dfrac{\partial L}{\partial \omega} = 0 \to \omega = \sum_{k=1}^{N} \alpha_k y_k \varphi(x_k) \\[3mm] \dfrac{\partial L}{\partial b} = 0 \to \sum_{k=1}^{N} \alpha_k y_k = 0 \\[3mm] \dfrac{\partial L}{\partial e_k} = 0 \to a_k = Ce_k \\[3mm] \dfrac{\partial L}{\partial \alpha_k} = 0 \to \omega^{\mathrm{T}}\varphi(x_k) + b - y_k + e_k = 0 \end{cases} \tag{5.16}$$

消除 (5.16) 中的 ω 和 e, 得到的矩阵方程:

$$\begin{pmatrix} 0 & I_v^{\mathrm{T}} \\ I_v & \Omega + \dfrac{1}{C}E \end{pmatrix} \begin{pmatrix} b \\ a \end{pmatrix} = \begin{pmatrix} 0 \\ y \end{pmatrix} \tag{5.17}$$

其中, $y = (y_1, y_2, \cdots, y_N)^{\mathrm{T}}$, $I = (1, \cdots, 1)^{\mathrm{T}}$, $a = (a_1, a_2, \cdots, a_N)^{\mathrm{T}}$, E 是 $N \times N$ 维的单位矩阵, $\Omega = \varphi(x_k)^{\mathrm{T}}\varphi(x_k)$. 可以通过式 (5.17) 求得系数 a 和 b, 然后可以得到如下的最小二乘法支持向量机回归函数:

$$y(x) = \sum_{k=1}^{N} a_k K(x, x_k) + b$$

$K(x_i, x_l) = \varphi(x_i)^{\mathrm{T}} \varphi(x_l)$ 为引入的核函数, 其中包括高斯核函数、多项式核函数和样条核函数等. 由于高斯核函数能够很好地适用于小样本、非线性数据, 故本节选择高斯核函数作为 LSSVR 模型核函数, 即 $K(x_k, x_l) = \exp\left(-\dfrac{\|x_k - x_l\|^2}{2\sigma^2}\right)$, σ 为核函数参数 (常数).

5.4.6 清洁能源的长期记忆性分析

表 5.4 显示了清洁能源数据 Hurst 指数的计算. 天然气产量、风电、水电、太阳能发电量和核电的 Hurst 指数在 0.5—1 内, 说明这几类数据具有长期记忆特征. 由于 FDGBM 具有记忆性特征, 因此, 结合 FDGBM 和 AI 模型的分解集成模型可以用来预测清洁能源.

表 5.4   长期记忆性分析

No.	案例	Hurst 指数
案例 1	天然气产量	0.91
案例 2	风力发电量	0.99
案例 3	水力发电量	0.97
案例 4	太阳能发电量	0.99
案例 5	核电	0.99

5.4.7 清洁能源产量建模过程

图 5.8 是 EEMD 对清洁能源产量的分解结果. 可以看出, EEMD 将原始序列分解为几个不同特征的分量和残差. 残差部分是清洁能源的发展趋势. 它表明天然气、风电、水电、太阳能发电量和核电的发展趋势正在上升. 考虑到灰色模型在预测这类特征序列中的优势, 故可以用 FDGBM 模型对这部分进行预测. 其他成分呈现波动特征, 这部分主要受到季节等其他因素的影响, 故可以用人工智能模型来预测其他分量. 最后, 将各部分的预测值相加, 得到分解集成模型 (EEMD-FDGBM-LSSVR, EEMD-FDGBM-ANN) 的预测值.

以天然气产量预测为例. 首先, 在利用 EEMD 算法对天然气进行分解之后, 对于残差部分, 利用 FDGBM 模型并结合鲸鱼算法进行建模, 通过鲸鱼算法得出最优参数 $p = 0.991, r = 0.033, m = 0.477$. FDGBM 模型为

$$\nabla x^{(0.991)}(k) + 0.045 z^{(0.033)}(k) - -0.563[z^{(0.033)}(k)]^{0.477}$$

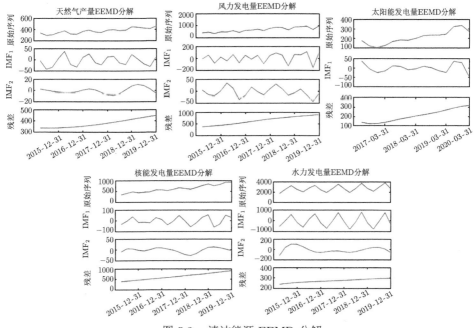

图 5.8 清洁能源 EEMD 分解

从图 5.9(a) 可以看出 FDGBM 模型能够很好地拟合残差部分的数据, 预测部分趋势也很拟合部分趋势一致; 其次, IMF_1, IMF_2 这两个分量呈现波动的数据特征, 分别用人工智能模型进行建模.

最小二乘支持向量机 (LSSVR) 预测参数设置: 核函数选择高斯核函数 $K(x_k,$ $x_l) = \exp\left(-\dfrac{\|x_k - x_l\|^2}{2\sigma^2}\right)$, 正则化参数 $C = 50$.

人工神经网络 (ANN) 预测参数设置: 设置隐藏层为 3 层神经网络, 第一层有 20 个神经元, 第二层有 15 个神经元, 第三层为 5 个神经元.

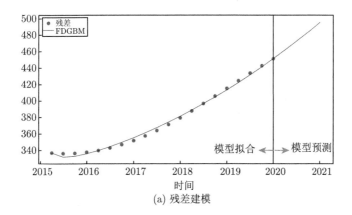

(a) 残差建模

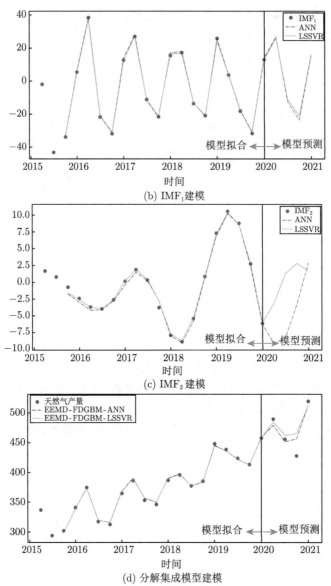

图 5.9　分解集成模型对天然气产量建模

　　由图 5.9(b) 和 (c) 中可以看出, LSSVR 和 ANN 能够很好地拟合波动部分的数据; 最后将各部分分量的拟合值和预测值相加得到分解集成模型 (EEMD-FDGBM-LSSVR, EEMD-FDGBM-ANN) 对天然气产量的拟合和预测 (图 5.9(d)), 可以从图中看出分解集成模型能够很好地拟合天然气产量的发展趋势, 而且预测部分的预测值与实际值基本一致.

此外, 与该模型进行建模效果比较的其他分解集成模型可采取同样的步骤对天然气产量进行建模. 对于残差分量用 FGM(p, 1) 或 GM(1, 1) 建模. 采用鲸鱼算法得到 FGM(p, 1) 的最优参数 $p = 0.998, r = 0.991$. FGM(p, 1) 和 GM(1, 1) 如下:

$$\text{FGM}(p, 1): \nabla x^{(0.998)}(k) - 0.019z^{(1.010)}(k) = 317$$

$$\text{GM}(1, 1): x^{(0)}(k) - 0.0181z^{(1)}(k) = 312$$

对于 IMF_1, IMF_2, 分别用 ANN, LSSVR, ARIMA 对其进行建模. 其中, ARIMA 模型设置参数: $p = 1, d = 0, q = 0$. 模型为

$$\text{IMF}_1: \hat{x}_t = -4.575 + 0.043\hat{x}_{t-1} + u_t$$

$$\text{IMF}_2: \hat{x}_t = -851 + 0.710\hat{x}_{t-1} + u_t$$

最后将各分量的预测值加总得到不同的分解集成预测模型的预测值.

与天然气产量一样, 对风电、太阳能、核电和水电也根据同样步骤进行建模. 各模型的拟合和预测效果见表 5.5 和表 5.6.

5.4.8 各模型的拟合效果

表 5.5 是单一模型和分解集成模型的对清洁能源数据的拟合结果. 从中可以看出, AI 模型与 FDGBM 相结合可以有效地提高拟合精度, 在案例 1 中, 单一模型 LSSVR 和 ANN 模型的 MAPE 分别为 3.70% 和 4.63%, 而当这两种模型与 FDGBM 相结合得到 EEMD-FDGBM-LSSVR 和 EEMD-FDGBM-ANN 模型后, MAPE 分别下降至 0.54% 和 0.73%. 同样从其他案例中, 也可以看出这两种模型的各项拟合误差都最低. 此外, 还可以看出与 FGM(p, 1) 或 GM(1, 1) 结合的分解集成模型的拟合误差也比较好, 但其拟合精度低于 EEMD-FDGBM-LSSVR 和 EEMD-FDGBM-ANN.

图 5.10 分别为清洁能源发电量拟合箱线图. APE 是绝对百分比误差. 箱线图可以揭示各拟合项的 APE 分布情况. 结果显示, 在对风电和水电发电量拟合中, EEMD-FDGBM-LSSVR 的 APE 中位数最小, 同时四分位距也最小. 而在对天然气、太阳能和核能发电量拟合中, EEMD-FDGBM-ANN 的 APE 中位数最小, 同时四分位距也最小. 此外, 所有案例中, 灰色模型和 ARIMA 模型相结合的分解集成模型的中位数和四分位数距离都比较大. 这是由于 ARIMA 模型在复杂的非线性系统数据拟合中有很强的局限性, 故拟合误差相对比较高. 而 EEMD-FDGBM-LSSVR 和 EEMD-FDGBM-ANN 结合了 FDGBM 的记忆性和人工智能模型的自适应性、非线性等特征, 拟合精度和稳定性优于其他模型.

表 5.5　各模型清洁能源拟合效果

案例	误差	LSSVR	ANN	ARIMA	EEMD-FDGBM-LSSVR	EEMD-FDGBM-ANN	EEMD-FDGBM-ARIMA	EEMD-FGM(p,1)-LSSVR	EEMD-FGM(p,1)-ANN	EEMD-FGM(p,1)-ARIMA	EEMD-GM(1,1)-LSSVR	EEMD-GM(1,1)-ANN	EEMD-GM(1,1)-ARIMA
案例 1	MAPE/%	3.70	4.63	5.06	0.54	0.73	6.81	2.30	2.37	7.38	0.64	0.86	6.78
	MAE	435.85	561.50	586.56	63.26	84.76	802.45	265.38	271.29	853.63	75.34	99.57	798.06
	RMSE	524.00	709.77	698.58	83.59	148.08	1002.06	301.77	337.14	1062.87	93.13	133.31	998.77
案例 2	MAPE/%	10.26	12.21	20.17	3.31	3.92	18.07	3.55	3.74	17.49	4.58	4.92	17.47
	MAE	62.84	71.21	117.33	21.15	25.51	110.74	22.31	23.19	108.93	29.07	32.29	109.17
	RMSE	79.54	101.68	135.73	26.16	34.02	131.04	26.73	26.40	128.92	34.63	41.25	130.88
案例 3	MAPE/%	3.16	5.77	13.16	1.06	1.72	19.25	1.08	1.47	19.42	1.02	1.41	19.28
	MAE	91.82	165.93	332.50	28.19	44.94	486.46	28.69	38.92	489.46	27.36	37.59	487.14
	RMSE	133.91	218.06	361.52	53.31	63.71	578.04	52.56	60.63	579.41	52.38	59.72	578.09
案例 4	MAPE/%	4.30	31.16	5.38	1.61	1.70	11.79	2.87	3.17	12.33	2.98	3.14	12.39
	MAE	9.95	53.21	9.27	2.89	3.14	23.07	5.15	5.26	23.80	5.39	5.67	23.94
	RMSE	14.23	67.64	11.18	4.42	4.26	28.67	6.20	7.33	29.89	6.24	6.49	29.89
案例 5	MAPE/%	6.91	7.23	13.27	0.88	0.78	6.30	1.03	1.07	6.37	1.01	1.36	6.39
	MAE	45.57	46.80	75.19	5.58	5.69	38.64	6.72	7.36	38.61	6.55	8.90	38.81
	RMSE	53.63	56.19	91.08	8.91	14.08	44.15	9.65	9.87	43.67	9.77	15.75	43.73

表 5.6 各模型清洁能源预测效果

案例	误差	LSSVR	ANN	ARIMA	EEMD-FDGBM-LSSVR	EEMD-FDGBM-ANN	EEMD-FDGBM-ARIMA	EEMD-FGM(p,1)-LSSVR	EEMD-FGM(p,1)-ANN	EEMD-FGM(p,1)-ARIMA	EEMD-GM(1,1)-LSSVR	EEMD-GM(1,1)-ANN	EEMD-GM(1,1)-ARIMA
案例 1	MAPE/%	15.71	13.61	15.68	2.62	2.22	6.03	2.71	3.08	6.07	2.90	3.21	6.26
	MAE	75.45	66.08	75.36	11.61	9.83	28.11	12.68	14.41	28.99	13.66	15.25	29.96
	RMSE	88.11	75.51	86.34	17.46	14.48	31.26	15.24	14.47	33.20	15.63	15.54	34.00
案例 2	MAPE/%	32.27	17.82	31.26	9.49	13.33	10.19	10.62	16.39	10.21	9.55	12.13	9.13
	MAE	344.20	193.10	333.88	87.20	127.27	93.96	103.33	157.38	97.90	88.56	112.25	83.14
	RMSE	363.79	218.90	360.29	127.86	150.59	127.01	119.78	197.83	112.95	124.16	160.11	119.89
案例 3	MAPE/%	13.17	9.94	17.09	16.22	7.18	23.36	15.91	8.82	23.59	16.10	9.54	23.44
	MAE	431.37	357.33	607.31	446.12	217.30	729.44	439.46	254.89	738.69	443.54	278.20	732.76
	RMSE	528.95	479.60	846.75	517.31	227.97	908.04	516.72	262.21	916.07	516.90	281.44	910.91
	SD	13.17	9.94	17.09	16.22	7.18	23.36	15.91	8.82	23.59	16.10	9.54	23.44
案例 4	MAPE/%	24.96	35.35	29.50	9.36	8.83	9.26	13.63	14.16	13.54	13.76	11.40	13.67
	MAE	90.15	127.20	106.92	32.40	31.50	31.58	47.44	49.06	46.62	47.88	41.75	47.06
	RMSE	121.19	130.50	112.02	39.36	34.46	38.51	55.49	56.26	54.26	56.16	52.90	54.92
案例 5	MAPE/%	10.07	13.93	26.18	9.94	7.47	14.85	10.99	10.23	15.90	11.21	10.65	16.12
	MAE	91.57	121.76	249.77	86.82	65.87	130.64	96.52	93.16	140.35	98.54	96.64	142.37
	RMSE	92.54	132.91	279.46	96.76	75.06	140.23	105.21	102.81	149.02	106.99	104.70	150.86

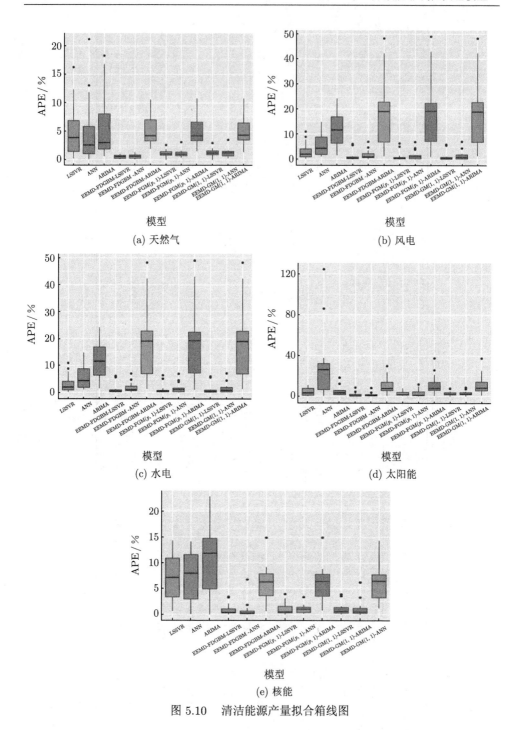

图 5.10　清洁能源产量拟合箱线图

5.4.9 各模型的预测效果

表 5.6 比较了各种模型对清洁能源的预测效果. 在案例 1, 2, 4, 5 中, LSSVR, ANN 和 ARIMA 模型的 MAPE 均大于 10%, 说明单一模型的预测效果比较差. 而利用 EEMD 算法将人工智能模型与 FDGBM 相结合, 大大提高了预测精度. 如在案例 1, 3, 4, 5 中 EEMD-FDGBM-ANN 模型的 MAPE 为 2.22%, 7.18%, 8.83%, 7.47%, 均小于其他模型. 而 EEMD-FDGBM-LSSVR 在案例 1, 4, 5 中的 MAPE 为 2.62%, 9.36%, 9.94%. 与 EEMD-FDGBM-ANN 比较接近, 也优于其他大部分的单一模型和分解集成模型.

图 5.11 是对风电、水电、太阳能和核电拟合预测折线图. 可以看出 EEMD-FDGBM-LSSVR 模型和 EEMD-FDGBM-ANN 模型都能很好地拟合清洁能源的发展趋势, 而且预测部分的趋势与实际情况基本一致. 故 FDGBM 与人工智能模型相结合, 能够很好地适用于清洁能源产量的预测.

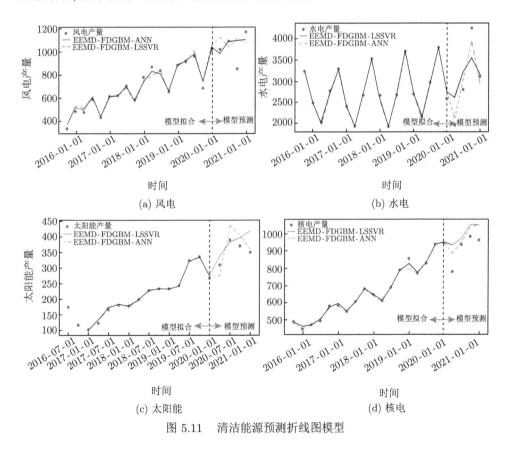

图 5.11　清洁能源预测折线图模型

5.5　分形导数分数阶灰色 Riccati 模型

分形几何方法在描述复杂系统的几何特征、统计行为和数据结果的幂律特征方面取得了有意义的成果. 分形导数建模在异常扩散等问题上取得了一些有意义的结果. 分形导数是局部导数, 不同于由整个域定义的分数阶微积分, 因此计算量和内存需求显著降低. 近年来, 分形微分与分数阶微分相结合的微分方程应用得到了发展, 但目前还不成熟. 以往的研究中, 学者们主要关注新的 Volterra 积分微分方程、奇异混沌分形-分数算子下的吸引子、分形-分数 Caputo 导数、分形-分数微分与积分、混沌动力系统建模吸引子、分数 Lotka-Volterra 模型的分形分析与控制.

灰色 Riccati 模型是一种非线性微分方程 [170,220,278,284,322], 具有以下三个优点: ① 该模型具有广泛的应用. 它不仅适用于上升趋势的数据预测, 也适用于下降趋势或 S 曲线拟合. ② 建模性能好: 由于其参数可调, 性能优于一般的灰色模型. ③ 保留了经典灰色模型的所有优点. 它的特殊形式可以是 GM(1, 1) 模型或灰色 Bernoulli 模型. 灰色 Bernoulli 模型是最近的另一个研究热点, 但这些模型都是一阶灰色模型.

现有研究至少存在以下不足:

(1) 分形微分方程的应用目前还很不成熟, 特别是在预测领域.

(2) 分形导数与灰色模型结合的探索较少.

(3) 分形微积分算子在数值上很容易计算和使用, 但它们不一定有显式表达式, 或者它们的显式表达式很难得到.

本节建立分形导数分数累加灰色 Riccati 模型, 给出模型的参数估计形式, 推导出模型的解析表达式, 分析新模型与现有模型的关系, 建立多目标优化针对拟合的平均绝对百分比误差 (MAPE) 和标准差 (Std), 利用量子粒子群优化得到理想参数. 研究结论表明, 新模型对时间序列的波动性有较好的效果预言.

5.5.1　分形导数分数阶灰色 Riccati 模型的建立

本节提出一种新的灰色模型, 它结合了分形导数和分数累加: 分形导数分数阶灰色 Riccati 模型 (Fractal Derivative Fractional Grey Riccati, FDFGR). FD-FGR 模型的白化微分方程为

$$\frac{dx^{(r)}}{dt^{\beta}} + ax^{(r)} = b\left(x^{(r)}\right)^2 + c \tag{5.18}$$

基于 Hausdorff 分形导数的定义, 我们得到

$$\frac{dx^{(r)}}{dt^{\beta}} = \frac{1}{\beta t^{\beta-1}} \frac{dx^{(r)}}{dt}$$

灰色预测模型具有差分、差分和指数兼容性. 由于差分是微分的近似计算, 对于可微函数, 导数可以近似为差分, 即使用 $x^{(r)}(k) - x^{(r)}(k-1)$ 近似代替 $\dfrac{dx^{(r)}}{dt}$. 根据梯形积分公式, 可以用均值代替区间上的值, 也就是说

$$z^{(r)}(k) = \frac{1}{2}x^{(r)}(k) + x^{(r)}(k-1), \quad t = \frac{2k-1}{2}, \quad k = 2, 3, \cdots, n$$

因此, 我们得到

$$\frac{dx^{(r)}}{dt} = b\beta t^{\beta-1}\left[x^{(r)}\right]^2 - a \cdot \beta t^{\beta-1} \cdot x^{(r)} + c \cdot \beta t^{\beta-1} \tag{5.19}$$

我们离散化式 (5.19) 得到

$$x^{(r)}(k) - x^{(r)}(k-1) = b\beta\left(\frac{2k-1}{2}\right)^{\beta-1}\left[z^{(r)}\right]^2 - a\beta\left(\frac{2k-1}{2}\right)^{\beta-1}z^{(r)}$$
$$+ c\beta\left(\frac{2k-1}{2}\right)^{\beta-1} \tag{5.20}$$

将式 (5.20) 的矩阵形式记为 $Y = BP$, 其中

$$Y = \begin{pmatrix} x^{(r)}(2) - x^{(r)}(1) \\ x^{(r)}(3) - x^{(r)}(2) \\ \vdots \\ x^{(r)}(n) - x^{(r)}(n-1) \end{pmatrix}$$

$$B = \begin{pmatrix} \beta\left(\dfrac{3}{2}\right)^{\beta-1}\left[z^{(r)}(2)\right]^2 & -\beta\left(\dfrac{3}{2}\right)^{\beta-1}z^{(r)}(2) & \beta\left(\dfrac{3}{2}\right)^{\beta-1} \\ \beta\left(\dfrac{5}{2}\right)^{\beta-1}\left[z^{(r)}(3)\right]^2 & -\beta\left(\dfrac{5}{2}\right)^{\beta-1}z^{(r)}(3) & \beta\left(\dfrac{5}{2}\right)^{\beta-1} \\ \vdots & \vdots & \vdots \\ \beta\left(\dfrac{2n-1}{2}\right)^{\beta-1}\left[z^{(r)}(n)\right]^2 & \beta\left(\dfrac{2n-1}{2}\right)^{\beta-1}z^{(r)}(n) & \beta\left(\dfrac{2n-1}{2}\right)^{\beta-1} \end{pmatrix}$$

$$P = \begin{pmatrix} b \\ a \\ c \end{pmatrix}$$

记 $P = (a,b,c)^{\mathrm{T}}$, 使用最小二乘法求解参数可得 $\hat{P} = (B^{\mathrm{T}}B)^{-1}B^{\mathrm{T}}Y$.

定理 5.4　当 $a \neq 0, b \neq 0, c \neq 0$ 时, 令 $p = \dfrac{a}{2b}, q = \dfrac{a^2 - 4bc}{4b^2}$, 则式 (5.19) 的解为

(1) 当 $q > 0$ 时, 令 $C_1 = \dfrac{1}{2\sqrt{q}}\ln\left|\dfrac{x^{(r)}(1) - p - \sqrt{q}}{x^{(r)}(1) - p + \sqrt{q}}\right| - b$, 我们得到

$$x^{(r)}(t) = \begin{cases} \dfrac{p + \sqrt{q} + e^{2\sqrt{q}(b \cdot t^\beta + C_1)}(\sqrt{q} - p)}{1 - e^{2\sqrt{q}(b \cdot t^\beta + C_1)}}, & \dfrac{x^{(r)} - p - \sqrt{q}}{x^{(r)} - p + \sqrt{q}} > 0 \\[4mm] \dfrac{p + \sqrt{q} - e^{2\sqrt{q}(b \cdot t^\beta + C_1)}(\sqrt{q} - p)}{1 + e^{2\sqrt{q}(b \cdot t^\beta + C_1)}}, & \dfrac{x^{(r)} - p - \sqrt{q}}{x^{(r)} - p + \sqrt{q}} < 0 \end{cases}$$

(2) 当 $q = 0$ 时, 令 $C_2 = -\dfrac{1}{x^{(r)}(1) - p} - b$, 我们得到

$$x^{(r)}(t) = p - \frac{1}{bt^\beta + C_2}$$

(3) 当 $q < 0$ 时, 令 $C_3 = \dfrac{1}{\sqrt{-q}}\arctan\dfrac{x^{(r)}(1) - p}{\sqrt{-q}} - b$, 我们得到

$$x^{(r)}(t) = \sqrt{-q}\tan\sqrt{-q}\left(bt^\beta + C_3\right) + p$$

证明　根据 Hausdorff 公式可化为

$$\frac{1}{\beta t^{\beta-1}}\frac{dx^{(r)}}{dt} + ax^{(r)} = b\left[x^{(r)}\right]^2 + c$$

化简可得

$$\frac{dx^{(r)}}{dt} = b\beta t^{\beta-1}\left[x^{(r)}\right]^2 - a \cdot \beta t^{\beta-1} \cdot x^{(r)} + c \cdot \beta t^{\beta-1} \tag{5.21}$$

令 $p = \dfrac{a}{2b}, q = \dfrac{a^2 - 4bc}{4b^2}$, 对式 (5.21) 右侧进行配方化简得

$$\begin{aligned} \frac{dx^{(r)}}{dt} &= b\beta t^{\beta-1}\left[(x^{(r)})^2 - \frac{a}{b}x^{(r)} + \frac{c}{b}\right] \\ &= b\beta t^{\beta-1}\left[\left(x^{(r)} - \frac{a}{2b}\right)^2 + \frac{c}{b} - \frac{a^2}{4b^2}\right] \\ &= b\beta t^{\beta-1}\left[\left(x^{(r)} - \frac{a}{2b}\right)^2 - \frac{a^2 - 4bc}{4b^2}\right] \end{aligned}$$

$$= b\beta t^{\beta-1}\left[\left(x^{(r)}-p\right)^2-q\right] \tag{5.22}$$

(1) 当 $q>0$ 时, 式 (5.22) 可化简为

$$\frac{dx^{(r)}}{dt}=b\beta t^{\beta-1}\left[\left(x^{(r)}-p+\sqrt{q}\right)\left(x^{(r)}-p-\sqrt{q}\right)\right]$$

变量分离可得

$$\frac{dx^{(r)}}{\left(x^{(r)}-p+\sqrt{q}\right)\left(x^{(r)}-p-\sqrt{q}\right)}=b\beta t^{\beta-1}\cdot dt$$

于是

$$\left(\frac{1}{2\sqrt{q}}\left(\frac{1}{x^{(r)}-p-\sqrt{q}}-\frac{1}{x^{(r)}-p+\sqrt{q}}\right)\right)dx^{(r)}=b\cdot\beta t^{\beta-1}dt$$

两边同时积分可得

$$\frac{1}{2\sqrt{q}}\ln\left|\frac{x^{(r)}-p-\sqrt{q}}{x^{(r)}-p+\sqrt{q}}\right|=b\cdot t^\beta+C_1$$

将初始条件代入可得

$$C_1=\frac{1}{2\sqrt{q}}\ln\left|\frac{x^{(r)}(1)-p-\sqrt{q}}{x^{(r)}(1)-p+\sqrt{q}}\right|-b \tag{5.23}$$

式 (5.23) 可进一步化简为

$$\left|\frac{x^{(r)}-p-\sqrt{q}}{x^{(r)}-p+\sqrt{q}}\right|=e^{2\sqrt{q}(b\cdot t^\beta+C_1)}$$

(i) 当 $\dfrac{x^{(r)}-p-\sqrt{q}}{x^{(r)}-p+\sqrt{q}}>0$ 时, 我们可得 $\dfrac{x^{(r)}-p-\sqrt{q}}{x^{(r)}-p+\sqrt{q}}=e^{2\sqrt{q}(b\cdot t^\beta+C_1)}$, 即

$$x^{(r)}=\frac{p+\sqrt{q}+e^{2\sqrt{q}(b\cdot t^\beta+C_1)}\left(\sqrt{q}-p\right)}{1-e^{2\sqrt{q}(b\cdot t^\beta+C_1)}}$$

(ii) 当 $\dfrac{x^{(r)}-p-\sqrt{q}}{x^{(r)}-p+\sqrt{q}}<0$ 时, 我们可得 $\dfrac{x^{(r)}-p-\sqrt{q}}{x^{(r)}-p+\sqrt{q}}=-e^{2\sqrt{q}(b\cdot t^\beta+C_1)}$, 即

$$x^{(r)}=\frac{p+\sqrt{q}-e^{2\sqrt{q}(b\cdot t^\beta+C_1)}\left(\sqrt{q}-p\right)}{1+e^{2\sqrt{q}(b\cdot t^\beta+C_1)}}$$

结合这两种情况, 我们得到形式如式 (5.24) 的方程解:

$$x^{(r)}(t) = \begin{cases} \dfrac{p + \sqrt{q} + e^{2\sqrt{q}(b \cdot t^\beta + C_1)}(\sqrt{q} - p)}{1 - e^{2\sqrt{q}(b \cdot t^\beta + C_1)}}, & \dfrac{x^{(r)} - p - \sqrt{q}}{x^{(r)} - p + \sqrt{q}} > 0 \\[4mm] \dfrac{p + \sqrt{q} - e^{2\sqrt{q}(b \cdot t^\beta + C_1)}(\sqrt{q} - p)}{1 + e^{2\sqrt{q}(b \cdot t^\beta + C_1)}}, & \dfrac{x^{(r)} - p - \sqrt{q}}{x^{(r)} - p + \sqrt{q}} < 0 \end{cases} \tag{5.24}$$

(2) 当 $q = 0$ 时, 化简方程 (5.22) 可得 $\dfrac{dx^{(r)}}{dt} = b\beta t^{\beta-1}\left(x^{(r)} - p\right)^2$, 可以得到它的变量分离如下:

$$\frac{dx^{(r)}}{\left(x^{(r)} - p\right)^2} = b\beta t^{\beta-1} \cdot dt$$

对等式两边同时积分得

$$-\frac{1}{x^{(r)} - p} = bt^\beta + C_2$$

代入初始条件得

$$C_2 = -\frac{1}{x^{(r)}(1) - p} - b$$

从而得到方程的解

$$x^{(r)}(t) = p - \frac{1}{bt^\beta + C_2}$$

(3) 当 $q < 0$ 时, 对方程进行变量分离得

$$\frac{dx^{(t)}}{\left[\left(x^{(r)} - p\right)^2 - q\right]} = b\beta t^{\beta-1}$$

对等式两边同时积分得

$$\int \frac{dx^{(t)}}{\left[\left(x^{(r)} - p\right)^2 + (-q)\right]} = \int b\beta t^{\beta-1} dt$$

所以

$$\frac{1}{\sqrt{-q}} \arctan \frac{x^{(r)} - p}{\sqrt{-q}} = bt^\beta + C_3$$

代入初始条件得

$$C_3 = \frac{1}{\sqrt{-q}} \arctan \frac{x^{(r)}(1) - p}{\sqrt{-q}} - b$$

从而得到方程的解

$$x^{(r)}(t) = \sqrt{-q} \tan \sqrt{-q} \left(bt^\beta + C_3 \right) + p$$

于是定理 5.4 得证.

定理 5.5 当 $b-0$, $a \neq 0, c \neq 0$ 时, FDFGR 模型 (5.18) 的解为

$$x^{(r)} = \frac{c}{a} + \left(x^{(r)}(1) - \frac{c}{a} \right) e^{a(1-t^\beta)}$$

证明 当 $b = 0$, $a \neq 0, c \neq 0$ 时, 原始 FDFGR 模型 (5.18) 变为

$$\frac{1}{\beta t^{\beta-1}} \frac{dx^{(r)}}{dt} + ax^{(r)} = c$$

我们得到

$$\frac{dx^{(r)}}{dt} + a\beta t^{\beta-1} x^{(r)} = c\beta t^{\beta-1}$$

此为一阶线性非齐次微分方程, 可用常数变易法求解:

$$x^{(r)} = e^{-\int a\beta t^{\beta-1} dt} \left[\int c\beta t^{\beta-1} e^{\int a\beta t^{\beta-1} dt} dt + C_4 \right]$$

$$= \frac{c}{a} + C_4 e^{-at^\beta}$$

当 $t = 1$ 时, $x^{(r)}(1) = \frac{c}{a} + C_4 e^{-a}$, 初始条件可表示为 $C_4 = \left(x^{(r)}(1) - \frac{c}{a} \right) e^a$. 方程的解为

$$x^{(r)} = \frac{c}{a} + \left(x^{(r)}(1) - \frac{c}{a} \right) e^a e^{-at^\beta}$$

$$= \frac{c}{a} + \left(x^{(r)}(1) - \frac{c}{a} \right) e^{a(1-t^\beta)}$$

定理 5.5 得证.

定理 5.6 当 $b \neq 0$, $a \neq 0, c = 0$ 时, FDFGR 模型 (5.18) 的解为

$$x^{(r)}(t) = \begin{cases} \dfrac{a}{b(1 - e^{at^\beta + C_5})}, & x^{(r)} - \dfrac{a}{b} > 0 \\ \dfrac{a}{b(1 + e^{at^\beta + C_5})}, & x^{(r)} - \dfrac{a}{b} < 0 \end{cases}$$

其中 $C_5 = \ln \left| \dfrac{x^{(r)}(1) - \dfrac{a}{b}}{x^{(r)}(1)} \right| - a$.

证明   当 $b \neq 0$, $a \neq 0$, $c = 0$ 时, 原方程 (5.18) 变为

$$\frac{1}{\beta t^{\beta-1}} \frac{dx^{(r)}}{dt} + ax^{(r)} = b\left[x^{(r)}\right]^2$$

上式可变为

$$\frac{dx^{(r)}}{dt} = b\beta t^{\beta-1}\left[x^{(r)}\right]^2 - a\beta t^{\beta-1}x^{(r)} = b\beta t^{\beta-1}x^{(r)}\left(x^{(r)} - \frac{a}{b}\right)$$

分离变量的

$$\frac{dx^{(r)}}{x^{(r)}\left(x^{(r)} - \frac{a}{b}\right)} = b\beta t^{\beta-1} \cdot dt$$

两边同时积分的

$$\frac{b}{a}\ln\left|\frac{x^{(r)} - \frac{a}{b}}{x^{(r)}}\right| = bt^{\beta} + C_5$$

代入初始条件, C_5 可表示为

$$C_5 = \frac{b}{a}\ln\left|\frac{x^{(r)}(1) - \frac{a}{b}}{x^{(r)}(1)}\right| - a$$

代入初始条件, 方程的解可表示为

$$\left|\frac{x^{(r)} - \frac{a}{b}}{x^{(r)}}\right| = e^{at^{\beta} + \frac{aC_5}{b}}$$

(1) 当 $x^{(r)} - \dfrac{a}{b} > 0$ 时, 则 $\dfrac{x^{(r)} - \dfrac{a}{b}}{x^{(r)}} = e^{at^{\beta} + C_5}$, 可得

$$x^{(r)}(t) = \frac{a}{b(1 - e^{at^{\beta} + C_5})}$$

(2) 当 $x^{(r)} - \dfrac{a}{b} < 0$ 时, 则 $\dfrac{x^{(r)} - \dfrac{a}{b}}{x^{(r)}} = -e^{at^{\beta} + C_5}$, 可得

$$x^{(r)}(t) = \frac{a}{b(1 + e^{at^{\beta} + C_5})}$$

合并成为以下公式:

$$x^{(r)}(t) = \begin{cases} \dfrac{a}{b(1-e^{at^\beta+C_5})}, & x^{(r)}(t) - \dfrac{a}{b} > 0 \\[3mm] \dfrac{a}{b(1+e^{at^\beta+C_5})}, & x^{(r)}(t) - \dfrac{a}{b} < 0 \end{cases}$$

定理 5.6 得证.

定理 5.7 新模型是经典模型 Riccati 灰色模型, 灰色 GM(1, 1) 模型和灰色 Bernoulli 模型的一般形式.

(1) 当 $a \neq 0, b \neq 0, c \neq 0, \beta = 1$ 时, 新模型为一阶灰色 Riccati 模型.

(2) 当 $a \neq 0, b = 0, c \neq 0, \beta = 1$ 时, 新模型为灰色 GM(1, 1) 模型.

(3) 当 $a \neq 0, b \neq 0, c = 0, \beta = 1$ 时, 新模型为灰色 Bernoulli 模型.

证明 (1) 当 $a \neq 0, b \neq 0, c \neq 0, \beta = 1$ 时, 则原方程变为

$$\frac{dx^{(r)}}{dt} + ax^{(r)} = b\left[x^{(r)}\right]^2 + c$$

此时模型为 Riccati 灰色模型, 此时模型的解的形式为

(i) 当 $q > 0$ 时, 我们得到

$$x^{(r)}(t) = \begin{cases} \dfrac{p + \sqrt{q} + e^{2\sqrt{q}(b \cdot t + C_1)}(\sqrt{q} - p)}{1 - e^{2\sqrt{q}(b \cdot t + C_1)}}, & \dfrac{x^{(r)} - p - \sqrt{q}}{x^{(r)} - p + \sqrt{q}} > 0 \\[4mm] \dfrac{p + \sqrt{q} - e^{2\sqrt{q}(b \cdot t + C_1)}(\sqrt{q} - p)}{1 + e^{2\sqrt{q}(b \cdot t + C_1)}}, & \dfrac{x^{(r)} - p - \sqrt{q}}{x^{(r)} - p + \sqrt{q}} < 0 \end{cases}$$

(ii) 当 $q = 0$, $x^{(r)}(t) = p - \dfrac{1}{bt + C_2}$;

(iii) 当 $q < 0$, $x^{(r)}(t) = \sqrt{-q}\tan\sqrt{-q}\,(bt + C_3) + p$.

该模型解形式与一阶 Riccati 灰色模型一致.

(2) 当 $a \neq 0, b = 0, c \neq 0, \beta = 1$ 时, 原方程变为 $\dfrac{dx^{(r)}}{dt} + ax^{(r)} = c$, 方程的解为

$$x^{(r)} = \frac{c}{a} + \left(x^{(r)}(1) - \frac{c}{a}\right)e^{a(1-t)}$$

此模型的解与经典的 GM(1, 1) 模型的解是一致.

(3) 当 $a \neq 0, b \neq 0, c = 0, \beta = 1$, 原方程变为 $\dfrac{dx^{(r)}}{dt} + ax^{(r)} = b\left[x^{(r)}\right]^2$, 其解为

$$x^{(r)}(t) = \begin{cases} \dfrac{a}{b(1-e^{at+C_5})}, & x^{(r)} - \dfrac{a}{b} > 0 \\[3mm] \dfrac{a}{b(1+e^{at+C_5})}, & x^{(r)} - \dfrac{a}{b} < 0 \end{cases}$$

代入 C_5 的值可以得到经典灰色 Bernoulli 模型的解, 即灰色 Bernoulli 模型是新模型的一般情况.

定理 5.7 得证.

5.5.2 预测误差与还原误差的关系

在这一部分, 我们将研究 r 阶累加生成后的预测误差和还原指误差的关系误差. 对于以下表达式的需要, 我们先介绍几个组合数的计算公式, 如果 $r > 0, r \in Z$, 那么根据组合的定义, 得到如下:

$$C_n^k = \begin{pmatrix} n \\ k \end{pmatrix} = \frac{n!}{n!(n-k)!} = \frac{\Gamma(n+1)!}{\Gamma(n+1)\Gamma(n-k+1)!}$$

一般来说, 如果 $r > 0$, 那么我们有

$$\begin{pmatrix} -r \\ k \end{pmatrix} = (-1)^k \begin{pmatrix} r+k-1 \\ k \end{pmatrix} = (-1)^k \frac{(r+k-1) \times (r+k-2) \times \cdots \times r}{k \times (k-1) \times \cdots \times 2 \times 1}$$

例如, 如果 $r = 0.9$, 那么我们得到

$$\begin{pmatrix} -0.9 \\ 2 \end{pmatrix} = (-1)^2 \begin{pmatrix} 0.9+2-1 \\ 2 \end{pmatrix} = \begin{pmatrix} 1.9 \\ 2 \end{pmatrix} = \frac{1.9 \times 0.9}{3 \times 2 \times 1} = 0.855$$

定理 5.8 设 $x^{(r)}$ 为原始级数 $x^{(0)}$ 的 r 阶累加生成序列, $\hat{x}^{(r)}$ 为 $x^{(r)}$ 的拟合序列, $\hat{x}^{(0)}$ 为 $x^{(0)}$ 的拟合序列. 如果有 $\left| x^{(r)}(k) - \hat{x}^{(r)}(k) \right| < \varepsilon$, 则

$$\left| x^{(0)}(k) - \hat{x}^{(0)}(k) \right| < \varepsilon.$$

证明 根据分数累加生成的定义:

$$x^{(r)} = A_{n \times n}^r x^{(0)}, \quad x^{(0)} = A_{n \times n}^{-r} x^{(r)}$$

根据我们得到的分数阶累加生成矩阵的形式 $A_{n \times n}^r$, 有

$$x^{(0)}(k) = \begin{pmatrix} -r \\ k-1 \end{pmatrix} x^{(r)}(1) + \begin{pmatrix} -r \\ k-2 \end{pmatrix} x^{(r)}(2) + \cdots$$
$$+ \begin{pmatrix} -r \\ 1 \end{pmatrix} x^{(r)}(k-1) + \begin{pmatrix} -r \\ 0 \end{pmatrix} x^{(r)}(k)$$

类似地

$$\hat{x}^{(0)}(k) = \begin{pmatrix} -r \\ k-1 \end{pmatrix} \hat{x}^{(r)}(1) + \begin{pmatrix} -r \\ k-2 \end{pmatrix} \hat{x}^{(r)}(2) + \cdots$$

$$+\begin{pmatrix} -r \\ 1 \end{pmatrix}\hat{x}^{(r)}(k-1) + \begin{pmatrix} -r \\ 0 \end{pmatrix}\hat{x}^{(r)}(k)$$

于是

$$\left|x^{(0)}(k) - \hat{x}^{(0)}(k)\right| = \begin{pmatrix} -r \\ k-1 \end{pmatrix}\left[x^{(r)}(1) - \hat{x}^{(r)}(1)\right] + \begin{pmatrix} -r \\ k-2 \end{pmatrix}$$

$$\times \left[x^{(r)}(2) - \hat{x}^{(r)}(2)\right] + \cdots + \begin{pmatrix} -r \\ 0 \end{pmatrix}\left[x^{(r)}(k) - \hat{x}^{(r)}(k)\right]$$

当 $\left|x^{(r)}(k) - \hat{x}^{(r)}(k)\right| < \varepsilon$ 时, 我们得到

$$\left|x^{(0)}(k) - \hat{x}^{(0)}(k)\right| < \varepsilon\left(\begin{pmatrix} -r \\ k-1 \end{pmatrix} + \begin{pmatrix} -r \\ k-2 \end{pmatrix} + \cdots + \begin{pmatrix} -r \\ 0 \end{pmatrix}\right)$$

我们只考虑右边的系数

$$\begin{pmatrix} -r \\ 0 \end{pmatrix} + \begin{pmatrix} -r \\ 1 \end{pmatrix} + \begin{pmatrix} -r \\ 2 \end{pmatrix} + \cdots + \begin{pmatrix} -r \\ k-1 \end{pmatrix}$$

$$= \sum_{i=0}^{k-1}\begin{pmatrix} -r \\ i \end{pmatrix} = \sum_{i=0}^{k-1}(-1)^i\frac{(r+i-1)(r+i-2)\cdots r}{i!}$$

$$= \sum_{i=0}^{k-1}\frac{(-r-i+1)(-r-i+2)\cdots(-r)}{i!}$$

$$= \sum_{i=0}^{k-1}S_i = \sum_{i=0}^{\infty}S_i - \sum_{i=k}^{\infty}S_i \qquad (5.25)$$

由于

$$f(x) = (1+x)^{-r}, \quad f(0) = 1$$

$$f'(x) = -r(1+x)^{-r-1}, \quad f'(0) = -r$$

$$f''(x) = (-r)(-r-1)(1+x)^{-r-2}, \quad f''(0) = (-r)(-r-1)$$

$$\cdots\cdots$$

$$f^{(n)}(x) = (-r)\cdots(-r-n+2)(-r-n+1)(1+x)^{(-r-n)}$$

$$f^{(n)}(0) = (-r)\cdots(-r-n+2)(-r-n+1)$$

根据泰勒展开

$$f(x) = f(x_0) + f'(x_0)(x - x_0) + f''(x_0)\frac{(x-x_0)^2}{2!} + \cdots + f^{(n)}(x_0)\frac{(x-x_0)^n}{n!} + \cdots$$

我们在 $x_0 = 0$ 展开函数 $f(x) = (1+x)^{-r}$, 令 $x = 1$, 有

$$
\begin{aligned}
f(1) &= 1 + (-r) + \frac{(-r)(-r-1)}{2!} + \cdots + \frac{(-r)\cdots(-r-n+2)(-r-n+1)}{n!} \\
&= 1 + (-r) + \frac{(-r)(-r-1)}{2!} + \cdots + \frac{(-r)\cdots(-r-i+2)(-r-i+1)}{i!} \\
&= \sum_{i=0}^{+\infty} \frac{(-r)\cdots(-r-i+2)(-r-i+1)}{i!} \\
&= \sum_{i=0}^{+\infty} S_i \\
&= 2^{-r}
\end{aligned}
\tag{5.26}
$$

根据式 (5.25) 和 (5.26),

$$\sum_{i=0}^{k-1} S_i = 2^{-r} - \sum_{i=k}^{+\infty} S_i$$

又 $0 < r < 1$, $\dfrac{1}{2} < 2^{-r} < 1$, 所以

$$\frac{1}{2} - \sum_{i=k}^{+\infty} S_i < \sum_{i=0}^{k-1} S_i < 1 - \sum_{i=k}^{+\infty} S_i$$

同时, 泰勒级数的收敛性表明, $\forall \varepsilon_1 > 0$, $\exists k_0 > 0$ 使得我们得到 $\displaystyle\sum_{i=k_0}^{+\infty} S_i < \varepsilon_1$. 然后 $\dfrac{1}{2} < \displaystyle\sum_{i=0}^{k-1} S_i < 1$, 我们得到 $\left| x^{(0)}(k) - \hat{x}^{(0)}(k) \right| < \varepsilon$.

因此, 定理 5.8 得证.

定理 5.8 表明灰度预测模型经过分数累加后拟合效果更好 (精度更高), 则恢复后的误差变小.

5.5.3　基于 QPSO 的 FDFGRM 模型参数研究的多目标优化

通常, 为了寻找灰色模型的最优参数, 我们将最小平均绝对百分比误差 (MAPE) 作为目标函数, 我们经常使用 PSO、鲸鱼算法和遗传算法. 本节建立具有最小 MAPE 和最小 Std 的多目标优化模型, 然后应用量子行为粒子群算法寻找最优参数建立灰色模型.

$$\min \mathrm{MAPE}(r, \beta) = \frac{1}{n-1} \sum_{k=2}^{n} \frac{\left| \hat{x}^{(0)}(k) - x^{(0)}(k) \right|}{x^{(0)}(k)} \times 100\%$$

$$\min \mathrm{Std}(r, \beta) = \frac{1}{n-1} \sqrt{\sum_{k=2}^{n} (\hat{x}^{(0)}(k) - x^{(0)}(k))^2}$$

$$
\begin{cases}
0 < \beta < 1, 0 < r < 1 \\
\hat{P} = (B^{\mathrm{T}}B)^{-1}B^{\mathrm{T}}Y \\
B = \begin{pmatrix}
\beta \left(\dfrac{3}{2} \right)^{\beta-1} [z^{(r)}(2)]^2 & -\beta \left(\dfrac{3}{2} \right)^{\beta-1} z^{(r)}(2) & \beta \left(\dfrac{3}{2} \right)^{\beta-1} \\
\beta \left(\dfrac{5}{2} \right)^{\beta-1} [z^{(r)}(3)]^2 & -\beta \left(\dfrac{5}{2} \right)^{\beta-1} z^{(r)}(3) & \beta \left(\dfrac{5}{2} \right)^{\beta-1} \\
\vdots & \vdots & \vdots \\
\beta \left(\dfrac{2n-1}{2} \right)^{\beta-1} [z^{(r)}(n)]^2 & \beta \left(\dfrac{2n-1}{2} \right)^{\beta-1} z^{(r)}(n) & \beta \left(\dfrac{2n-1}{2} \right)^{\beta-1}
\end{pmatrix} \\
Y = \begin{pmatrix}
x^{(r)}(2) - x^{(r)}(1) \\
x^{(r)}(3) - x^{(r)}(2) \\
\vdots \\
x^{(r)}(n) - x^{(r)}(n-1)
\end{pmatrix} \\
p = \dfrac{a}{2b}, q = \dfrac{a^2 - 4bc}{4b^2}, C_1 = \dfrac{1}{2\sqrt{q}} \ln \left| \dfrac{x^{(r)}(1) - p - \sqrt{q}}{x^{(r)}(1) - p - \sqrt{q}} \right| - b \\
x^{(r)}(t) = \begin{cases}
\dfrac{p + \sqrt{q} + e^{2\sqrt{q}(b \cdot t^\beta + C_1)}(\sqrt{q} - p)}{1 - e^{2\sqrt{q}(b \cdot t^\beta + C_1)}}, & \dfrac{x^{(r)} - p - \sqrt{q}}{x^{(r)} - p + \sqrt{q}} > 0 \\
\dfrac{p + \sqrt{q} - e^{2\sqrt{q}(b \cdot t^\beta + C_1)}(\sqrt{q} - p)}{1 + e^{2\sqrt{q}(b \cdot t^\beta + C_1)}}, & \dfrac{x^{(r)} - p - \sqrt{q}}{x^{(r)} - p + \sqrt{q}} < 0
\end{cases} \\
\hat{x}^{(0)} = A^{-r} x^{(r)} \\
k = 2, 3, \cdots, n
\end{cases}
$$

QPSO 的位移更新方程为

$$
\begin{cases}
X_i = p_i \pm \alpha \left| m_b - X_i \right| \ln(1/u) \\
p_i = \varphi p_{b_i} + (1 - \varphi) p_e \\
m_b = \dfrac{1}{N} \sum_{i=1}^{N} p_{b_i}
\end{cases}
\tag{5.27}
$$

其中 u 和 φ 是 $[0, 1]$ 上均匀分布的随机数, p_{b_i} 是第 i 个粒子的最佳位置, $p_{b_i} = (p_{b_{i_1}}, p_{b_{i_2}}, \cdots, p_{b_{i_N}})$, N 是粒子的维度, p_g 是粒子群的全局最佳位置, m_b 是第 i 个粒子的最佳位置的中心每个粒子, 并且 α 是压缩因子 (取值范围为 0.5—1.0).

多目标量子群算法的步骤如下:

(1) 初始化量子群, 每个粒子的最佳初始位置设定粒子本身.

(2) 计算每个粒子的目标向量, 并根据帕累托规则将非劣解放在外部文件中.

(3) 从外部文件中为每个粒子选择 p_g, 根据方程 (5.27) 更新粒子位置, 然后进行变异操作和约束处理.

(4) 计算新种群中每个粒子的目标向量.

(5) 更新粒子的位置 p_b, 将更新后的粒子位置 p_b 与当前最佳位置 p_b 进行比较. 如果更新后的粒子占主导地位, 则更新后的粒子将是新的 p_b; 否则, p_b 保持不变.

(6) 如果达到最大迭代次数, 输出最优解, 否则转到第 (3) 步.

5.5.4 FDFGRM 的建模过程及伪代码

总之, FDFGRM 的详细建模步骤如下:

步骤 1. 确定原始数据序列 $x^{(0)} = \left(x^{(0)}(1), x^{(0)}(2), \cdots, x^{(0)}(n)\right)^{\mathrm{T}}$.

步骤 2. 应用 QPSO 寻优算法结合多目标优化模型计算 r, β.

步骤 3. 计算分数阶累加生成矩阵 $A_{n \times n}^r$ 和平均生成序列 $z^{(r)}(n)$, 然后构建矩阵 B, Y.

步骤 4. 估计模型参数 $\hat{P} = (a, b, c)$.

步骤 5. 计算 p, q, 选择对应的 FDFGRM 模型.

步骤 6. 计算模型预测值序列 $x^{(r)}$.

步骤 7. 计算分数阶逆累加生成矩阵 $A_{n \times n}^{-r}$, 并在基础上得到模型原始序列的预测序列 $\hat{x}^{(0)}$.

步骤 8. 分析这种不同预测模型的误差性能.

图 5.12 显示了本节的建模框架. 在灰色 Riccati 模型中引入分形导数和分数累加生成算子建立 FDFGRM. 以 MAPE 和 Std 为目标函数, 使用 QPSO 算法优化选择分形导数和分数累加阶数. 最后, 我们以中国的水泥、天然气和原铝生产为例, 验证 FDFGRM 的有效性, 并预测三个实例的未来趋势.

5.5.5 FDFGRM 的数值模拟与应用

为了比较模型的性能, 我们将使用以下指标 (表 5.7).

为了验证 FDFGRM 模型的效果, 这部分选用了中国 2006—2019 年水泥产量、天然气产量和原铝产量三个案例进行有效性验证, 其中选用 2006—2015 年的数据进行建模, 然后利用 2016—2019 年的数据进行测试, 并与 ANN, SVR, 灰色 Verhulst 模型, 比较其拟合效果和测试效果. 最后利用 FDFGRM 模型, 对水泥、天然气、原铝产量未来 4 年进行预测.

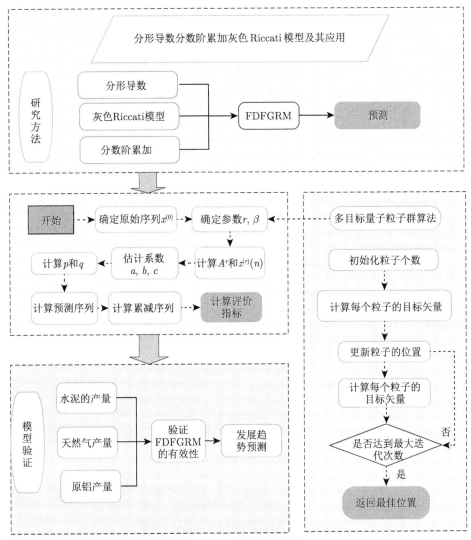

图 5.12　建模研究框架

例 5.1　中国水泥趋势预测: 凸增数据下

利用 FDFGRM 模型对中国水泥产量趋势进行预测, 具体步骤如下.

步骤 1: 选择 2006—2015 年的数据作为原始序列进行建模

$$X^{(0)} = (123676.48, 136117.25, 142355.73, 164397.78, 188191.17, 209925.86,$$

$$220984.08, 241923.89, 249207.08, 235918.83)$$

步骤 2: 通过多目标 QPSO 算法得出最优参数 $\beta = 1.69, r = 0.10$

表 5.7 预测模型性能对比

度量	定义	表达式
MAPE	平均绝对百分比误差	$\text{MAPE} = \frac{1}{n}\sum_{k=1}^{n}\frac{|\hat{x}^{(0)}(k) - x^{(0)}(k)|}{x^{(0)}(k)} \times 100\%$
MAE	平均绝对误差	$\text{MAE} = \frac{1}{n}\sum_{k=1}^{n}\left|\hat{x}^{(0)}(k) - x^{(0)}(k)\right|$
RMSE	均方根误差	$\text{RMSE} = \sqrt{\frac{1}{n}\sum_{k=1}^{n}|\hat{x}^{(0)}(k) - x^{(0)}(k)|}$
APE	绝对百分比误差	$\text{APE} = \left|\frac{\hat{x}^{(0)}(k) - x^{(0)}(k)}{x^{(0)}(k)}\right| \times 100\%$
NMSE	标准均方差	$\text{NMSE} = \frac{1}{n}\sum_{k=1}^{n}\frac{\left[\hat{x}^{(0)}(k) - x^{(0)}(k)\right]^2}{\hat{x}^{(0)}(k)x^{(0)}(k)}$
MdAPE	绝对百分比误差的中位数	$\text{MdAPE} = \text{median}\left|\frac{\hat{x}^{(0)}(k) - x^{(0)}(k)}{x^{(0)}(k)}\right| \times 100\%$

步骤 3: 可以得到 0.1 阶累加生成矩阵, 以及零均值矩阵、矩阵 B, Y.

$$A_{10\times10} = \begin{pmatrix} 1.00 & & & & & & & & & \\ 0.10 & 1.00 & & & & & & & & \\ 0.06 & 0.10 & 1.00 & & & & & & & \\ 0.04 & 0.06 & 0.10 & 1.00 & & & & & & \\ 0.03 & 0.04 & 0.06 & 0.10 & 1.00 & & & & & \\ 0.02 & 0.03 & 0.04 & 0.06 & 0.10 & 1.00 & & & & \\ 0.02 & 0.02 & 0.03 & 0.04 & 0.06 & 0.10 & 1.00 & & & \\ 0.02 & 0.02 & 0.02 & 0.03 & 0.04 & 0.06 & 0.10 & 1.00 & & \\ 0.02 & 0.02 & 0.02 & 0.02 & 0.03 & 0.04 & 0.06 & 0.10 & 1.00 & \\ 0.01 & 0.02 & 0.02 & 0.02 & 0.02 & 0.03 & 0.04 & 0.06 & 0.10 & 1.00 \end{pmatrix}$$

$$z^{(r)} = (136080.70, 155627.28, 176825.50, 206136.29, 235873.07,$$
$$259580.68, 282540.20, 303481.85, 307094.77)$$

$$B = \begin{pmatrix} 4.14 \times 10^{10} & -3.04 \times 10^5 & 2.24 \\ 7.70 \times 10^{10} & -4.95 \times 10^5 & 3.18 \\ 1.25 \times 10^{11} & -7.09 \times 10^5 & 4.01 \\ 2.03 \times 10^{11} & -9.83 \times 10^5 & 4.77 \\ 3.05 \times 10^{11} & -1.29 \times 10^6 & 5.48 \\ 4.14 \times 10^{11} & -1.60 \times 10^6 & 6.15 \\ 5.24 \times 10^{11} & -1.92 \times 10^6 & 6.79 \\ 6.81 \times 10^{11} & -2.25 \times 10^6 & 7.40 \\ 7.53 \times 10^{11} & -2.45 \times 10^6 & 7.99 \end{pmatrix}, \quad Y = \begin{pmatrix} 24808.42 \\ 14284.76 \\ 28111.68 \\ 30509.88 \\ 28963.69 \\ 18451.54 \\ 27467.50 \\ 14415.81 \\ -7189.99 \end{pmatrix}$$

步骤 4: 通过最小二乘法得到 $a = -0.094, b = -2.96 \times 10^{-07}, c = -376.27$, 故模型为

$$\frac{dx^{(0.1)}}{dt^{1.69}} - 0.094x^{(0.1)} = -2.96 \times 10^{-7}(x^{(r)})^2 - 376.27$$

步骤 5: 然后计算得到 $p = 158477.99, q = 23842244910.69$.

步骤 6: 由于 $q > 0$ 代入定理 5.4 中的情形 (1) 中, 得到 2006—2015 年的估计值和 2016—2023 年的预测值

$$X^{(r)} = (123676.48, 138865.69, 161138.22, 188979.77, 219482.87,$$

$$248581.81, 272593.93, 289808.32, 300692.50, 306882.96,$$

$$310109.26, 311672.15, 312382.76, 312687.91, 312812.18,$$

$$312860.29, 312878.03, 312884.27)$$

步骤 7: 通过 $x^{(0)} = A_{18 \times 18}^{-1}\hat{x}^{(r)}$ 还原得到表 5.8 中的拟合值、测试值以及表 5.9 中预测值, 其中 $A_{18 \times 18}^{-1}$ 是 0.1 阶累减矩阵.

步骤 8: 计算拟合和测试效果评价指标, 结果见表 5.8.

表 5.8 是各模型对水泥产量的拟合和测试结果. 图 5.13 对应的水泥产量各评价指标的误差柱状图. 从中可以看出 FDFGRM 模型的拟合误差指标 MAPE, MAE, RMSE, NMSE 都是最低的, 其中 MAPE 为 2%, 显著低于其他模型. 紧接着 ANN 的拟合效果也比较好. 从测试结果来看 FDFGRM 模型的各项指标都是最低的. 而 GM(1, 1), 灰色 Verhulst 模型 MAPE 为 25.59%, 35.43%, 都大于 20%. 这主要是因为 GM(1, 1) 和灰色 Verhulst 都是基于整数阶累加和整数阶导数的灰色模型, 不能很好地弱化序列随机性, 只适用于简单的、小样本数据. 图 5.14 是拟合误差的箱线图. APE 是绝对百分比误差. 箱线图能够反映各模型的误差的分布以及离散程度. 从中可以看出 FDFGRM 的 APE 中位数最低, 而且

四分位距也最小. 灰色 Verhulst 的中位数最高, 而且四分位距最大. 故可以看出 FDFGRM 模型拟合误差和测试误差以及稳定性都优于其他模型.

表 5.8　不同模型对水泥产量的拟合及检验效果

年份	实际值	FDFGRM $\beta = 1.69, r = 0.100$	SVR	ANN	灰色 Verhulst	GM(1, 1)
2006	123676.5	123676.5	—	—	123676.5	123676.5
2007	136117.2	126498.0	—	—	54759.5	146219.1
2008	142355.7	141686.2	167276.4	152184.6	76532.6	157269.2
2009	164397.8	163092.2	172291.2	163257.5	104532.8	169154.7
2010	188191.1	186820.5	180391.1	174319.6	138382.8	181938.5
2011	209925.9	208674.4	194331.9	197649.4	175803.8	195688.6
2012	220984.0	225277.7	207983.0	221682.5	212021.1	210478.0
2013	241923.9	235405.9	217003.2	241073.8	240227.0	226385.1
2014	249207.0	239934.7	224582.2	246611.4	253673.3	243494.4
2015	235918.8	240687.3	230176.8	233113.2	248706.7	261896.9
MAPE/%		2.00	7.80	2.96	19.71	5.54
MAE		3906.88	15562.11	5508.36	31889.02	10799.77
RMSE		5174.56	17380.98	7556.92	42950.51	12838.25
NMSE		0.00	0.01	0.00	0.16	0.00
MdAPE/%		1.37	6.66	1.12	10.84	5.59
2016	241031.0	239373.5	228961.4	230863.4	226709.2	281690.2
2017	233084.1	237161.9	224999.9	239412.9	193341.9	302979.3
2018	223609.6	234703.3	222601.3	241107.0	155738.7	325877.5
2019	235012.1	232301.6	221126.0	235785.1	119782.1	350506.3
MAPE/%		2.14	3.71	3.77	25.59	35.43
MAE		4884.85	8761.99	8691.70	59291.22	82079.14
RMSE		6119.47	10060.64	10608.84	70123.05	87086.39
NMSE		0.00	0.00	0.00	0.16	0.10
MdAPE/%		1.45	4.24	3.47	23.70	37.86

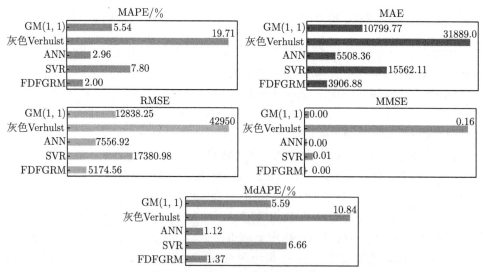

图 5.13　水泥产量拟合误差柱状图

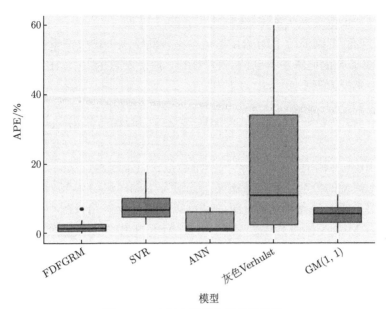

图 5.14　水泥产量拟合误差箱线图

图 5.15 中显示了各模型对水泥产量的拟合和测试情况. 从中可以得到 FDF-GRM 模型的拟合部分和测试部分都表现很好, 并显示未来 4 年, 水泥产量会缓慢下降的趋势. 表 5.9 显示了到 2023 年水泥产量为 224480.01 万吨.

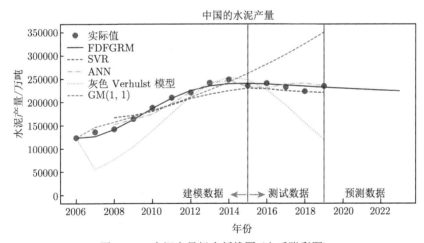

图 5.15　水泥产量拟合折线图 (文后附彩图)

表 5.9　水泥产量趋势预测

年份	2020	2021	2022	2023
水泥产量/万吨	230070.2	228032.5	226176.6	224480.01

例 5.2　中国天然气产量趋势预测: 凸向上数据

同样, 我们可以使用 FDFGRM 模型来预测中国天然气产量的未来趋势. 多目标量子粒子群优化算法得到的 FDFGRM 最优参数为 $\beta = 1.196, r = 0.129$. FDFGRM 模型如下:

$$\frac{dx^{(0.129)}}{dt^{1.196}} + 0.204 x^{(0.129)} = 5.853 (x^{(0.129)})^2 + 241.38$$

表 5.10 是各模型对中国天然气产量的拟合结果和测试结果. 从中可以看出, FDFGRM 模型的拟合误差和预测误差分别为 1.40% 和 2.21%, 都显著小于其他模型. 而且从拟合误差柱状图 (图 5.16), 以及拟合误差箱线图 (图 5.17) 可以看出, FDFGRM 模型的拟合误差最低, 而且 APE 的中位数和四分位距也最低, 故 FDFGRM 模型能够很好地应用于天然气产量的预测. 此外从图 5.18 的天然气产量拟合折线图可以看出, 天然气产量从 2006 年至 2019 年一直是不断增长的态势. FDFGRM 模型能够很好地拟合天然气增长曲线, 并预计未来 4 年天然气产量会快速增长. 表 5.11 显示 2023 年天然气产量为 2594.9 亿立方米.

表 5.10　不同模型对天然气产量的拟合及检验效果

年份	实际值	FDFGRM $\beta = 1.196, r = 0.129$	SVR	ANN	GM Verhulst	GM(1, 1)
2006	585.5	585.5	—	—	585.5	585.5
2007	692.4	678.8	—	—	249.4	740.1
2008	803.0	783.9	937.6	778.0	346.4	801.0
2009	852.7	881.2	980.8	877.5	472.5	866.8
2010	957.9	969.7	1017.2	960.6	628.5	938.0
2011	1053.4	1050.9	1054.1	1023.4	808.9	1015.1
2012	1106.1	1127.1	1103.2	1117.2	997.8	1098.5
2013	1208.6	1200.5	1138.5	1192.0	1168.4	1188.7
2014	1301.6	1273.0	1173.0	1255.8	1287.7	1286.4
2015	1346.1	1347.0	1211.5	1347.2	1327.7	1392.1
MAPE/%		1.40	8.00	1.89	23.86	2.14
MAE		13.40	82.36	19.64	203.43	21.07
RMSE		16.83	98.49	24.09	270.44	26.73
MMSE		0.00	0.01	0.00	0.25	0.00
MdAPE/%		1.56	8.03	2.11	16.50	1.65
2016	1368.7	1424.7	1234.1	1417.9	1278.1	1506.5
2017	1480.4	1509.1	1222.2	1467.3	1151.6	1630.3
2018	1601.6	1604.0	1201.4	1526.5	977.3	1764.3
2019	1761.7	1714.7	1195.1	1575.0	788.2	1909.2
MAPE/%		2.21	21.10	4.94	30.77	9.68
MAE		33.56	339.88	81.03	504.28	149.49
RMSE		39.33	376.16	103.81	602.87	149.76
MMSE		0.00	0.07	0.00	0.25	0.01
MdAPE/%		2.31	21.21	4.14	30.59	10.10

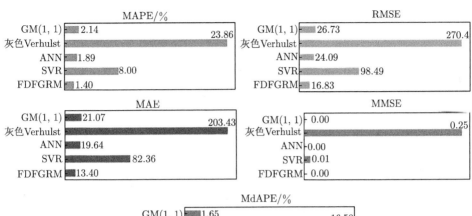

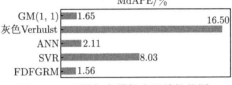

图 5.16　天然气产量拟合误差柱状图

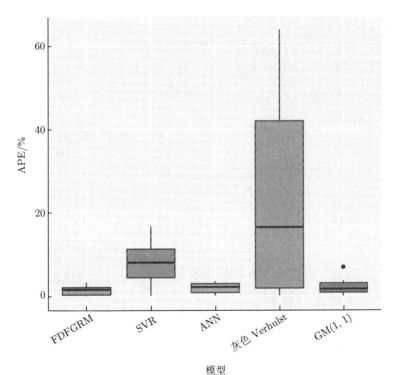

图 5.17　天然气产量拟合误差箱线图

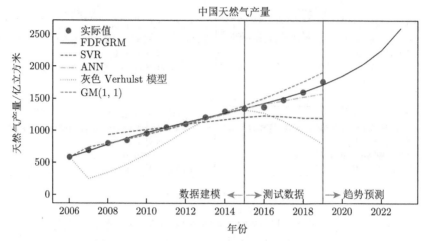

图 5.18　天然气产量拟合折线图 (文后附彩图)

表 5.11　天然气产量趋势预测

年份	2020	2021	2022	2023
天然气产量/亿立方米	1849.2	2020.9	2253.6	2594.9

例 5.3　中国原铝生产趋势预测: 波动性增加数据

为了预测未来中国原铝产量的趋势, 我们通过多目标 QPSO 算法得到 FDF-GRM 的最优参数 $\beta = 0.636, r = 1.497$. FDFGRM 模型如下:

$$\frac{dx^{(1.497)}}{dt^{0.636}} - 0.0864x^{(1.497)} = -3.524 \times 10^{-6}(x^{(1.497)})^2 + 1584.821$$

表 5.12 是各模型对原铝产量的拟合结果和测试结果. 同样我们可以看出 FDFGRM 的拟合误差和测试误差都是最低的. ANN 和 GM(1, 1) 模型的 MAPE 的拟合误差可以接受, 但是从测试误差来看, 测试结果分别为 18.08%, 30.77%, 都大于 10%. 这可以看出 ANN 模型如果没有大样本训练, 有时候会出现过拟合现象. 而 GM(1, 1) 只适用于简单的小样本, 线性数据的预测. 另外从拟合误差柱状图 (图 5.19) 和拟合误差箱线图 (图 5.20) 也可以看出 FDFGRM 的拟合误差最低, 而且 APE 的离散程度也最低.

图 5.21 是原铝产量的拟合折线图, 从中可以看出, 原铝产量近些年产量增速不断降, 且有下降趋势. FDFGRM 模型能够很好地拟合原铝产量曲线, 测试结果也表现良好. 预计未来产量可能会有出现快速下降的趋势. 表 5.13 显示到达 2023 年原铝产量会降至 2280.78 万吨.

表 5.12 不同模型对原铝产量的拟合及效果检验

年份	实际值	FDFGRM $\beta=0.636, r=1.497$	SVR	ANN	灰色 Verhulst	GM(1, 1)
2006	926.57	926.57	—	—	926.57	926.57
2007	1233.97	1228.10	—	—	380.85	1136.64
2008	1316.54	1176.17	1491.46	1356.44	528.59	1294.97
2009	1288.61	1360.21	1602.71	1538.57	725.35	1475.36
2010	1577.13	1607.20	1618.41	1551.66	979.94	1680.87
2011	1961.39	1892.07	1725.00	1746.79	1296.39	1915.01
2012	2314.14	2201.11	2014.13	2137.08	1668.20	2181.77
2013	2543.81	2520.08	2352.89	2543.19	2071.80	2485.70
2014	2885.79	2831.54	2605.33	2848.66	2462.57	2831.95
2015	3141.00	3114.65	2826.90	3185.16	2778.86	3226.44
MAPE/%		3.07	11.56	5.67	31.71	4.56
MAE		53.46	231.52	98.61	536.98	78.55
RMSE		68.96	247.64	134.84	584.39	94.25
NMSE		0.002	0.016	0.007	0.338	0.004
MdAPE/%		1.89	11.03	2.32	30.91	2.54
2016	3264.53	3346.23	2995.78	2796.12	2957.79	3675.89
2017	3328.96	3502.92	3001.23	2699.69	2958.74	4187.94
2018	3683.10	3564.30	2978.27	2864.93	2781.48	4771.32
2019	3504.40	3516.14	2972.55	2913.08	2466.29	5435.97
MAPE/%		2.82	13.10	18.08	18.66	30.77
MAE		96.55	458.29	626.79	654.17	1072.53
RMSE		113.12	489.72	639.23	728.31	1206.47
NMSE		0.00	0.02	0.04	0.06	0.08
MdAPE/%		2.86	12.51	17.89	17.80	27.67

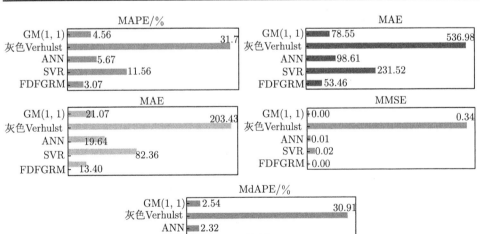

图 5.19 原铝产量拟合误差柱状图

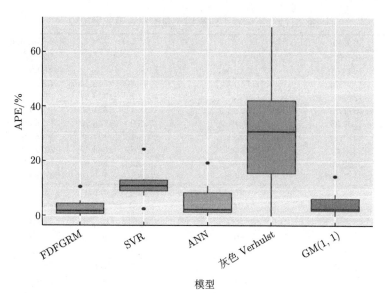

图 5.20　原铝产量拟合误差箱线图

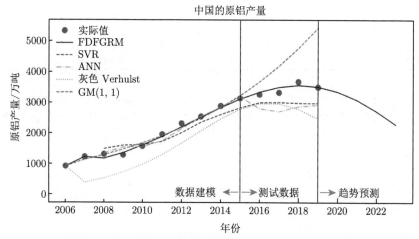

图 5.21　原铝产量拟合折线图 (文后附彩图)

表 5.13　原铝产量趋势预测

年份	2020	2021	2022	2023
原铝生产/万吨	3353.28	3081.19	2715.69	2280.78

本节主要工作和结论如下:

(1) 建立了分形导数分数阶累加灰色 Riccati 模型. 通过将分形导数和分数阶累加引入灰色 Riccati 模型, 我们建立了分形导数的分数阶累加灰色 Riccati 模型.

然后, 得到模型的解析解, 讨论了模型与现有灰色模型的关系.

(2) 采用多目标 QPSO 算法选取 FDFGRM 的参数. 以平均绝对百分比误差和标准差为目标函数, 通过 QPSO 优化 FDFGRM 的分形导数和分数累加阶数.

(3) 模型的有效性. 以 2006—2019 年中国水泥、天然气、原铝产量为例, 验证 FDFGRM 模型, 预测其未来趋势. 结果表明, 与现有的 GM(1, 1)、灰色 Verhulst、ANN 和 SVR 模型相比, 新模型在拟合和测试效果上均表现良好. 可以得出结论, FDFGRM 可以通过使用不同的导数阶数和不同的累加阶数对具有不同趋势的原始数据获得更好的预测效果.

在现有研究的基础上, 我们未来对 FDFGRM 的理论和应用研究主要有两个方面:

(1) 将分形导数分数累加灰色 Riccati 模型推广到分数分形导数灰色 Riccati 模型, 研究分数分形导数灰色 Riccati 模型的解析解.

(2) 研究了不同参数对分数阶分形导数灰色 Riccati 模型求解的影响并讨论其实际应用范围.

参 考 文 献

[1] 边国俐. 基于灰色 AHP 方法的服务外包产业竞争力评价模型. 统计与决策, 2017(19): 49-52.

[2] 邴其春, 龚勃文, 林赐云, 等. 基于粒子群优化投影寻踪回归模型的短时交通流预测. 中南大学学报 (自然科学版), 2016(12): 4277-4282.

[3] 曾波, 刘思峰, 白云, 等. 基于灰色系统建模技术的人体疾病早预测预警研究. 中国管理科学, 2020(1): 144-152.

[4] 曾波, 刘思峰, 曲学鑫. 一种强兼容性的灰色通用预测模型及其性质研究. 中国管理科学, 2017(5): 150-156.

[5] 曾波, 孟伟. 基于灰色理论的小样本振荡序列区间预测建模方法. 控制与决策, 2016(7): 1311-1316.

[6] 曾祥艳, 王旻燕, 何芳丽, 等. 基于 GM(0, N) 模型的三元区间数序列预测. 控制与决策, 2020(9): 2269-2276.

[7] 陈顶, 方志耕, 刘思峰. 可修排队系统备件灰色生灭预测模型. 系统工程理论与实践, 2020(5): 1326-1338.

[8] 陈顶, 方志耕, 刘思峰. 基于灰色生灭过程的可修部件备件需求预测模型. 系统工程与电子技术, 2017(12): 2709-2715.

[9] 陈芳, 孙亚腾. 弱化缓冲算子修正的民航不安全事件离散灰色预测. 安全与环境学报, 2017(3): 1022-1025.

[10] 陈彦晖, 甘爱平. 灰色波形预测模型的改进及应用. 统计与决策, 2016(6): 75-78.

[11] 陈彦晖, 刘斌. 基于广义等高线的灰色波形预测模型及其应用. 中国管理科学, 2017(8): 134-139.

[12] 陈志霞, 徐杰. 基于 TOPSIS 与灰色关联分析的城市幸福指数评价. 统计与决策, 2021(9): 59-62.

[13] 程恋军, 仲维清. 阶段型分数阶累加 GM(1, 1) 模型在煤矿安全事故预测中的应用. 统计与决策, 2016(4): 88-90.

[14] 程毛林, 韩云. 基于可变生成系数的灰色模型 GM(1, 1) 及其应用. 统计与决策, 2020(4): 15-1.

[15] 褚鹏宇, 刘澜. 基于变权重组合模型的铁路客运量短期预测. 计算机工程与应用, 2017(4): 228-232.

[16] 崔杰, 刘思峰, 马红燕. 含有时间幂次项的灰色预测模型病态特性. 控制与决策, 2016(5): 953-956.

[17] 崔杰, 马红燕, 赵磊. 含有时间幂次项的新 GM 模型建模参数特性研究. 统计与决策, 2016(4): 75-77.

[18] 党耀国, 冯宇, 丁松, 等. 基于核和灰度的区间灰数型灰色聚类模型. 控制与决策,

2017(10): 1844-1848.

[19] 党耀国, 刘震, 叶璟. 无偏非齐次灰色预测模型的直接建模法. 控制与决策, 2017(5): 823-828.

[20] 党耀国, 尚中举, 王俊杰, 等. 基于面板数据的灰色指标关联模型构建及其应用. 控制与决策, 2019(5): 1077-1084.

[21] 党耀国, 魏龙, 丁松. 基于驱动信息控制项的灰色多变量离散时滞模型及其应用. 控制与决策, 2017(9): 1672-1680.

[22] 党耀国, 叶璟. 基于残差思想的区间灰数预测优化模型. 控制与决策, 2018(6): 1147-1152.

[23] 党耀国, 朱晓月, 丁松, 等. 基于灰关联度的面板数据聚类方法及在空气污染分析中的应用. 控制与决策, 2017(12): 2227-2232.

[24] 邓丽, 陈波, 余隋怀. 基于层次灰色关联分析的舱室内环境 HRA 评价. 计算机工程与应用, 2016(1): 260-265.

[25] 丁龙, 胡斌, 常珊, 等. 基于灰色市场可追溯的 RFID 技术策略与窜货行为的博弈研究. 中国管理科学, 2021(2): 78-88.

[26] 董秀成, 郭杰. 应对突发事件的动态多目标应急决策模型. 统计与决策, 2016(3): 43-46.

[27] 杜康, 袁宏俊, 郑亚男. 基于三角模糊数及 GIOWA 算子的区间型组合预测模型. 统计与决策, 2019(16): 22-28.

[28] 段辉明, 吴雨, 龙杰. 数据信息对灰色 GM(1, 1) 模型的影响. 统计与决策, 2021(5): 54-59.

[29] 高普梅, 湛军. 基于扰动信息的连续区间灰数灰色预测模型. 系统工程与电子技术, 2019(11): 2533-2540.

[30] 贡文伟, 黄晶. 基于灰色理论与指数平滑法的需求预测综合模型. 统计与决策, 2017(1): 72-76.

[31] 顾民民. 对 GM 灰色模型及理论的分析. 计算机工程与应用, 2016(6): 1-7.

[32] 郭金海, 李军亮, 杨雪, 等. 低渗透油井产能预测的灰建模. 控制与决策, 2019(11): 2498-2504.

[33] 韩敏, 张瑞全, 许美玲. 一种基于改进灰色关联分析的变量选择算法. 控制与决策, 2017(9): 1647-1652.

[34] 何刚, 吴文青, 夏杰. 基于 Simpson 公式的灰色神经网络在 GDP 预测中的应用. 统计与决策, 2020(2): 43-47.

[35] 贺利军, 李文锋, 张煜. 基于灰色综合关联分析的多目标优化方法. 控制与决策, 2020(5): 1134-1142.

[36] 洪定军, 马永开, 倪得兵. 授权分销商与灰色市场投机者的 Stackelberg 竞争分析. 系统工程理论与实践, 2016(12): 3069-3078.

[37] 蒋诗泉, 刘思峰, 刘中侠, 等. 三次时变参数离散灰色预测模型及其性质. 控制与决策, 2016(2): 279-286.

[38] 蒋诗泉, 刘思峰, 刘中侠, 等. 信息分解下区间灰数的关联一致性决策模型. 控制与决策, 2017(11): 2107-2112.

[39] 蒋诗泉, 刘思峰, 刘中侠, 等. 灰色面板数据的关联决策评价模型拓展. 统计与决策,

2018(21): 68-71.

[40] 蒋忠中, 赵金龙, 弋泽龙, 等. 灰色市场下考虑非对称信息的制造商质量披露及定价策略. 系统工程理论与实践, 2020(7): 1735-1751.

[41] 蒋子涵, 方志耕, 张秦, 等. 多源异构灰数据背景下的贝叶斯迭代优化控制图模型. 控制与决策, 2018(7): 1287-1294.

[42] 金玉石. 基于灰色关联模型的省域技术创新能力测度. 统计与决策, 2019(4): 59-62.

[43] 靳文博, 伍鸿飞, 肖荣鸽, 等. 改进 GM(1, 1) 模型在管道结蜡厚度预测中的应用研究. 安全与环境学报, 2021(2): 627-632.

[44] 康宁, 荆科. 基于最小一乘的灰色预测系列模型. 系统工程, 2016(8): 149-153.

[45] 亢玉晓, 肖新平. 灰色 GM(1, 1) 派生模型病态性的差异分析. 系统工程理论与实践, 2019(10): 2610-2618.

[46] 李树良, 曾波, 孟伟. 基于克莱姆法则的无偏区间灰数预测模型及其应用. 控制与决策, 2018(12): 2258-2262.

[47] 李望晨, 王培承, 王在翔, 等. 三维立体测度视角下动态综合评价集结模型的比较. 统计与决策, 2018(18): 90-94.

[48] 李卫忠, 李志鹏, 江洋, 等. 混沌海豚群优化灰色神经网络的空中目标威胁评估. 控制与决策, 2018(11): 1997-2003.

[49] 李兴国. 基于灰关联分析的犹豫模糊多属性决策模型构建与统计检验. 统计与决策, 2019(24): 33-37.

[50] 李勇. 线性回归模型参数的灰色估计理论及应用. 统计与决策, 2017(15): 67-70.

[51] 刘超, 郝丹辉. 我国金融监管系统运行状态评价——基于协同论和 GM 模型的方法. 系统工程, 2018(2): 29-38.

[52] 刘慧敏, 徐方远, 刘宝举, 等. 基于 CNN-LSTM 的岩爆危险等级时序预测方法. 中南大学学报 (自然科学版), 2021(3): 659-670.

[53] 刘解放, 刘思峰, 吴利丰, 等. 分数阶反向累加离散灰色模型及其应用研究. 系统工程与电子技术, 2016(3): 719-724.

[54] 刘解放, 刘思峰, 吴利丰, 等. 分数阶反向累加 NHGM(1, 1, k) 模型及其应用研究. 系统工程理论与实践, 2016(4): 1033-1041.

[55] 刘思峰, 张红阳, 杨英杰. "最大值准则" 决策悖论及其求解模型. 系统工程理论与实践, 2018(7): 1830-1835.

[56] 刘松, 李平. 灰色预测中缓冲算子的组合性质及应用. 控制与决策, 2016(10): 1798-1802.

[57] 刘勇, Jeffrey F, 熊晓旋, 等. 基于优势灰度的变精度粗糙集模型及应用. 中国管理科学, 2017(2): 180-182.

[58] 刘震, 党耀国, 谢玉梅. 基于空间向量的多元灰色关联模型及其应用. 统计与决策, 2019(21): 13-17.

[59] 刘中侠, 刘思峰, 方志耕. 基于核与灰度的灰色综合关联贴近度决策模型. 控制与决策, 2017(8): 1475-1480.

[60] 卢阳. 基于灰色线性回归组合模型的金融预测方法. 统计与决策, 2017(10): 91-93.

[61] 鲁锦涛, 任利成, 戎丹, 等. 基于灰色-物元模型的煤矿瓦斯爆炸风险评估. 中国安全科学

学报, 2021(2): 99-105.

[62] 陆剑锋, 党耀国, 丁松. 初始条件自适应优化的 ANGM(1, 1) 模型及其应用. 系统工程理论与实践, 2020(10): 2728-2736.

[63] Huang N E, Wu Z. A review on Hilbert-Huang transform: Method and its applications to geophysical studies. Rev. Geophys., 2008. DOI:10.1029/2007 RG 000228.

[64] 罗党, 王小雷. 耦合三角函数的灰色 GM(1, 1, T) 模型及其应用. 系统工程理论与实践, 2020(7): 1906-1917.

[65] 罗党, 王小雷, 孙德才, 等. 含时间周期项的离散灰色 DGM(1, 1, T) 模型及其应用. 系统工程理论与实践, 2020(10): 2737-2746.

[66] Mirjalili S, Lewis A. The wahle optimization algorith. Adoances in Engineering Software, 2016, 95: 51-67.

[67] 罗党, 韦保磊. 灰色 GMP(1, 1, N) 模型及其在冰凌灾害风险预测中的应用. 系统工程理论与实践, 2017(11): 2929-2937.

[68] 罗党, 韦保磊, 李海涛, 等. 灰色区间预测模型及其性质. 控制与决策, 2016(12): 2293-2298.

[69] 罗党, 叶莉莉, 韦保磊, 等. 面板数据的灰色矩阵关联模型及在旱灾脆弱性风险中的应用. 控制与决策, 2018(11): 2051-2056.

[70] 罗党, 张曼曼. 基于面板数据的灰色 B 型关联模型及其应用. 控制与决策, 2020(6): 1476-1482.

[71] 罗佑新. 分数阶累加多变量灰色模型 FMGM(1, n) 及应用. 中南大学学报 (自然科学版), 2017(10): 2686-2690.

[72] 骆正山, 袁宏伟. 基于误差补偿的 GM-RBF 海底管道腐蚀预测模型. 中国安全科学学报, 2018(3): 96-101.

[73] 吕康娟, 胡颖. 灰色量子粒子群优化通用向量机的中国行业间碳排放转移网络预测研究. 中国管理科学, 2020(8): 196-208.

[74] 孟伟, 曾波. 基于互逆分数阶算子的离散灰色模型及阶数优化. 控制与决策, 2016(10): 1903-1907.

[75] 聂媛媛, 方志耕, 刘思峰, 等. 基于节点修复的低轨卫星网络动态抗毁性模型. 控制与决策, 2020(5): 1247-1252.

[76] 潘平国, 陈勇明, 谢海英. 灰色 H-凸关联度模型研究. 统计与决策, 2016(9): 31-34.

[77] 潘振兴, 韩峰. 基于熵权灰色关联法的新疆铁路网扩张规律研究. 铁道运输与经济, 2021(3): 16-24.

[78] 裴兴旺, 赵向东, 周崇刚, 等. 基于灰色欧几里得的全钢型附着升降脚手架安全性评价. 安全与环境学报, 2020(2): 405-415.

[79] 皮子坤, 贾宝山, 李宗翔. 基于 SPSS 的采煤工作面瓦斯涌出量预测模型研究. 计算机工程与应用, 2016(15): 228-232.

[80] 钱丽丽, 刘思峰, 邓桂丰. 考虑后悔规避的灰色群体偏离靶心度决策方法. 中国管理科学, 2020(6): 193-200.

[81] 钱丽丽, 刘思峰, 方志耕, 等. 基于后悔理论的灰色随机多准则决策方法. 控制与决策, 2017(6): 1069-1074.

[82] 钱丽丽, 刘思峰, 谢乃明. 基于熵权和区间灰数信息的灰色聚类模型. 系统工程与电子技术, 2016(2): 352-356.

[83] 申健民, 党耀国, 周伟杰, 等. 基于指数函数的灰色动态多属性关联决策模型. 控制与决策, 2016(8): 1441-1445.

[84] 史俊伟, 陈章良, 吴昌友, 等. 基于 GRA-SPA 耦合模型的煤矿充填系统稳定性评判. 中国安全科学学报, 2018(4): 97-102.

[85] 史俊伟, 孟祥瑞, 吴昌友, 等. GRA-SPA 熵权决策模型在冲击地压风险评价中的应用. 中国安全科学学报, 2018(6): 173-178.

[86] 宋捷, 姚天祥, 徐宁, 等. 重复灰色群决策问题研究. 统计与决策, 2016(3): 23-26.

[87] 宋肖苗, 杨剑锋, 陈良超, 等. 多层次灰色综合评价法在储罐失效概率评估中的应用. 中国安全科学学报, 2018(11): 156-161.

[88] 粟婷, 魏勇. 二阶非齐次序列的直接离散模型及灰色预测应用. 系统工程理论与实践, 2020(9): 2450-2465.

[89] 孙丽芹, 常安定, 位龙虎, 等. 基于 GM(1, 1)——逐步回归模型的用水量预测. 统计与决策, 2016(20): 95-97.

[90] 孙瑞山, 张贯超, 高路平. 民航事故征候的改进关联度分析和三角模糊数预测模型. 安全与环境学报, 2019(5): 1662-1668.

[91] 孙幸荣, 张春. 基于 GM(1, 1) 模型的我国人口发展趋势分析. 统计与决策, 2016(23): 104-106.

[92] 孙云柯, 方志耕, 陈顶. 基于动态灰色主成分分析的多时刻威胁评估. 系统工程与电子技术, 2021(3): 740-746.

[93] 谭峰, 殷国富, 殷勤, 等. 基于 GM-LS-SVM 层级模型的数控机床热误差建模. 中南大学学报 (自然科学版), 2016(12): 4028-4034.

[94] 汤占军, 刘萍兰, 蒋鹏程, 等. 基于动力学与混合核函数 LS-SVM 的厌氧发酵产气量预测模型研究. 安全与环境学报, 2020(1): 277-282.

[95] 唐李伟, 鲁亚运. 基于级差格式的 GM(2, 1) 模型参数估计优化研究. 系统工程理论与实践, 2018(2): 502-508.

[96] 唐少虎, 刘小明, 朱伟, 等. 基于多学科设计优化的路网交通分布式协同控制. 控制与决策, 2019(9): 1867-1875.

[97] 唐伟勤, 邹丽, 郭其云, 等. 应急初期物资调度的灰色多目标规划模型. 中国安全科学学报, 2016(4): 155-160.

[98] 唐鑫, 杨建军, 严聪, 等. HPM 武器电子毁伤效能评估方法. 系统工程与电子技术, 2016(10): 2317-2323.

[99] 陶良彦, 刘思峰, 方志耕, 等. GERT 网络的矩阵式表达及求解模型. 系统工程与电子技术, 2017(6): 1292-1297.

[100] 童明余, 周孝华, 曾波. 灰色 NGM 模型背景值优化方法. 控制与决策, 2017(3): 507-514.

[101] 童明余, 周孝华, 曾波. 灰色 NGM(1, 1, k) 模型背景值优化方法. 控制与决策, 2017(3): 507-514.

[102] 王鹏. 机车运用效率的灰色多层次综合评价研究. 铁道运输与经济, 2016(2): 6-11.

[103] 王双川, 贾希胜, 胡起伟, 等. 基于正态灰云模型的装备维修保障系统效能评估. 系统工

程与电子技术, 2019(7): 1576-1582.

[104] 王玮琳, 张海龙. 旅游景区安全事故灰色预测及关联度分析. 安全与环境学报, 2018(6): 2115-2119.

[105] 王文博, 陈红, 韦凌翔. 交通事故时间序列预测模型研究. 中国安全科学学报, 2016(6): 52-56.

[106] 王霞. 基于时间度的风险型动态灰色多属决策方法. 计算机工程与应用, 2019(2): 44-49.

[107] 王阳, 唐朝晖, 王紫勋, 等. 选用改进高斯过程回归模型的碳排放短预测. 计算机工程与应用, 2018(23): 246-251.

[108] 王义保, 杨婷惠, 王世达. 基于组合赋权和灰色关联的城市公共安全感评价. 统计与决策, 2019(18): 45-50.

[109] 王云刚, 周辰, 李辉, 等. 基于熵权灰色关联法的煤与瓦斯突出主控因素分析. 安全与环境学报, 2016(6): 5-9.

[110] 王正新. 具有交互效应的多变量 GM(1, N) 模型. 控制与决策, 2017(3): 515-520.

[111] 韦保磊, 谢乃明. 广义灰色关联分析模型的统一表述及性质. 系统工程理论与实践, 2019(1): 226-235.

[112] 吴鸿华, 屈忠锋. 基于面板数据的灰色曲率关联模型. 控制与决策, 2020(5): 1072-1076.

[113] 吴华稳. 基于无偏灰色残差理论的铁路客运量预测研究. 铁道运输与经济, 2019(5): 121-126.

[114] 吴利丰, 于亮, 文朝霞. 预测复杂装备研制费用的 GM(0, N) 模型. 中国管理科学, 2019(7): 203-207.

[115] 吴文泽, 张涛. GM(1, 1) 模型的改进及应用. 统计与决策, 2019(9): 15-18.

[116] 吴紫恒, 吴仲城, 李芳, 等. 改进的含时间幂次项灰色模型及建模机理. 控制与决策, 2019(3): 637-641.

[117] 奚之飞, 徐安, 寇英信, 等. 基于灰主成分的空战目标威胁评估. 系统工程与电子技术, 2021(1): 147-155.

[118] 熊萍萍, 袁玮莹, 叶琳琳, 等. 灰色 MGM(1, m, N) 模型的构建及其在雾霾预测中的应用. 系统工程理论与实践, 2020(3): 771-782.

[119] 杨孝良, 周猛, 曾波. 灰色预测模型背景值构造的新方法. 统计与决策, 2018(19): 14-18.

[120] 杨洋, 薛定宇. 灰参数电路的控制问题及系统状态仿真分析. 控制与决策, 2017(4): 593-599.

[121] 余鹏, 马珩, 李瑞雪, 等. 面向横截面数据的级差最大化灰色指标关联决策模型. 统计与决策, 2020(8): 160-164.

[122] 袁周, 方志耕. 灰色主成分评价模型的构建及其应用. 系统工程理论与实践, 2016(8): 2086-2090.

[123] 詹棠森, 荣喜民. 基于扰动因子的 GM(1, N) 模型数值算法. 统计与决策, 2019(12): 27-30.

[124] 詹欣隆, 张超勇, 孟磊磊, 等. 基于改进引力搜索算法的铣削加工参数低碳建模及优化. 中国机械工程, 2020(12): 1481-1491.

[125] 张闯, 彭振斌, 彭文祥. 优化的灰色离散 Verhulst 模型在基坑沉降预测中的应用. 中南大

学学报 (自然科学版), 2017(11): 3030-3036.

[126] 张和平, 解晓龙. 基于灰色关联度的组合优化模型研究. 统计与决策, 2019(9): 19-23.

[127] 张军涛, 李尚生, 王旭坤. 基于灰色关联-模糊综合评判的雷达抗干扰性能评估方法. 系统工程与电子技术, 2021(6): 1557-1563.

[128] 张侃, 刘宝平, 黄栋. 基于 EGA 算法的小样本非线性残差灰色 Verhulst 计量组合预测模型. 系统工程理论与实践, 2017(10): 2630-2639.

[129] 张侃, 刘宝平, 黄栋. 精英遗传改进的非线性灰色神经网络算子与军费开支多目标组合预测应用. 系统工程与电子技术, 2018(5): 1070-1078.

[130] 张可, 马成文, 丰景春, 等. 基于离散灰色模型的农村水环境政策减排效应及其空间分异性研究. 中国管理科学, 2017(5): 157-166.

[131] 张可, 殷要, 丰景春, 等. 几类多元灰色关联模型性质的度量. 统计与决策, 2019(19): 5-9.

[132] 张可, 钟秋萍, 曲品品, 等. 基于网络搜索信息的农村水环境质量灰色预测模型. 中国管理科学, 2020(6): 222-230.

[133] 张文杰, 袁红平. 基于多目标加权灰靶决策模型的节能服务公司选择研究. 中国管理科学, 2019(2): 179-186.

[134] 赵又群, 金颖智, 季林. 基于灰色预测的驾驶员-汽车系统侧翻预测. 中国机械工程, 2018(9): 1009-1016.

[135] 周飞, 吕一清, 石琳娜. 改进粒子群算法优化灰色神经网络预测模型及其应用. 统计与决策, 2017(11): 66-70.

[136] 周伟杰, 党耀国. 灰色广义 Verhulst 模型的构建及其应用. 系统工程理论与实践, 2020(1): 230-239.

[137] 周伟杰, 张宏如, 党耀国, 等. 新息优先累加灰色离散模型的构建及应用. 中国管理科学, 2017(8): 140-148.

[138] 朱明, 王志荣, 梁华, 等. 基于 GM(1, 1) 的残差修正模型的电梯故障率预测. 安全与环境学报, 2017(5): 1701-1704.

[139] 邹国焱, 魏勇. 广义离散灰色预测模型及其应用. 系统工程理论与实践, 2020(3): 736-747.

[140] Cao Y, Yin K D, Li X M, et al. Forecasting CO_2 emissions from Chinese marine fleets using multivariable trend interaction grey model. Applied Soft Computing, 2021, 104: 107220.

[141] Carmona-Benítez R B, Nieto M. SARIMA damp trend grey forecasting model for airline industry. Journal of Air Transport Management, 2020, 82: 101736.

[142] Ceylan Z. Short-term prediction of COVID-19 spread using grey rolling model optimized by particle swarm optimization. Applied Soft Computing, 2021, 109: 107592.

[143] Chang C, Chen C, Dai W, et al. A new grey prediction model considering the data gap compensation. Grey Systems-Theory and Application, 2021, 11(4): 650-663.

[144] Chang Y M, Shu C M, You M L. Explosion prevention and weighting analysis on the inerting effect of methane via grey entropy model. Journal of Loss Prevention in the Process Industries, 2021, 71: 104385.

[145] Chen H B, Pei L L, Zhao Y F. Forecasting seasonal variations in electricity con-

sumption and electricity usage efficiency of industrial sectors using a grey modeling approach. Energy, 2021, 222: 119952.

[146] Chen H Y, Lee C H. Electricity consumption prediction for buildings using multiple adaptive network-based fuzzy inference system models and gray relational analysis. Energy Reports, 2019, 5: 1509-1524.

[147] Chen J K, Wu Z P. A positive real order weakening buffer operator and its applications in grey prediction model. Applied Soft Computing, 2021, 99: 106922.

[148] Chen L, An J J, Wang H M, et al. Remaining useful life prediction for lithium-ion battery by combining an improved particle filter with sliding-window gray model. Energy Reports, 2020, 6: 2086-2093.

[149] Chen W L, Wang X L, Wang J J, et al. Dynamic interpretation of the factors causing dam deformation with hybrid grey dynamic incidence model. Engineering Structures, 2021, 242: 112482.

[150] Chen X X, Yi Z, Zhou Y Y, et al. Artificial neural network modeling and optimization of the Solid Oxide Fuel Cell parameters using grey wolf optimizer. Energy Reports, 2021, 7: 3449-3459.

[151] Yan C, Wu L F, Liu L Y, et al. Fractional Hausdorff grey model and its properties. Chaos, Solitons & Fractals, 2020, 138: 109915.

[152] Chen Y, Wang J L. Ecological security early-warning in central Yunnan province, China, based on the gray model. Ecological Indicators, 2020, 111: 106000.

[153] Chiu Y J, Hu Y C, Jiang P, et al. A multivariate grey prediction model using neural networks with application to carbon dioxide emissions forecasting. Mathematical Problems in Engineering, 2020, 2020: 8829948.

[154] Comert G, Begashaw N, Huynh N. Improved grey system models for predicting traffic parameters. Expert Systems with Applications, 2021, 177: 114972.

[155] Ding S, Li R J, Wu S, et al. Application of a novel structure-adaptative grey model with adjustable time power item for nuclear energy consumption forecasting. Applied Energy, 2021, 298: 117114.

[156] Ding S, Li R J, Wu S. A novel composite forecasting framework by adaptive data preprocessing and optimized nonlinear grey Bernoulli model for new energy vehicles sales. Communications in Nonlinear Science and Numerical Simulation, 2021, 99: 105847.

[157] Ding S, Xu N, Ye J, et al. Estimating Chinese energy-related CO_2 emissions by employing a novel discrete grey prediction model. Journal of Cleaner Production, 2020, 259: 120793.

[158] Ding S, Li R J, Tao Z. A novel adaptive discrete grey model with time-varying parameters for long-term photovoltaic power generation forecasting. Energy Conversion and Management, 2021, 227: 113644.

[159] Ding S, Li R J. Forecasting the sales and stock of electric vehicles using a novel self-adaptive optimized grey model. Engineering Applications of Artificial Intelligence,

2021, 100: 104148.

[160] Du J L, Liu S F, Liu Y. A novel grey multi-criteria three-way decisions model and its application. Computers & Industrial Engineering, 2021, 158: 107405.

[161] Duan H M, Luo X L. A novel multivariable grey prediction model and its application in forecasting coal consumption. ISA Transactions, 2022, 120(1): 110-127.

[162] Duan H M, Pang X Y. A multivariate grey prediction model based on energy logistic equation and its application in energy prediction in China. Energy, 2021, 229: 120716.

[163] Duan H M, Wang D, Pang X Y, et al. A novel forecasting approach based on multi-kernel nonlinear multivariable grey model: A case report. Journal of Cleaner Production, 2020, 260: 120929.

[164] Duan H M, Xiao X P, Long J, et al. Tensor alternating least squares grey model and its application to short-term traffic flows. Applied Soft Computing, 2020, 89: 106145.

[165] Duman G, Kongar E, Gupta S. Estimation of electronic waste using optimized multivariate grey models. Waste Management, 2019, 95: 241-249.

[166] Fan M X, Gu S S, Jin Y S, et al. Big data-based grey forecast mathematical model to evaluate the effect of Escherichia coli infection on patients with lupus nephritis. Results in Physics, 2021, 26: 104339.

[167] Feng J C, Huang H A, Yin Y, et al. Comprehensive security risk factor identification for small reservoirs with heterogeneous data based on grey relational analysis model. Water Science and Engineering, 2019, 12(4): 330-338.

[168] Feng Y X, Lin Y J, Li C Z, et al. Integration of RT-qPCR analysis and grey situation decision-making model for evaluating the effects of plant growth regulators on the gene expression in rice seedlings under thiocyanate exposure. Science of the Total Environment, 2021, 783: 146805.

[169] Fernandes C S, Fraga G C, França F H R, et al. Radiative transfer calculations in fire simulations: An assessment of different gray gas models using the software FDS. Fire Safety Journal, 2021, 120: 103103.

[170] Gao M Y, Yang H L, Xiao Q Z, et al. A novel fractional grey Riccati model for carbon emission prediction[J]. Journal of Cleaner Production, 2021, 282: 124271.

[171] Garg C. Modeling the e-waste mitigation strategies using grey-theory and DEMATEL framework. Journal of Cleaner Production, 2021, 281: 124035.

[172] Gatabazi P, Mba J C, Pindza E. Modeling cryptocurrencies transaction counts using variable-order fractional grey Lotka-Volterra dynamical system. Chaos, Solitons & Fractals, 2019, 127: 283-290.

[173] Gatabazi P, Mba J C, Pindza E, et al. Grey Lotka-Volterra models with application to cryptocurrencies adoption. Chaos, Solitons & Fractals, 2019, 122: 47-57.

[174] Govindan K, Ramalingam S, Broumi S. Traffic volume prediction using intuitionistic fuzzy Grey-Markov model. Neural Computing & Applications. 2021, 3: 12905-12920.

[175] Guefano S, Tamba J, Azong T, et al. Forecast of electricity consumption in the Cameroonian residential sector by grey and vector autoregressive models. Energy,

2021, 214: 118791.

[176] Guefano S, Tamba J, Azong T, et al. Methodology for forecasting electricity consumption by grey and vector autoregressive models. MethodsX, 2021, 8: 101296.

[177] Guo H, Deng S X, Yang J B, et al. Analysis and prediction of industrial energy conservation in underdeveloped regions of China using a data pre-processing grey model. Energy Policy, 2020, 139: 111244.

[178] Han X H, Chang J. A hybrid prediction model based on improved multivariable grey model for long-term electricity consumption. Electrical Engineering, 2021, 103(2): 1031-1043.

[179] Hossain M, Zhang T, Ardakanian O. Identifying grey-box thermal models with Bayesian neural networks. Energy and Buildings, 2021, 238: 110836.

[180] Hu Y C. Constructing grey prediction models using grey relational analysis and neural networks for magnesium material demand forecasting. Applied Soft Computing, 2020, 93: 106398.

[181] Hu Y C, Jiang P, Tsai J F, et al. An optimized fractional grey prediction model for carbon dioxide emissions forecasting. International Journal of Environmental Research and Public Health, 2021, 18(2): 587.

[182] Hu Y, Ma X, Li W P, et al. Forecasting manufacturing industrial natural gas consumption of China using a novel time-delayed fractional grey model with multiple fractional order. Computational and Applied Mathematics, 2020, 39(4):263.

[183] Hu Z B, Gao C, Su Q H. A novel evolutionary algorithm based on even difference grey model. Expert Systems with Applications, 2021, 176: 114898.

[184] Huang H L, Tao Z F, Liu J P, et al. Exploiting fractional accumulation and background value optimization in multivariate interval grey prediction model and its application. Engineering Applications of Artificial Intelligence, 2021, 104: 104360.

[185] Huang L Q, Liao Q, Zhang H R, et al. Forecasting power consumption with an activation function combined grey model: A case study of China. International Journal of Electrical Power & Energy Systems, 2021, 130: 106977.

[186] Ikram M, Sroufe R, Zhang Q Y, et al. Assessment and prediction of environmental sustainability: Novel grey models comparative analysis of China vs. the USA. Environmental Science and Pollution Research, 2021, 28(14): 17891-17912.

[187] Islam M, Ali S, Fathollahi-Fard A, et al. A novel particle swarm optimization-based grey model for the prediction of warehouse performance. Journal of Computational Design and Engineering, 2021, 8(2): 705-727.

[188] Javed S, Zhu B Z, Liu S F. Forecast of biofuel production and consumption in top CO_2 emitting countries using a novel grey model. Journal of Cleaner Production, 2020, 276: 123997.

[189] Jia Z Q, Zhou Z F, Zhang H J, et al. Forecast of coal consumption in Gansu province based on Grey-Markov chain model. Energy, 2020, 199: 117444.

[190] Kiran M, Shanmugam P, Mishra A, et al. A multivariate discrete grey model for

estimating the waste from mobile phones, televisions, and personal computers in India. Journal of Cleaner Production, 2021, 293: 126185.

[191] Kang Y X, Mao S H, Zhang Y H, et al. Fractional derivative multivariable grey model for nonstationary sequence and its application. Journal of Systems Engineering and Electronics, 2020, 31(5): 1011-1020.

[192] Kang Y X, Mao S H, Zhang Y H. Variable order fractional grey model and its application. Applied Mathematical Modelling, 2021, 97: 619-635.

[193] Lao T F, Chen X T, Zhu J N. The optimized multivariate grey prediction model based on dynamic background value and its application. Complexity, 2021. DOI: https//doi.org/10.1155/2021/6663773.

[194] Lee P C, Long D B, Ye B, et al. Dynamic BIM component recommendation method based on probabilistic matrix factorization and grey model. Advanced Engineering Informatics, 2020, 43: 101024.

[195] Lei D J, Wu K L, Zhang L P, et al. Neural ordinary differential grey model and its applications. Expert Systems with Applications, 2021, 177: 114923.

[196] Li B, Wu Q, Zhang W P, et al. Water resources security evaluation model based on grey relational analysis and analytic network process: A case study of Guizhou province. Journal of Water Process Engineering, 2020, 37: 101429.

[197] Li N L, Yang H, Zhu W J, et al. A novel grey decision-DE optimized internal model controller for vibration control of nonlinear uncertain aeroelastic blade system. ISA Transactions, 2020, 107: 27-39.

[198] Li N, Wang J L, Wu L F, et al. Predicting monthly natural gas production in China using a novel grey seasonal model with particle swarm optimization. Energy, 2021, 215: 119118.

[199] Li S H, Zhu L, Wu Y, et al. A novel grey multivariate model for forecasting landslide displacement. Engineering Applications of Artificial Intelligence, 2021, 103: 104297.

[200] Li S H, Wu N. A new grey prediction model and its application in landslide displacement prediction. Chaos, Solitons & Fractals, 2021, 147: 110969.

[201] Li S J, Miao Y Z, Li G Y, et al. A novel varistructure grey forecasting model with speed adaptation and its application. Mathematics and Computers in Simulation, 2020, 172: 45-70.

[202] Li X C, Mba D, Okoroigwe E, et al. Remaining service life prediction based on gray model and empirical Bayesian with applications to compressors and pumps. Quality and Reliability Engineering International, 2021, 37(2): 681-693.

[203] Li Y, Ding Y P, Jing Y Q, et al. Development of a direct NGM(1, 1) prediction model based on interval grey numbers. Grey Systems-Theory and Application, 2021, 12(1): 60-77.

[204] Liu C, Wu W Z, Xie W L, et al. Application of a novel fractional grey prediction model with time power term to predict the electricity consumption of India and China. Chaos, Solitons & Fractals, 2020, 141: 110429.

[205] Liu C Y, Wang Y, Hu X M, et al. Application of ga-bp neural network optimized by grey verhulst model around settlement prediction of foundation pit. Geofluids, 2021, 2021: 5595277.

[206] Liu D, Li M X, Ji Y, et al. Spatial-temporal characteristics analysis of water resource system resilience in irrigation areas based on a support vector machine model optimized by the modified gray wolf algorithm. Journal of Hydrology, 2021, 597: 125758.

[207] Liu D, Qi X C, Qiang F, et al. A resilience evaluation method for a combined regional agricultural water and soil resource system based on Weighted Mahalanobis distance and a Gray-TOPSIS model. Journal of Cleaner Production, 2019, 229: 667-679.

[208] Liu H B, Dong Y J, Wang F Z. Gas outburst prediction model using improved entropy weight grey correlation analysis and ipso-lssvm. Mathematical Problems in Engineering, 2020, 2020: 8863425.

[209] Li H T, Xu F J, Wan F R. Prediction and analysis of the temperature of british seas in the next 50 years based on the grey model. Journal of Coastal Research, 2020, 111: 7-15.

[210] Liu H P, Cai J. A robust gray-box modeling methodology for variable-speed direct-expansion systems with limited training data. International Journal of Refrigeration, 2021, 129: 128-138.

[211] Liu H, Song W Q, Zio E. Metabolism and difference iterative forecasting model based on long-range dependent and grey for gearbox reliability. ISA Transactions. 2022, 122: 486-500.

[212] Liu L Y, Wu L F. Forecasting the renewable energy consumption of the European countries by an adjacent non-homogeneous grey model. Applied Mathematical Modelling, 2021, 89: 1932-1948.

[213] Liu L Y, Chen Y, Wu L F. The damping accumulated grey model and its application. Communications in Nonlinear Science and Numerical Simulation, 2021, 95: 105665.

[214] Liu X M, Xie N M. A nonlinear grey forecasting model with double shape parameters and its application. Applied Mathematics and Computation, 2019, 360: 203-212.

[215] Liu X, Wang N. A novel gray wolf optimizer with RNA crossover operation for tackling the non-parametric modeling problem of FCC process. Knowledge-Based Systems, 2021, 216: 106751.

[216] Lo H W, Hsu C C, Chen B C, et al. Building a grey-based multi-criteria decision-making model for offshore wind farm site selection. Sustainable Energy Technologies and Assessments, 2021, 43: 100935.

[217] Lu H F, Ma X, Huang K, et al. Prediction of offshore wind farm power using a novel two-stage model combining kernel-based nonlinear extension of the Arps decline model with a multi-objective grey wolf optimizer. Renewable and Sustainable Energy Reviews, 2020, 127: 109856.

[218] Luo D, Ye L L, Sun D C. Risk evaluation of agricultural drought disaster using a grey

cloud clustering model in Henan province, China. International Journal of Disaster Risk Reduction, 2020, 49: 101759.

[219] Luo X L, Duan H M, Xu K. A novel grey model based on traditional Richards model and its application in COVID-19. Chaos, Solitons & Fractals, 2021, 142: 110480.

[220] Luo X L, Duan H M, He L. A novel Riccati equation grey model and its application in forecasting clean energy. Energy, 2020, 205: 118085.

[221] Lv Y, Liu T T, Ma J, et al. Study on settlement prediction model of deep foundation pit in sand and pebble strata based on grey theory and BP neural network. Arabian Journal of Geosciences, 2020, 13(23): 1238.

[222] Ma X, Xie M, Suykens J. A novel neural grey system model with Bayesian regularization and its applications. Neurocomputing, 2021, 456: 61-75.

[223] Ma X, Mei X, Wu W Q, et al. A novel fractional time delayed grey model with Grey Wolf Optimizer and its applications in forecasting the natural gas and coal consumption in Chongqing China. Energy, 2019, 178: 487-507.

[224] Ma X, Wu W Q, Zeng B, et al. The conformable fractional grey system model. ISA Transactions, 2020, 96: 255-271.

[225] Ma X, Xie M, Wu W Q, et al. The novel fractional discrete multivariate grey system model and its applications. Applied Mathematical Modelling, 2019, 70: 402-424.

[226] Malek M, Izem N, Mohamed M, et al. Numerical solution of Rosseland model for transient thermal radiation in non-grey optically thick media using enriched basis functions. Mathematics and Computers in Simulation, 2021, 180: 258-275.

[227] Mao S H, Gao M Y, Xiao X P, et al. A novel fractional grey system model and its application. Applied Mathematical Modelling, 2016, 40(7/8): 5063-5076.

[228] Mao S H, Zhu M, Yan X P, et al. Modeling mechanism of a novel fractional grey model based on matrix analysis. Journal of Systems Engineering and Electronics, 2016, 27(5): 1040-1053.

[229] Mao S H, Kang Y X, Zhang Y H, et al. Fractional grey model based on non-singular exponential kernel and its application in the prediction of electronic waste precious metal content. ISA Transactions, 2020, 107: 12-26.

[230] Mao S H, Zhu M, Wang X P, et al. Grey-Lotka-Volterra model for the competition and cooperation between third-party online payment systems and online banking in China. Applied Soft Computing, 2020, 95: 106501.

[231] Mao S H, Zhang Y H, Kang Y X, et al. Coopetition analysis in industry upgrade and urban expansion basedon fractional derivative gray Lotka-volterra model. Soft Computing, 2021, 25: 11485-11507.

[232] Moonchai S, Chutsagulprom N. Short-term forecasting of renewable energy consumption: Augmentation of a modified grey model with a Kalman filter. Applied Soft Computing, 2020, 87: 105994.

[233] Norouzi N, Fani M. Black gold falls, black plague arise-an Opec crude oil price forecast using a gray prediction model. Upstream Oil and Gas Technology, 2020, 5: 100015.

[234] Oleśków-Szłapka J, Wojciechowski H, Domański R, et al. Logistics 4.0 maturity levels assessed based on GDM (grey decision model) and artificial intelligence in logistics 4.0-trends and future perspective. Procedia Manufacturing, 2019, 39: 1734-1742.

[235] Qiao Z G, Meng X M, Wu L F. Forecasting carbon dioxide emissions in APEC member countries by a new cumulative grey model. Ecological Indicators, 2021, 125: 107593.

[236] Rajesh R, Agariya A, Rajendran C. Predicting resilience in retailing using grey theory and moving probability based Markov models. Journal of Retailing and Consumer Services, 2021, 62: 102599.

[237] Rajesh R. A grey-layered ANP based decision support model for analyzing strategies of resilience in electronic supply chains. Engineering Applications of Artificial Intelligence, 2020, 87: 103338.

[238] Ren X Q, Zhang H M, Hu R H, et al. Location of electric vehicle charging stations: A perspective using the grey decision-making model. Energy, 2019, 173: 548-553.

[239] Sahin U. Future of renewable energy consumption in France, Germany, Italy, Spain, Turkey and UK by 2030 using optimized fractional nonlinear grey Bernoulli model. Sustainable Production and Consumption, 2021, 25: 1-14.

[240] Sahin U. Forecasting of Turkey's greenhouse gas emissions using linear and nonlinear rolling metabolic grey model based on optimization. Journal of Cleaner Production, 2019, 239: 118079.

[241] Sahin U, Sahin T. Forecasting the cumulative number of confirmed cases of COVID-19 in Italy, UK and USA using fractional nonlinear grey Bernoulli model. Chaos, Solitons & Fractals, 2020, 138: 109948.

[242] Sahin U. Projections of Turkey's electricity generation and installed capacity from total renewable and hydro energy using fractional nonlinear grey Bernoulli model and its reduced forms. Sustainable Production and Consumption, 2020, 23: 52-62.

[243] Sun J H, Li H, Zeng B, et al. Parameter optimization on the three-parameter whitenization grey model and its application in simulation and prediction of gross enrollment rate of higher education in China. Complexity, 2020: 6640000.

[244] Sun J, Dang Y G, Zhu X Y, et al. A grey spatiotemporal incidence model with application to factors causing air pollution. Science of the Total Environment, 2021, 759: 143576.

[245] Tan Q K, Tang W, Wu P, et al. Comprehensive evaluation model of wind farm site selection based on ideal matter element and grey clustering. Journal of Cleaner Production, 2020, 272: 122658.

[246] Tang L W, Lu Y Y, Study of the grey Verhulst model based on the weighted least square method. Physica A: Statistical Mechanics and Its Applications, 2020, 545: 123615.

[247] Tian R Q, Shao Q L, Wu F L. Four-dimensional evaluation and forecasting of marine carrying capacity in China: Empirical analysis based on the entropy method and grey Verhulst model. Marine Pollution Bulletin, 2020, 160: 111675.

[248] Tong M Y, Shao K L, Luo X L. Application of a fractional grey prediction model based on a filtering algorithm in image processing. Mathematical Problems in Engineering, 2020, 2020: 4170804.

[249] Tong M Y, Zou Y, Liu C. Research on a grey prediction model of population growth based on a logistic approach. Discrete Dynamics in Nature and Society, 2020, 2020: 2416840.

[250] Wan J W, Guo J J, Li P F, et al. Non-gray chemical composition based radiative property model of fly ash particles. Proceedings of the Combustion Institute, 2021, 38(3): 4281-4290.

[251] Wang A, Gao X D. A grey model-least squares support vector machine method for time series prediction. Tehnicki Vjesnik-Technical Gazette, 2020, 27(4): 1126-1133.

[252] Wang C R, Cao Y. Forecasting Chinese economic growth, energy consumption, and urbanization using two novel grey multivariable forecasting models. Journal of Cleaner Production, 2021, 299: 126863.

[253] Wang J L, Li N. Influencing factors and future trends of natural gas demand in the eastern, central and western areas of China based on the grey model. Natural Gas Industry B, 2020, 7(5): 473-483.

[254] Wang J Z, Du P. Quarterly PM2.5 prediction using a novel seasonal grey model and its further application in health effects and economic loss assessment: Evidences from Shanghai and Tianjin, China. Natural Hazards, 2021, 107(1): 889-909.

[255] Wang J J, Jia Y F. Analysis on bifurcation and stability of a generalized Gray-Scott chemical reaction model. Physica A: Statistical Mechanics and Its Applications, 2019, 528: 121394.

[256] Wang L, Xie Y X, Wang X Y, et al. Meteorological sequence prediction based on multivariate space-time auto regression model and fractional calculus grey model. Chaos, Solitons & Fractals, 2019, 128: 203-209.

[257] Wang Q, Song X X. Forecasting China's oil consumption: A comparison of novel nonlinear-dynamic grey model (GM), linear GM, nonlinear GM and metabolism GM. Energy, 2019, 183: 160-171.

[258] Wang X K, Dong Z C, Wang W Z, et al. Stochastic grey water footprint model based on uncertainty analysis theory. Ecological Indicators, 2021, 124: 107444.

[259] Wang X, Fang H, Fang S R. An integrated approach for exploitation block selection of shale gas—based on cloud model and grey relational analysis. Resources Policy, 2020, 68: 101797.

[260] Wang Y, Nie R, Ma X, et al. A novel Hausdorff fractional NGMC(p, n) grey prediction model with Grey Wolf optimizer and its applications in forecasting energy production and conversion of China. Applied Mathematical Modelling, 2021, 97: 381-397.

[261] Wang Z C, Wu X, Wang H F. Prediction and analysis of domestic water consumption based on optimized grey and Markov model. Water Supply. 2021, 21(7): 3887-3889.

[262] Wang Z X, Jv Y Q. A non-linear systematic grey model for forecasting the industrial

economy-energy-environment system. Technological Forecasting and Social Change, 2021, 167: 120707.

[263] Wang Z X, Jv Y Q. A novel grey prediction model based on quantile regression. Communications in Nonlinear Science and Numerical Simulation, 2021, 95: 105617.

[264] Wei B L, Xie N M, Yang J. Understanding cumulative sum operator in grey prediction model with integral matching. Communications in Nonlinear Science and Numerical Simulation, 2020, 82: 105076.

[265] Wei B L, Xie N M. Parameter estimation for grey system models: A nonlinear least squares perspective. Communications in Nonlinear Science and Numerical Simulation, 2021, 95: 105653.

[266] Wei B L, Xie N M. On unified framework for discrete-time grey models: Extensions and applications. ISA Transactions, 2020, 107: 1-11.

[267] Wei B L, Xie N M, Yang Y J. Data-based structure selection for unified discrete grey prediction model. Expert Systems with Applications, 2019, 136: 264-275.

[268] Wu B, Li L, Xie L, et al. A novel generalized grey model and its application for ouliers detection of pose estimation. Optik, 2021, 231: 166416.

[269] Wu L F, Gao X H, Xiao Y L, et al. Using a novel multi-variable grey model to forecast the electricity consumption of Shandong Province in China. Energy, 2018, 157: 327-335.

[270] Wu L F, Zhang Z Y. Grey multivariable convolution model with new information priority accumulation. Applied Mathematical Modelling, 2018, 62: 595-604.

[271] Wu L F, Liu S F, Yao L G, et al. Grey system model with the fractional order accumulation. Communications in Nonlinear Science and Numerical Simulation, 2013, 18(7): 1775-1785.

[272] Wu L F, Liu S F, Wang Y N. Grey Lotka-Volterra model and its application. Technological Forecasting and Social Change, 2012, 79(9): 1720-1730.

[273] Wu L F, Liu S F, Cui W, et al. Non-homogenous discrete grey model with fractional-order accumulation. Neural Computing and Applications, 2014, 25(5): 1215-1221.

[274] Wu L Z, Li S H, Huang R Q, et al. A new grey prediction model and its application to predicting landslide displacement. Applied Soft Computing, 2020, 95: 106543.

[275] Wu W Q, Ma X, Zeng B, et al. A novel Grey Bernoulli model for short-term natural gas consumption forecasting. Applied Mathematical Modelling, 2020, 84: 393-404.

[276] Wu W Q, Ma X, Zhang Y Y, et al. A novel conformable fractional non-homogeneous grey model for forecasting carbon dioxide emissions of BRICS countries. Science of the Total Environment, 2020, 707: 135447.

[277] Wu W Q, Ma X, Zeng B, et al. Forecasting short-term renewable energy consumption of China using a novel fractional nonlinear grey Bernoulli model. Renewable Energy, 2019, 140: 70-87.

[278] Wu W Q, Ma X, Wang Y, et al. Predicting China's energy consumption using a novel grey Riccati model. Applied Soft Computing, 2020, 95: 106555.

[279] Wu W Q, Ma X, Zeng B, et al. Application of the novel fractional grey model FAGMO(1, 1, k) to predict China's nuclear energy consumption. Energy, 2018, 165: 223-234.

[280] Wu W Z, Pang H D, Zheng C L, et al. Predictive analysis of quarterly electricity consumption via a novel seasonal fractional nonhomogeneous discrete grey model: A case of Hubei in China. Energy, 2021, 229: 120714.

[281] Xia J, Ma X, Wu W Q, et al. Application of a new information priority accumulated grey model with time power to predict short-term wind turbine capacity. Journal of Cleaner Production, 2020, 244: 118573.

[282] Xiang X W, Ma X, Fang Y Z, et al. A novel hyperbolic time-delayed grey model with Grasshopper Optimization Algorithm and its applications. Ain Shams Engineering Journal, 2021, 12(1): 865-874.

[283] Xiao Q Z, Shan M Y, Gao M Y, et al. Parameter optimization for nonlinear grey Bernoulli model on biomass energy consumption prediction. Applied Soft Computing, 2020, 95: 106538.

[284] Xiao Q Z, Gao M Y, Xiao X P, et al. A novel grey Riccati-Bernoulli model and its application for the clean energy consumption prediction. Engineering Applications of Artificial Intelligence, 2020, 95: 103863.

[285] Xiao X P, Duan H M, Wen J H. A novel car-following inertia gray model and its application in forecasting short-term traffic flow. Applied Mathematical Modelling, 2020, 87: 546-570.

[286] Xiao X P, Duan H M. A new grey model for traffic flow mechanics. Engineering Applications of Artificial Intelligence, 2020, 88: 103350.

[287] Xie M, Wu L F, Li B, et al. A novel hybrid multivariate nonlinear grey model for forecasting the traffic-related emissions. Applied Mathematical Modelling, 2020, 77: 1242-1254.

[288] Xie M, Yan S L, Wu L F, et al. A novel robust reweighted multivariate grey model for forecasting the greenhouse gas emissions. Journal of Cleaner Production, 2021, 292: 126001.

[289] Xie W L, Liu C X, Wu W Z, et al. Continuous grey model with conformable fractional derivative. Chaos, Solitons & Fractals, 2020, 139: 110285.

[290] Xie W L, Wu W Z, Liu C, et al. Forecasting annual electricity consumption in China by employing a conformable fractional grey model in opposite direction. Energy, 2020, 202: 117682.

[291] Xie Z P, Quan B L. Corrosion analysis and studies on prediction model of 16Mn steel by grey system theory. Materials Research Express, 2020, 7(10): 106510.

[292] Xiong P P, Zou X, Yang Y J. The nonlinear time lag multivariable grey prediction model based on interval grey numbers and its application. Natural Hazards. 2021, 107: 2517-2531.

[293] Xiong P P, Huang S, Peng M, et al. Examination and prediction of fog and haze pol-

lution using a Multi-variable grey model based on interval number sequences. Applied Mathematical Modelling, 2020, 77: 1531-1544.

[294] Xiong P P, Yan W J, Wang G Z, et al. Grey extended prediction model based on IRLS and its application on smog pollution. Applied Soft Computing, 2019, 80: 797-809.

[295] Xiong X, Hu X, Guo H. A hybrid optimized grey seasonal variation index model improved by whale optimization algorithm for forecasting the residential electricity consumption. Energy, 2021, 234: 121127.

[296] Xu J J, Zhao X Y, Yu Y, et al. Parametric sensitivity analysis and modelling of mechanical properties of normal- and high-strength recycled aggregate concrete using grey theory, multiple nonlinear regression and artificial neural networks. Construction and Building Materials, 2019, 211: 479-491.

[297] Xu N, Ding S, Gong Y D, et al. Forecasting Chinese greenhouse gas emissions from energy consumption using a novel grey rolling model. Energy, 2019, 175: 218-227.

[298] Xue H J, Xu T H, Nie W F, et al. An enhanced prediction model for BDS ultra-rapid clock offset that combines singular spectrum analysis, robust estimation and gray model. Measurement Science and Technology, 2021, 32(10): 105002.

[299] Yan F, Kang Q, Wang S H, et al. Improved grey water footprint model of noncarcinogenic heavy metals in mine wastewater. Journal of Cleaner Production, 2021, 284: 125340.

[300] Yang X, He Z H, Dong S K, et al. Evaluation of the non-gray weighted sum of gray gases models for radiative heat transfer in realistic non-isothermal and non-homogeneous flames using decoupled and coupled calculations. International Journal of Heat and Mass Transfer, 2019, 134: 226-236.

[301] Yang X Y, Fang Z G, Yang Y J, et al. A novel multi-information fusion grey model and its application in wear trend prediction of wind turbines. Applied Mathematical Modelling, 2019, 71: 543-557.

[302] Yang X Y, Fang Z G, Li X C, et al. Similarity-based information fusion grey model for remaining useful life prediction of aircraft engines. Grey Systems-Theory and Application, 2020, 11(3): 463-483.

[303] Yang Y K, Du Q Y, Wang C L, et al. Research on the method of methane emission prediction using improved grey radial basis function neural network model. Energies, 2020, 13(22): 6112.

[304] Yasar M, Ozen G, Selçuk N, et al. Assessment of improved banded model for spectral thermal radiation in presence of non-gray particles in fluidized bed combustors. Applied Thermal Engineering, 2020, 176: 115322.

[305] Ye J, Dang Y G, Ding S, et al. A novel energy consumption forecasting model combining an optimized DGM (1, 1) model with interval grey numbers. Journal of Cleaner Production, 2019, 229: 256-267.

[306] Ye L L, Xie N M, Hu A. A novel time-delay multivariate grey model for impact analysis of CO_2 emissions from China's transportation sectors. Applied Mathematical

Modelling, 2021, 91: 493-507.

[307] Yin B A, Wang R, Qi S B, et al. Prediction model of dissolved oxygen in marine pasture based on hybrid gray wolf algorithm optimized support vector regression. Desalination and Water Treatment, 2021, 222: 156-167.

[308] Yu L, Ma X, Wu W Q, et al. Application of a novel time-delayed power-driven grey model to forecast photovoltaic power generation in the Asia-Pacific region. Sustainable Energy Technologies and Assessments, 2021, 44: 100968.

[309] Yu Y, Huang M, Duan T, et al. Enhancing satellite clock bias prediction accuracy in the case of jumps with an improved grey model. Mathematical Problems in Engineering, 2020, 2020: 8186568.

[310] Zeng B, Zhou W H, Zhou M. Forecasting the concentration of sulfur dioxide in Beijing using a novel grey interval model with oscillation sequence. Journal of Cleaner Production, 2021, 311: 127500.

[311] Zeng B, Duan H M, Zhou Y F. A new multivariable grey prediction model with structure compatibility. Applied Mathematical Modelling, 2019, 75: 385-397.

[312] Zeng B, Ma X, Zhou M. A new-structure grey Verhulst model for China's tight gas production forecasting. Applied Soft Computing, 2020, 96: 106600.

[313] Zeng B, Tong M Y, Ma X. A new-structure grey Verhulst model: Development and performance comparison. Applied Mathematical Modelling, 2020, 81: 522-537.

[314] Zeng B, Zhou M, Liu X Z, et al. Application of a new grey prediction model and grey average weakening buffer operator to forecast China's shale gas output. Energy Reports, 2020, 6: 1608-1618.

[315] Zeng B, Li H, Ma X. A novel multi-variable grey forecasting model and its application in forecasting the grain production in China. Computers & Industrial Engineering, 2020, 150: 106915.

[316] Zeng B, Li H. Prediction of coalbed methane production in China based on an optimized grey system model. Energy & Fuels, 2021, 35(5): 4333-4344.

[317] Zeng L. Forecasting the primary energy consumption using a time delay grey model with fractional order accumulation. Mathematical and Computer Modelling of Dynamical Systems, 2021, 27:1, 31-49.

[318] Zeng X Y, Yan S L, He F L, et al. Multi-variable grey model based on dynamic background algorithm for forecasting the interval sequence. Applied Mathematical Modelling, 2020, 80: 99-114.

[319] Zeng X Y, Shu L, Yan S L, et al. A novel multivariate grey model for forecasting the sequence of ternary interval numbers. Applied Mathematical Modelling, 2019, 69: 273-286.

[320] Zhang J B, Li S, Zhai J H. Grey prediction model for drying shrinkage of cement concrete made from recycled coarse aggregate containing superabsorbent polymers. Mathematical Problems in Engineering, 2021, 2021: 6662238.

[321] Zhang W, Xiao R, Shi B, et al. Forecasting slope deformation field using correlated

grey model updated with time correction factor and background value optimization. Engineering Geology, 2019, 260: 105215.

[322] Zhang Y H, Mao S H, Kang Y X. Fractal derivative fractional grey Riccati model and its application. Chaos, Solitons & Fractals, 2021, 145: 110778.

[323] Zhang Y H, Mao S H, Kang Y X. A clean energy forecasting model based on artificial intelligence and fractional derivative grey Bernoulli models. Grey Systems: Theory and Application, 2020, 11(4): 571-595.

[324] Zhao B, Ren Y, Gao D K, et al. Energy utilization efficiency evaluation model of refining unit Based on Contourlet neural network optimized by improved grey optimization algorithm. Energy, 2019, 185: 1032-1044.

[325] Zhao H Y, Wu L F. Forecasting the non-renewable energy consumption by an adjacent accumulation grey model. Journal of Cleaner Production, 2020, 275: 124113.

[326] Zhao J, Yao Y, Lai S Y, et al. Clinical immunity and medical cost of COVID-19 patients under grey relational mathematical model. Results in Physics, 2021, 22: 103829.

[327] Zheng B W, Yu K P, Liu S S, et al. Interval model updating using universal grey mathematics and Gaussian process regression model. Mechanical Systems and Signal Processing, 2020, 141: 106455.

[328] Zheng C L, Wu W Z, Xie W L, et al. Forecasting the hydroelectricity consumption of China by using a novel unbiased nonlinear grey Bernoulli model. Journal of Cleaner Production, 2021, 278: 123903.

[329] Zheng C L, Wu W Z, Xie W L, et al. A MFO-based conformable fractional nonhomogeneous grey Bernoulli model for natural gas production and consumption forecasting. Applied Soft Computing, 2021, 99: 106891.

[330] Zheng S, Sui R, Yang Y, et al. An improved full-spectrum correlated-k-distribution model for non-gray radiative heat transfer in combustion gas mixtures. International Communications in Heat and Mass Transfer, 2020, 114: 104566.

[331] Zhou W J, Ding S. A novel discrete grey seasonal model and its applications. Communications in Nonlinear Science and Numerical Simulation, 2021, 93: 105493.

[332] Zhou W J, Wu X L, Ding S, et al. Predictive analysis of the air quality indicators in the Yangtze River Delta in China: An application of a novel seasonal grey model. Science of the Total Environment, 2020, 748: 141428.

[333] Zhu X Y, Dang Y G, Ding S. Using a self-adaptive grey fractional weighted model to forecast Jiangsu's electricity consumption in China. Energy, 2020, 190: 116417.

附录　书中用到的部分 Python 代码

附录 1　分数阶导数灰色 Bernoulli 模型

```python
import math
import numpy as np
import pandas as pd
from scipy.special import comb,gamma
class FDGBM_model:
    def __init__(self):
        self.a=None
        self.b=None
        self.p=None #分数阶导数
        self.m=None #幂指数
        self.r=None #累加生成阶数
        self.x_Ago=None #r阶累加生成序列
        self.ahead=5 #向后预测个数
    #累加生成函数
    def fen_add(self,r,x):
        dim=len(x)
        A=np.mat(np.ones((dim,dim)))
        for i in range(len(x)):
            for j in range(len(x)):
                A[i,j]=float(gamma(i+1-(j+1)+r)/(gamma(r)*gamma(i+1-(j+1)+1)))
        return np.dot(A,x.T),A
    #预估校正算法
    def revise(self,t):
        def adm(t):
            if t==0:
                return self.x_Ago[0]
            else:
                jishu=0
                for i in range(0,t):
                    jishu=jishu+1/self.p*((t-i)**self.p-(t-1-i)**self.p)*\
                        (-self.a*self.x_Ago[i]+self.b*(self.x_Ago[i]\
                        **self.m))
```

```
            return  adm(0)+1/gamma(self.p)*jishu
        if t==0:
            return self.x_Ago[0]
        else:
            jishu=0
            a_0=1/(self.p*(self.p+1))*((t-1)**(self.p+1)-(t-1-self.p)
                *(t-1+1)**self.p)
            for i in range(1,t):
                jishu=jishu+1/(self.p*(self.p+1))*((t-1-i+2)**(self.
                    p+1)+(t-1-i)**(self.p+1)-2*(t-1-i+1)**(self.
                    p+1))*((-self.a*self.x_Ago[i]+self.b*self.
                    x_Ago[i]**self.m))
            jishu=jishu+a_0*((-self.a*adm(0)+self.b*adm(0)**self.m))
        return adm(0)+1/gamma(self.p)*(1/(self.p*(self.p+1))*
            ((-self.a*adm(t)+self.b*adm(t)**self.m))+jishu)

#参数估计
def fit(self,p,r,m):
    self.p=p
    self.m=m
    self.r=r
    self.l=len(x1)
    self.x_Ago=np.array(self.fen_add(r,x1)[0])[0]
    x_fd=self.fen_add(1-p,self.x_Ago)[0]
    Y=np.array([1]*(len(self.x_Ago)-1))
    for i in range(len(self.x_Ago)-1):
        Y[i]=x_fd[0,i+1]-x_fd[0,i]
    B=np.ones((len(self.x_Ago)-1,2))
    for i in range(len(self.x_Ago)-1):
        B[i,0]=-1/2*(self.x_Ago[i]+self.x_Ago[i+1])
        B[i,1]=np.abs((B[i,0]))**self.m
    bata=np.dot(np.dot(np.linalg.inv(np.dot(B.T,B)),B.T),Y.T)
    return bata
#输出拟合和预测结果
def result(self):
    bata=self.fit(self.p,self.r,self.m)
    self.a=bata[0]
    self.b=bata[1]
    self.my_list=np.array([1.0]*(len(self.x_Ago)))
    for i in range(0,len(self.x_Ago)):
```

```
                self.my_list[i]=self.revise(i)
        for i in range(0,len(self.x_Ago)):
                self.my_list[i]=self.revise(i)
        A=self.fen_add(self.r,x1)[1]
        self.my_list1=np.dot(np.linalg.inv(A),self.my_list)
        df = pd.DataFrame({'FDGBM(p,1)':np.array(self.my_list1)[0],
            'Actual':x1})
        return df,(np.mean(np.abs(self.my_list1-x1)/x1))
    def predict_ahead(self):
        for i in range(self.ahead):
                self.x_Ago=np.append(self.x_Ago,self.revise(self.l+i))
                self.my_list=np.append(self.my_list,self.revise(self.l+i))
        A1=self.fen_add(self.r,self.my_list)[1]
        x_pred=np.dot(np.linalg.inv(A1),self.my_list)
        x_pred=np.array(x_pred)[0]
        forecast=x_pred[-self.ahead:]
        return (x_pred[-self.ahead:])
if __name__=="__main__":
    x1=np.array([138.4,141.1,165.2,159.9,172.3,180.4,183.2,179.5,
        185.8,201.55,222,240,260])
    a=FDGBM_model()
    print('模型的参数估计:\n{}'.format(a.fit(0.998,0.23,1.2)))
    print('模型的参数拟合结果:\n{}'.format(a.result()[0]))
    print('模型的参数拟合误差:\n{}'.format(a.result()[1]))
    print('模型的未来预测:\n{}'.format(a.predict_ahead()))
```

附录 2　分形导数分数阶灰色模型

```
import math
import numpy as np
import pandas as pd
import matplotlib.pyplot as plt
from scipy.special import comb,gamma
class FDFGRM:
    def __init__(self):
        self.n=None#数据长度
        self.ahead=4 #验证集数据个数
        self.ahead1=4#未来预测数据个数
        self.h=None #分形导数
        self.r=None #分数阶累加生成阶数
```

```
#分数阶累加生成函数
  def fen_add(self,r,x):
      dim=len(x)
      A=np.mat(np.ones((dim,dim)))
      for i in range(len(x)):
          for j in range(len(x)):
              A[i,j]=float(gamma(i+1-(j+1)+self.r)/(gamma(self.r)*gamma
                  (i+1-(j+1)+1)))
      return np.dot(A,x.T),A
#最小二乘参数估计函数
  def fit(self,h,r):
      self.h=h
      self.r=r
      self.n=len(x_d1)
      x1_r=np.array(self.fen_add(self.r,x_d1)[0])[0]
      A0=self.fen_add(self.r,x_d1)[1]
      Y=x1_r[1:]-x1_r[:-1]
      B=np.ones((self.n-1,3))
      for i in range(1,self.n):
          z=(x1_r[i]+x1_r[i-1])/2
          B[i-1,0]=z**2*self.h*((2*(i+1)-1)/2)**(self.h-1)
          B[i-1,1]=-z*self.h*((2*(i+1)-1)/2)**(self.h-1)
          B[i-1,2]=self.h*((2*(i+1)-1)/2)**(self.h-1)
      beta=np.dot(np.dot(np.linalg.inv(np.dot(B.T,B)),B.T),Y.T)
      return beta
#拟合，测试以及未来预测结果输出
  def result(self):
      beta=self.fit(self.h,self.r)
      b=beta[0]
      a=beta[1]
      c=beta[2]
      p=a/(2*b)
      q=(a**2-4*b*c)/(4*b**2)
      x1_pred=np.array([1.0]*(self.n+self.ahead+self.ahead1))
      if q>0:
          ABS=(x_d1[0]-p-np.sqrt(q))/(x_d1[0]-p+np.sqrt(q))
          C1=1/(2*np.sqrt(q))*np.log(np.abs((x_d1[0]-p-np.sqrt(q))/
              (x_d1[0]-p+np.sqrt(q))))-b
          if ABS<0:
              for t in range(1,self.n+1+self.ahead+self.ahead1):
```

```
                    x1_pred[t-1]=(p+np.sqrt(q)-np.exp(2*np.sqrt(q)*
                             (b*t**self.h+C1))*(np.sqrt(q)-p))/
                             (1+np.exp(2*np.sqrt(q)*(b*t**self.
                             h+C1)))
            else:
                for t in range(1,self.n+1+self.ahead+self.ahead1):
                    x1_pred[t-1]=(p+np.sqrt(q)+np.exp(2*np.sqrt(q)
                             *(b*t**self.h+C1))*(np.sqrt(q)-p))/
                             (1-np.exp(2*np.sqrt(q)*(b*t**self.h
                             +C1)))
        elif q==0:
            C2=1/(x_d1[0]-p)-b
            for t in range(1,self.n+self.ahead+1+self.ahead1):
                x_1pred[t-1]=p-1/(b*t**h+C2)
        else:
            C3=1/np.sqrt(-q)*np.arctan((x_d1[0]-p)/np.sqrt(-q))-b
            for t in range(1,self.n+1+self.ahead+self.ahead1):
                x1_pred[t-1]=np.sqrt(-q)*np.tan(np.sqrt(-q)*(b*t**h+C3))+p
        A=self.fen_add(self.r,x1_pred)[1]
        x_pred=np.array(np.dot(np.linalg.inv(A),x1_pred))[0]
        df=pd.DataFrame()
        df['Actual']=x_d1
        df['Prediction']=x_pred[:-(self.ahead+self.ahead1)]
        df1=pd.DataFrame()
        df1['Actual']=x_t
        df1['Prediction']=x_pred[-(self.ahead+self.ahead1):-self.ahead1]
        return df,df1,x_pred[-(self.ahead1):]
    #拟合误差和测试误差
    def error(self):
        df=result(h,r)[0]
        df1=result(h,r)[1]
        error_11M=(np.mean(np.abs((df['Prediction']-x_d1)/x_d1)))*100
        error_11R=( np.sqrt(np.mean((df['Prediction']-x_d1)**2)))
        error_11A=(np.mean(np.abs(df['Prediction']-x_d1)))
        error_p1M=np.mean(np.abs((df1['Prediction']-x_t)/x_t))*100
        error_p1R=( np.sqrt(np.mean((df1['Prediction']-x_t)**2)))
        error_p1A=(np.mean(np.abs(df1['Prediction']-x_t)))
        return [error_11M,error_11A,error_11R],[error_p1M,error_p1R,error_p1A]


if __name__=="__main__":
```

```
x=np.array([926.57,1233.97,1316.54,1288.61,1577.13,1961.39,2314.14,
    2543.81,2885.79,3141.00,3264.53,3328.96,3683.10,3504.40])
x_d1=x[:-4]
x_t=x[-4:]
a=FDFGRM()
print('模型的参数估计:\n{}'.format(a.fit(0.998,0.2)))
print('模型拟合结果:\n{}'.format(a.result()[0]))
print('模型预测结果:\n{}'.format(a.result()[1]))
print('模型未来预测:\n{}'.format(a.result()[2]))
```

附录 3 两种群分数阶 Lotka-Volterra 模型

```
import math
import numpy as np
import pandas as pd
from scipy.special import comb,gamma
import matplotlib.pyplot as plt


class Two_Lotka:
    def __init__(self):
        self.lag=None #时滞阶数
        self.argument1=None #模型参数
        self.x1_r=None #第一种群累加生成序列
        self.y1_r=None #第二种群累加生成序列
        self.p=None #分数阶导数
        self.r=None #分数阶累加生成阶数
    #分数阶累加生成函数
    def fen_add(self,r,x_d1):
        dim=len(x_d1)
        A=np.mat(np.ones((dim,dim)))
        for i in range(len(x_d1)):
            for j in range(len(x_d1)):
                A[i,j]=float(gamma(i+1-(j+1)+r)/(gamma(r)*gamma(i+1-(j+1)+1)))
        return (np.array(np.dot(A,x_d1))[0]),A
    #参数估计
    def f_Lotka_Volterra(self,x1_r,y1_r,p):
        self.x1_r=x1_r
        self.y1_r=y1_r
        n=len(self.x1_r)
        afa=0.5
```

```
    B=np.ones((n-1-self.lag,3))
    for i in range(self.lag,n-1):
        B[i-self.lag,0]=afa*x1_r[i]+(1-afa)*x1_r[i+1]
        B[i-self.lag,1]=(afa*x1_r[i]+(1-afa)*x1_r[i+1])*(afa*x1_r[i]
                    +(1-afa)*x1_r[i+1])
        B[i-self.lag,2]=(afa*x1_r[i]+(1-afa)*x1_r[i+1])*(afa*y1_r
                    [i-self.lag]+(1-afa)*y1_r[i+1-self.lag])
    X=x1_r[1:]-x1_r[:-1]
    X=(self.fen_add(1-self.p,X)[0])
    X=X[self.lag:]
    beta=np.dot(np.dot(np.linalg.inv(np.dot(B.T,B)),B.T),X)
    return beta,X
def F_Lotka(self,x,y_lag,argument1):
    a1,b1,c1=self.argument1
    return x*(a1+b1*x+c1*y_lag)
def f(self,i):
    return self.F_Lotka(self.x1_r[i+self.lag],self.y1_r[i],self.argument1)
def f_p(self,i):
    return self.F_Lotka( self.x1_r[i+self.lag-1],self.y1_r[i],self.
                    argument1)
#预估校正算法
def x1_revise(self,t):
    if t==0:
        return self.x1_r[0+self.lag]
    else:
        jishu=0
        a_0=1/(self.p*(self.p+1))*((t-1)**(self.p+1)-(t-1-self.p)*
            (t-1+1)**self.p)
        for i in range(1,t):
            jishu=jishu+1/(self.p*(self.p+1))*((t-1-i+2)**(self.
                p+1)+(t-1-i)**(self.p+1)-2*(t-1-i+1)**(self.p
                +1))*(self.f(i))
        jishu=jishu+a_0*(self.f(0))
    return self.x1_r[0+self.lag]+1/gamma(self.p)*(1/(self.p*
            (self.p+1))*(self.f_p(t))+jishu)
#结果输出
def result(self,p,r,lag,x1,y1):
    self.p=p
    self.r=r
    self.lag=lag
```

```
        self.x1_r=self.fen_add(self.r,x1)[0]
        self.y1_r=self.fen_add(self.r,y1)[0]
        self.argument1=self.f_Lotka_Volterra(self.x1_r,self.y1_r,p)[0]
        x1_pred=[]
        for i in range(len(x1)-self.lag+1):
            #x1_pred=np.append(x1_pred,x1_adm(x1[0],i,self.argument1,p))
            x1_pred=np.append(x1_pred,self.x1_revise(i))
        x1_pred=np.append(self.x1_r[:self.lag],x1_pred)
        A=self.fen_add(r,x1_pred)[1]
        x1_pred=np.array(np.dot(np.linalg.inv(A),x1_pred))[0]
        df=pd.DataFrame({'Actual':x1[self.lag:],'pred':x1_pred[self.lag:-1]})
        return df,x1_pred[-1],np.mean(np.abs((df['pred']-
            df['Actual'])/df['Actual']))
if __name__=="__main__":
    x1=np.array([127899.83, 134451.58, 142524.63, 163856.58, 188794.68,
       209797.63,223958.03, 241453.72, 251064.57, 258055.19, 279663.77,
       307520.47,311724.18, 316447.29, 313313.81, 309675.32, 288179.4,
       296424.54,309906.92, 322364.  ])
    y1=np.array([10669.87, 12973.4 , 13752.38, 14442.2 , 17313.05,
           19239.08, 20804.84, 22718.84, 26354.84, 28037.04, 32460.97,
           32657.04, 39316.56, 42336.48, 48898.69, 52518.04, 57774.26,
           62442.94, 68952.4 , 74636.  ])
    a=Two_Lotka()
    r1=a.result(0.89917148,0.51308172,2,x1,y1)
    print('a1,b1,c1估计参数为{}'.format(a.argument1))
    r2=a.result(0.86529393,0.13383816,2,y1,x1)
    print('a2,b2,c2估计参数为{}'.format(a.argument1))
    #未来5年滚动预测
    ahead=5
    for i in range(5):
        x1=np.append(x1,a.result(0.998,0.51308172,1,x1,y1)[1])
        y1=np.append(y1,a.result(0.96529393,0.13383816,2,y1,x1)[1])
    print(x1[-ahead:])
    print(y1[-ahead:])
```

```
import math
import numpy as np
import pandas as pd
from scipy.special import comb,gamma
import matplotlib.pyplot as plt
```

附录 4　三种群时滞分数阶 Lotka-Volterra 模型

```python
import math
import numpy as np
import pandas as pd
from scipy.special import comb,gamma
import matplotlib.pyplot as plt
class Three_Lotka:
    def __init__(self):
        self.lag=None #最大时滞阶数
        self.lag1=None #y对x时滞阶数
        self.lag2=None #z对x时滞阶数
        self.argument1=None #模型参数
        self.x1_r=None #第一种群累加序列
        self.y1_r=None #第二种群累加序列
        self.z1_r=None #第三种群累加序列
        self.p=None #分数阶导数
        self.r=None #分数阶累加阶数
    #分数阶累加函数
    def fen_add(self,r,x):
        dim=len(x)
        A=np.mat(np.ones((dim,dim)))
        for i in range(len(x)):
            for j in range(len(x)):
                A[i,j]=float(gamma(i+1-(j+1)+r)/(gamma(r)*gamma(i+1-(j+1)+1)))
        return (np.array(np.dot(A,x))[0]),A
    #参数估计
    def f_Lotka_Volterra(self,x1_r,y1_r,z1_r,p):
        self.x1_r=x1_r
        self.y1_r=y1_r
        self.z1_r=z1_r
        n=len(self.x1_r)
        afa=0.5
        B=np.ones((n-1-self.lag,4))
        for i in range(self.lag,n-1):
            B[i-self.lag,0]=afa*x1_r[i]+(1-afa)*x1_r[i+1]
            B[i-self.lag,1]=(afa*x1_r[i]+(1-afa)*x1_r[i+1])*(afa*x1_r[i]
                            +(1-afa)*x1_r[i+1])
            B[i-self.lag,2]=(afa*x1_r[i]+(1-afa)*x1_r[i+1])*(afa*y1_r
                            [i-self.lag1]+(1-afa)*y1_r[i+1-self.lag1])
            B[i-self.lag,3]=(afa*x1_r[i]+(1-afa)*x1_r[i+1])*(afa*self.
```

```
                        z1_r[i-self.lag2]+(1-afa)*self.z1_r[i+1
                        -self.lag2])
        X=x1_r[1:]-x1_r[:-1]
        X=(self.fen_add(1-self.p,X)[0])
        X=X[self.lag:]
        beta=np.dot(np.dot(np.linalg.inv(np.dot(B.T,B)),B.T),X)
        return beta,X

    def F_Lotka(self,x,y_lag,z_lag,argument1):
        a1,b1,c1,d1=self.argument1
        return x*(a1+b1*x+c1*y_lag+d1*z_lag)
    def f(self,i):
        return self.F_Lotka(self.x1_r[i+self.lag],self.y1_r[i+self.lag
          -self.lag1],self.z1_r[i+self.lag-self.lag2],self.argument1)
    def f_p(self,i):
        return self.F_Lotka( self.x1_r[i+self.lag-1],self.y1_r
          [i+self.lag-1-self.lag1],
        self.z1_r[i+self.lag-1-self.lag2],self.argument1)
#预估校正算法
    def x1_revise(self,t):
        if t==0:
            return self.x1_r[0+self.lag]
        else:
            jishu=0
            a_0=1/(self.p*(self.p+1))*((t-1)**(self.p+1)-(t-1-self.p)
                *(t-1+1)**self.p)
            for i in range(1,t):
                jishu=jishu+1/(self.p*(self.p+1))*((t-1-i+2)**(self.
                p+1)+(t-1-i)**(self.p+1)-2*(t-1-i+1)**(self.p+1))*
                (self.f(i))
            jishu=jishu+a_0*(self.f(0))
        return self.x1_r[0+self.lag]+1/gamma(self.p)*(1/(self.p*(self.p+1))
          *(self.f_p(t))+jishu)
    def result(self,p,r,lag1,lag2,x1,y1,z1):
        self.p=p
        self.r=r
        self.lag1=lag1
        self.lag2=lag2
        self.lag=max(self.lag1,self.lag2)
        self.x1_r=self.fen_add(self.r,x1)[0]
```

```
        self.y1_r=self.fen_add(self.r,y1)[0]
        self.z1_r=self.fen_add(self.r,z1)[0]
        self.argument1=self.f_Lotka_Volterra(self.x1_r,self.y1_r,
                    self.z1_r,p)[0]
        x1_pred=[]
        for i in range(len(x1)-self.lag+1):
            #x1_pred=np.append(x1_pred,x1_adm(x1[0],i,self.argument1,p))
            x1_pred=np.append(x1_pred,self.x1_revise(i))
        x1_pred=np.append(self.x1_r[:self.lag],x1_pred)
        A=self.fen_add(r,x1_pred)[1]
        x1_pred=np.array(np.dot(np.linalg.inv(A),x1_pred))[0]
        df=pd.DataFrame({'Actual':x1[self.lag:],'pred':x1_pred[self.lag:-1]})
        return df,x1_pred,np.mean(np.abs((df['pred']-df['Actual'])/
            df['Actual']))
if __name__=="__main__":
    x1=np.array([127899.83, 134451.58, 142524.63, 163856.58, 188794.68,
        209797.63,223958.03, 241453.72, 251064.57, 258055.19, 279663.77,
        307520.47,311724.18, 316447.29, 313313.81, 309675.32, 288179.4 ,
        296424.54,309906.92, 322364.  ])
    y1=np.array([10669.87, 12973.4 , 13752.38, 14442.2 , 17313.05,
            19239.08,20804.84, 22718.84, 26354.84, 28037.04, 32460.97,
            32657.04,39316.56, 42336.48, 48898.69, 52518.04, 57774.26,
            62442.94,68952.4 , 74636.  ])
    z1=np.array([ 99066.1, 109276.2, 120480.4, 136576.3, 161415.4,
            185998.9, 219028.5, 270704.  , 321229.5, 347934.9, 410354.1,
            483392.8, 537329.  , 588141.2, 644380.2, 686255.7, 743408.3,
            831381.2, 914327.1, 984179. ])
    a=Three_Lotka()
    r1=a.result(0.89917148,0.51308172,2,1,x1,y1,z1)
    print('a1,b1,c1,d1估计参数为{}'.format(a.argument1))
    r2=a.result(0.86529393,0.13383816,2,2,y1,x1,z1)
    print('a2,b2,c2,d2估计参数为{}'.format(a.argument1))
    r3=a.result(0.34417788,0.65495054,1,2,z1,x1,y1)
    print('a3,b3,c3,d3估计参数为{}'.format(a.argument1))
    #未来5年滚动预测
    ahead=5
    for i in range(ahead):
        x1=np.append(x1,(a.result(0.89917148,0.51308172,2,1,x1,y1,z1)[1])[-1])
        y1=np.append(y1,(a.result(0.86529393,0.13383816,2,2,y1,x1,z1)[1])[-1])
        z1=np.append(z1,(a.result(0.34417788,0.65495054,1,2,z1,x1,y1)[1])[-1])
```

```
print(x1[-ahead:])
print(y1[-ahead:])
print(z1[-ahead])
```

附录 5　分数阶导数灰色模型

```
import math
import numpy as np
import pandas as pd
from scipy.special import comb,gamma
class FGM:
    #分数阶累加
    def __init__(self):
        self.ahead=5 #未来预测个数
        self.p=None #分数阶导数
        self.r=None #分数累加阶数
    #分数阶累加函数
    def fen_add(self,r,x1):
        dim=len(x1)
        A=np.mat(np.ones((dim,dim)))
        for i in range(len(x1)):
            for j in range(len(x1)):
                A[i,j]=float(gamma(i+1-(j+1)+r)/(gamma(r)*gamma(i+1-(j+1)+1)))
        return (np.array(np.dot(A,x1))[0]),A
    #参数估计
    def fit(self,p,r):
        self.p=p
        self.r=r
        x_r=self.fen_add(a.r,x1)[0]
        x_fd=self.fen_add(1-a.p,x_r)[0]
        x_r_d=[1]*(len(x1)-1)
        for i in range(len(x1)-1):
            x_r_d[i]=x_fd[i+1]-x_fd[i]
        B=np.ones((len(x1)-1,2))
        for i in range(len(x1)-1):
            B[i,0]=-1/2*(x_r[i]+x_r[i+1])
        Y=np.array(x_r_d)
        beta=np.dot(np.dot(np.linalg.inv(np.dot(B.T,B)),B.T),Y.T)
        return beta
```

```
#结果输出
  def result(self):
      beta=self.fit(self.p,self.r)
      a=beta[0]
      b=beta[1]
      jishu=0
      jishu_1=0
      jishu_2=0
      jishu_3=0
      x_fd_pred=np.array([1.0]*(len(x1)+self.ahead))
      for i in range(0,700):
          jishu_1=jishu_1+(-a)**i/gamma(self.p*i+1)
      for j in range(0,700):
          jishu_2=jishu_2+(-a)**j/gamma(self.p*j+self.p+1)
      for k in range(1,len(x1)+1+self.ahead):
          for i in range(0,600):
              jishu=jishu+(-a*k**self.p)**i/gamma(self.p*i+1)
          for j in range(0,600):
              jishu_3=jishu_3+(-a*k**self.p)**j/gamma(self.p*j+self.p+1)

          x_fd_pred[k-1]=((x1[0]-b*jishu_2)/jishu_1)*jishu+b*k**self.
                        p*jishu_3
          jishu=0
          jishu_3=0
      series=np.append(x1,[1]*self.ahead)
      A=self.fen_add(self.r,series)[1]
      x_pred=np.dot(np.linalg.inv(A),x_fd_pred)
      df = pd.DataFrame({'Actual':x1,'pred':(np.array(x_pred)[0])
          [:-self.ahead]})
      forecast=(np.array(x_pred)[0])[-self.ahead:]
      return df,np.mean(np.abs((df['pred']-df['Actual'])/df['Actual'])),
          forecast
if __name__=="__main__":
    x1=np.array([138.4,141.1,165.2,159.9,172.3,180.4,183.2,
        179.5,185.8,201.55,222,240,260])
    a=FGM()
    print('模型的参数估计:\n{}'.format(a.fit(0.998,0.2)))
    print('模型的参数拟合结果:\n{}'.format(a.result()[0]))
    print('模型的参数拟合误差:\n{}'.format(a.result()[1]))
    print('模型的未来预测:\n{}'.format(a.result()[2]))
```

彩　　图

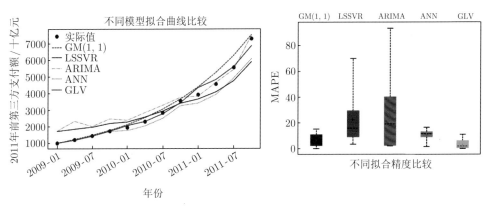

图 4.10　2011 年前第三方支付发展趋势不同模型拟合曲线对比

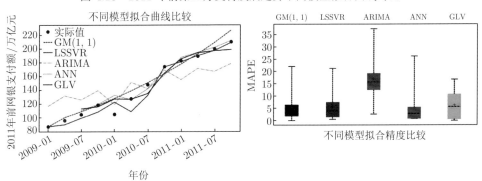

图 4.11　2011 年前网银支付发展趋势不同模型拟合曲线对比

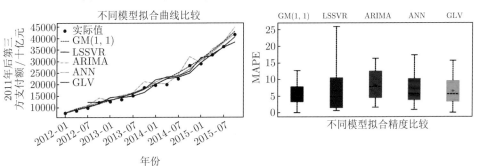

图 4.12　2011 年后第三方支付发展趋势不同模型拟合曲线对比

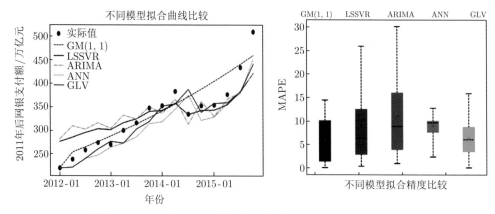

图 4.13　2011 年后网银支付发展趋势不同模型拟合曲线对比

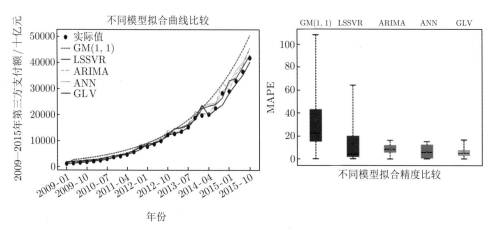

图 4.14　2009—2015 年第三方支付发展趋势的不同拟合曲线和 MAPE 箱线图

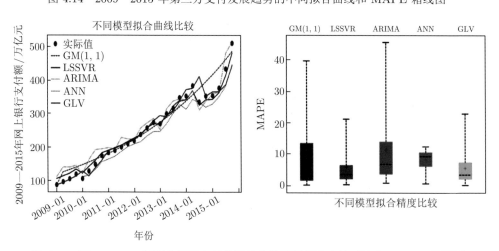

图 4.15　2009—2015 年网上银行支付发展趋势的不同拟合方法对比和 MAPE 箱线图

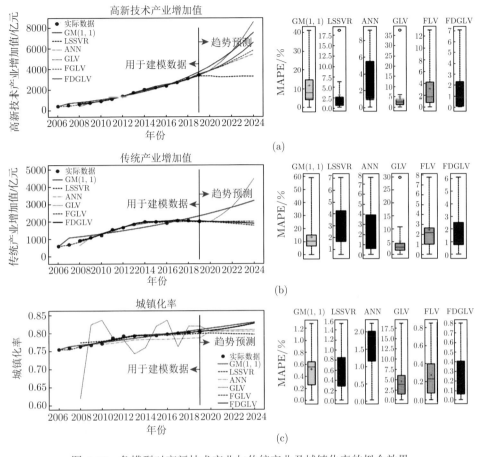

图 4.19　各模型对高新技术产业与传统产业及城镇化率的拟合效果

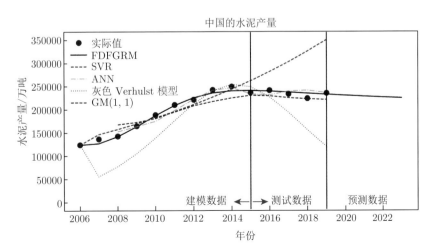

图 5.15　水泥产量拟合折线图

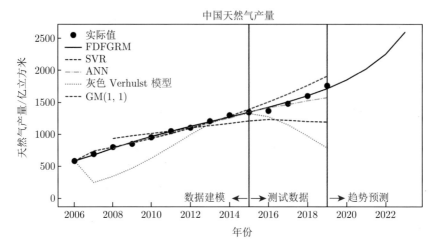

图 5.18　天然气产量拟合折线图

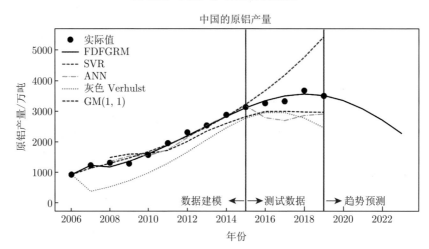

图 5.21　原铝产量拟合折线图